# SERIENGESETZE DER LINIENSPEKTREN

GESAMMELT VON

## F. PASCHEN UND R. GÖTZE

Springer-Verlag Berlin Heidelberg GmbH

1922

ISBN 978-3-642-98335-1          ISBN 978-3-642-99147-9 (eBook)
DOI 10.1007/978-3-642-99147-9

Softcover reprint of the hardcover 1st edition 1922

# Vorwort.

Infolge mehrfacher Anregung von Seiten theoretischer und prak-
tischer Spektroskopiker und infolge der in letzter Zeit gesteigerten
und leider schon lange nicht mehr zu befriedigenden Nachfrage nach
der Dissertation von B. Dunz (Tübingen 1911) habe ich eine Vervollständigung und Umarbeitung der Seriensammlung von Dunz vor-
genommen. An der hier vorliegenden neuen Zusammenstellung ist
außer Herrn F. Frommel (Tübinger handschriftliche Dissertation 1921)
besonders Herr R. Götze beteiligt. Die Vervollständigung bezieht
sich hauptsächlich auf die seit 1911 bekannt gewordenen Gesetz-
mäßigkeiten, die Umarbeitung auf eine bessere Anpassung an heutige
theoretische Gesichtspunkte. Frommel hatte auch die Formeln aller
Serien angegeben und zum Teil neu berechnet. Wir haben diese
aber nicht aufgenommen, sondern geben nur die Werte der Terme.
Das Beobachtungsmaterial ist meistens noch das frühere (Wellenlängen nach Rowlands Einheiten). Nur in einzelnen Fällen, wo
genügend einheitliche neue Messungen vorlagen, wurden die Wellenlängen in internationalen Å.E. angegeben, und die Terme umgerechnet.
Helium, Quecksilber, Kalzium, Barium.)

Einem mehrfach geäußerten Wunsche entsprechend habe ich in
einer Einleitung einiges aus der praktischen Serienforschung zusammen
gestellt, was mir als elementarste Grundlage derselben erscheint.

Während der Drucklegung erschienen zwei Berichte über Serienforschung
in Buchform: 1. Report on Series in line spectra by A. Fowler. London,
Fleetway press. Ltd. 1922. 2. Treatise on the analysis of spectra by
W. M. Hicks. Cambridge at the University press 1922. Die von Fowler
gegebenen Serien stimmen fast völlig mit den meinigen überein, sind aber
zum Teil durch neueres, mir unzugänglich gebliebenes Beobachtungsmaterial
vervollständigt. Hicks gibt in seinem Buche eine ausführliche Darstellung
seiner interessanten Spekulationen über Seriengesetze, deren Darlegung den
Rahmen unserer Sammlung zu überschreiten schien. Unsere Sammlung ist
gegenüber diesen ausführlicheren Büchern ein kurz gefaßtes Kompendium. Sie
geht nur in den Gesetzen über sie hinaus, welche durch die Untersuchung des
Zeeman-Effektes erkannt sind.

Tübingen, im August 1922.

F. Paschen.

# Inhaltsverzeichnis.

# Einleitung.

Eine Serie von Spektrallinien heißt eine Folge von Linien des Aussehens der Fig. Eine sehr starke Linie (1) ist das Grundglied. Schwächer und unschärfer werdende Linien 2, 3, 4, . . . kürzerer Wellenlänge folgen, einander immer näherrückend. In vielen Fällen, z. B. für Wasserstoff (Balmer), für die Alkalien, Erdalkalien, Erden usw. sind die Linienspektren ziemlich vollständig in derartige Serien aufgelöst (durch Rydberg, Kayser und Runge und andere). Man darf annehmen, daß alle Linien eines jeden Linienspektrums durch die schon

bekannten und noch unbekannte Gesetze der Serien beherrscht werden, obwohl der genaue Nachweis nur in wenigen Fällen geführt ist.

## I. Allgemeine Serienordnung.

Als Merkmal einer Serie betrachtete man — wohl in Folge der rechnerischen Entdeckung Balmers — die mathematische Formel des Seriengesetzes. Für viele Serien gilt die Formel von W. Ritz ziemlich genau, besonders mit einer neuerdings von Sommerfeld gegebenen Erweiterung. Es gibt aber mit Sicherheit Serien, welche dieser Formel nicht gehorchen.

Die Schwingungszahlen der Linien einer Serie, statt deren man die sogenannten Wellenzahlen $\nu = 1/\lambda_{\mathrm{vac}}$ (gemessen: $\lambda$ nach cm, $\nu$ also nach cm$^{-1}$) benutzt, werden dargestellt durch die Differenz zweier „Terme".

$$\nu = \text{Grenzterm} - \text{Folgeterm}.$$

In einer Serie hat der Grenzterm einen konstanten Wert. Der Folgeterm durchläuft eine Reihe verschiedener Werte, welche die

Termfolge dieser Serie heißen sollen. Auf sie bezieht sich die Serien-formel.

Die Termfolgen des Wasserstoffspektrums sind bis auf die Re-lativitätskorrektion und die Feinstruktur dargestellt durch den Aus-druck $N/m^2$. N ist eine nahe universelle, nämlich die Rydberg-Konstante, m durchläuft alle ganzen Zahlen 1, 2, 3, ... und heißt die Ordnungszahl des Terms.

Für die Serien anderer Elemente wird eine mathematische Dar-stellung erzielt durch Zusatzglieder zu der Ordnungszahl m im Nenner. Rydberg fügte eine Konstante a, Ritz außerdem ein Glied $\alpha\,f(1/m)$ hinzu.

Der Folgeterm der Ordnung m ist $N/(m + a + \alpha\,f(1/m))^2 = (m, a)$, auch $m\,a$ geschrieben. $f(1/m)$ ist nach Ritz $1/m^2$ oder $(m, a)$ selber. Auch $1/m$ oder $\sqrt{(m, a)}$ ist für einige Serien genommen. Die Ord-nungszahl $m = 1, 2, 3 \ldots \infty$ entspricht je einer der Serienlinien, die niederste Nummer, welche auch 2, 3, 4 usw. sein kann, der Grund-linie der Serie. a und $\alpha$ sind für eine Termfolge charakteristische Konstanten. Die Rydberg-Konstante N ist vom Atomgewicht M ein wenig abhängig. Es ist nämlich für Wasserstoff und ionisiertes Helium

$$N = N_\infty \frac{1}{1 + \mu/M}, \quad \mu = \text{Masse des Elektron}, \quad N_\infty = 109\,737 \cdot 1.$$ Eine ähnliche geringe Abhängigkeit von M nimmt man auch für andere Atomgewichte an. Für die Serien eines Elementes wäre N streng konstant. Der von Rydberg und Ritz allgemein verwendete Wert $N = 109\,675 \cdot 0$ entspricht der Meßgenauigkeit der Linien (nach Row-land's Å.E.) in den Arbeiten bis etwa 1914.

Die Ritzsche Formel wird viel benutzt und gibt meist guten Anschluß an die beobachteten Wellenlängen, solange $(m, a)$ selber nicht zu große, m also nicht zu kleine Werte hat. Neue theoretische Erörterungen von Sommerfeld[1] machen die Form dieses Ausdruckes auch theoretisch verständlich als eine Näherung. Weitere additive Glieder mit Potenzen von $(m, a)$ im Nenner würden nach Sommer-feld bessere Näherungen ergeben. Danach wäre

$$(m, a) = N/(m + a + \alpha\,(m, a) + \alpha'\,(m, a)^2 + \ldots)^2.$$

E. Fues[2] berechnet nach dieser Formel Anfangsglieder (große Termwerte) von Termfolgen. Die Erweiterung stellt schon bekannte Anfangsglieder besser dar. Solange aber die Konstante $\alpha'$ empirisch ermittelt werden muß, gestattet die Erweiterung nicht, unbekannte Anfangsglieder aufzufinden oder unsichere zu sichern. Das Glied

---

[1] A. Sommerfeld, Atombau und Spektrall. II. p. 276. III. p. 402.
[2] E. Fues, Ann. d. Phys. 63, 1, 1920.

$\alpha'\,(m, a)^2$ ist für große Termwerte $(m, a)$ wirksam genug, um auch falsche, nicht zur Serie gehörige Linien darzustellen. (Beispiel: das von **Fues** berechnete erste Glied der I-Dublet-Nebenserie des Barium.)

Ein Spektrum enthält mehrere Serien und bedarf zur Darstellung mehrerer Termfolgen. Jede wird durch bestimmte Werte $a$, $\alpha$ gekennzeichnet. Der Grenzterm einer Serie ist stets der Wert eines bestimmten Terms (bestimmter Wert von $m$) einer der Termfolgen. Man unterscheidet Termfolgen einer

I. II. Nebenserie (II. N.S.) bezeichnet als $(m, s)$, Konstanten $s$, $\sigma$, Ordnungszahlen $1, 2, 3 \ldots$

II. Hauptserie (H.S.) bezeichnet als $(m, p)$, Konstanten $p$, $\pi$, Ordnungszahlen $2, 3, 4 \ldots$

III. I. Nebenserie (I. N.S.) bezeichnet als $(m, d)$, Constanten $d$, $\delta$, Ordnungszahlen $3, 4, 5 \ldots$

IV. Bergmann-Serie (B.S.)[1] bezeichnet als $(m, f)$, Konstanten $f$, $\varphi$, Ordnungszahlen $4, 5, 6 \ldots$

Es wird weitere Termfolgen geben: die nächste V. beginnend mit den Ordnungszahlen $5, 6 \ldots$ und so weiter.

In jeder Termfolge nähern sich die Terme mit wachsender Ordnungszahl $m$ dem Ausdrucke $N/m^2$. Außerdem wird die Abweichung gleichnumerierter Terme von $N/m^2$ geringer von Serie zu Serie in der Reihenfolge I, II, III $\ldots$

Das Schema eines Seriensystems.

I. Eine Hauptserie (H.S.) ist

allgemein $\ldots\ldots\ldots\ldots$ $\nu = (m, s) - (n, p)$ $m = 1, 2, 3 \ldots$
$n = 2, 3, 4 \ldots$
Die stärkste ist $\ldots\ldots$ $\nu = (1, s) - (n, p)$ $n = 2, 3, 4 \ldots$
Zunehmend schwächere sind $\nu = (2, s) - (n, p)$ $n = 3, 4, 5 \ldots$
$\nu = (3, s) - (n, p)$ $n = 4, 5, 6 \ldots$
$\vdots \quad \vdots \quad \vdots \quad \vdots \quad \vdots \; \vdots$

II. Eine II. Nebenserie (II. N.S.) ist

allgemein $\ldots\ldots\ldots\ldots$ $\nu = (n, p) - (m, s)$ $n = 2, 3, 4 \ldots$
$m = 2, 3, 4 \ldots$
Die stärkste ist $\ldots\ldots$ $\nu = (2, p) - (m, s)$ $m = 2, 3, 4 \ldots$
Zunehmend schwächere sind $\nu = (3, p) - (m, s)$ $m = 3, 4, 5 \ldots$
$\nu = (4, p) - (m, s)$ $m = 4, 5, 6 \ldots$
$\vdots \quad \vdots \quad \vdots \quad \vdots \; \vdots$

---

[1] Bezeichnung nicht glücklich. **Saunders** und **Fowler** hatten vor **Bergmann** solche Serien gefunden. Die richtige Einordnung rührt von C. **Runge** her. $f$ entspricht der englischen Bezeichnung (fundamental series).

4

Gewöhnlich rechnet man zu einer Serie Linien, welche nach kleineren Wellenlängen (größeren Wellenzahlen) hin auslaufen wie in der Skizze S. 1. Dem entspricht obiges Schema. Da aber (m, s) von m = 1 an eine Termfolge darstellt, die z. B. durch die Serienformel gegeben ist, ebenso (n, p) von n = 2 an, sind alle Linien aller Hauptserien und aller II. Nebenserien dargestellt durch

$$\pm \nu = (n, p) - (m, s) \quad n = 2, 3 \ldots$$
$$m = 1, 2 \ldots$$

Eine Linie (m, s) > (n, p) kann man daher auch einer II. N.S. mit der Grenze (n, p) zuordnen, obwohl diese stärkere Linie relativ zur Grundlinie dieser Serie [etwa (n, p) — (m + 1, s)] nicht nach Rot, sondern nach Violett liegt. So ist das Glied (1, s) — (2, p) ein gemeinsames Grundglied für die stärkste H.S. und die stärkste II. N.S.

Dem Prinzipe des Bohrschen Serienmodelles allerdings entspricht nur die erste Darstellung obigen Schemas, also die Unterscheidung:

$$(m, s) > (n, p) \quad \text{oder auch} \quad m \gtrless n \text{ ist H.S. — Glied}$$
$$(m, s) < (n, p) \quad \text{„} \quad \text{„} \quad m \lessgtr n \text{ ist II. N.S. — Glied.}$$

Nach dem Kriterium der anomalen Zeeman-Typen wäre kein Unterschied zwischen dem Gliede einer H.S. und einer II. N.S.

III. Eine erste Nebenserie (I. N.S.) ist

allgemein . . . . . . . . . $\nu = (n, p) - (m, d) \quad n = 2, 3, 4 \ldots$
$$m = 3, 4, 5 \ldots$$

Es scheint nach bisheriger Erfahrung $m \lessgtr n$ Bedingung zu sein. Es kann dabei aber (3, d) > (2, p) sein, womit diese Linie als Grundglied nicht nach Rot hin liegt. Man muß also wohl allgemein dieselben Verhältnisse als möglich im Auge behalten, welche zwischen der H.S. und II. N.S. bestehen. Es würde damit eine H.S. auch zur I. N.S. als möglich vorbehalten bleiben, wenn auch in der bisherigen Literatur noch kein derartiger Fall erwiesen ist.

Bisher kommt vor:

Die stärkste I. N.S. . . . . . $\nu = (2, p) - (m, d) \quad m = 3, 4, 5 \ldots$
Zunehmend schwächere sind $\nu = (3, p) - (m, d) \quad m = 4, 5, 6 \ldots$
$$\nu = (4, p) - (m, d) \quad m = 5, 6, 7 \ldots$$
$$\vdots \qquad \vdots \qquad \vdots$$

Die Termfolge der Bergmann-Serie (B.S.) schließt besonders stark an den Term (3, d) der I. N.S.-Folge als Grenze an.

Die stärkste (B.S.) ist . . . $\nu = (3, d) - (m, f) \quad m = 4, 5 \ldots$
Zunehmend schwächer sind $\nu = (4, d) - (m, f) \quad m = 5, 6 \ldots$
$$\nu = (5, d) - (m, f) \quad m = 6, 7 \ldots$$
$$\vdots \qquad \vdots \qquad \vdots$$

Das Kombinationsprinzip von Ritz stellt fest, daß alle Terme aller Termfolgen je zu zweien miteinander kombiniert existenzfähige Linien darstellen. Ritz hat auch die zunehmend schwächer werdenden oben dargestellten Serien als Kombinationen aufgefaßt. Für uns bleiben nur übrig:

$$\nu = (m, s) - (m, d) \quad \text{selten,}$$
$$\nu = (n, p) - (m, p) \quad \text{häufiger,}$$
$$\nu = (n, p) - (m, f) \quad \text{häufig,}$$
$$\nu = (m, s) - (m, f) \quad \text{noch nicht bekannt.}$$

Diese Kombinationen, im Bogenspektrum vielfach beobachtet, werden nach Versuchen von J. Stark und seinen Schülern am Heliumspektrum durch stärkere elektrische Felder erzwungen.

Eine charakteristische Eigenschaft der Linien einer Serie ist die mit wachsender Ordnungszahl m zunehmende Unschärfe der Linien. Sie ist meistens für die Termfolge eine so charakteristische z. B. einseitige Verbreiterung, daß man daran alle Linien einer bestimmten Serie erkennen kann. Nur bei geringem Drucke verschwindet die Unschärfe. Ebenso charakteristisch ist weiter die Zunahme der Unschärfe gleichnumerierter Linien von Serie zu Serie in der Reihenfolge II. N.S., H.S., I. N.S., B.S. Die II. N.S. und alle Kombinationsserien, welche (m, s) als Folgeterme führen, haben die schärfsten Linien. Die Folgeterme (m, f) geben die unschärfsten Linien. Dies hängt zusammen mit der Art und Größe des Stark-Effektes, der in derselben Reihenfolge innerhalb einer Serie und von Serie zu Serie zunimmt. Bei Linien des Folgeterms (m, s) ist selbst bei hoher Ordnungszahl m ein eigentlicher Stark-Effekt nicht nachweisbar. Bei Serien mit dem Folgeterm (m, d) ist der Effekt am stärksten, für B.-Serien ist er noch nicht beobachtet. Innerhalb einer Serie nimmt die elektrische Aufspaltung mit wachsendem Werte m zu und erreicht für Glieder höheren Wertes m in schwachen Feldern hohe Werte (nach Versuchen des Verfassers an Helium). Die Unschärfe und wie es scheint auch der Stark-Effekt ist weiter vom Atomgewicht abhängig, nämlich am größten bei kleinen Atomgewichten, in welchem Falle außerdem noch eine größere Unschärfe infolge vergrößerten Doppler-Effektes vorhanden ist.

## II. Differenzierung der Terme.

Jede Serienlinie kann entweder eine durchaus einfache Linie sein, oder ein Dublet charakteristischen Aussehens (Intensitätsverhältnis der 2 Linien, Unschärfe usw.), oder ein Triplet ebenso charakteristischen Aussehens bilden. Man erkennt solche Gebilde sofort an ihrem Aussehen. Eine quantitativ gut erfaßbare Eigenschaft solcher Gebilde

6

ist der Zeeman-Typus. Eine einfache Linie gibt das normale Lorentz-Triplet im Magnetfelde. Die Linien eines Dublets zeigen 2 genau definierte und nur von der Art der Kombination abhängige anomale Zeeman-Typen, ebenso die Linien eines Triplets. Bisher wurden erkannt die Zeeman-Typen der Dublets der II. N.S. resp. H.S. oder der Kombination $(p_i, s)$ (Urtypus die Natriumlinien $D_1$ und $D_2$) und die 3 Typen der 3 Linien (vgl. später) eines Gliedes der I. Dublet-N.S. $(p_i\,d_j)$, ferner die 3 Linientypen eines Triplets $(p_i\,s)$, wie solche in den Spektren der Erdalkalien vorkommen, und die 6 Typen der 6 Linien, welche nach Rydberg ein Glied $(p_i\,d_j)$ bilden. Diese Verhältnisse sind durch neue Arbeiten von Landé[1] theoretisch geordnet und die Gesetze auf weitere Kombinationen ausgedehnt. Am Zeeman-Effekt kann man heute nach Landé[1] die meisten Kombinationen erkennen. Landés Regeln werden, wie schon in einigen Fällen, den sicheren Führer zur Analyse komplizierterer Gebilde bilden, welche in verwickelteren Spektren vorkommen und noch nicht entwirrt sind.

Der Term $(m, s)$ ist, soweit man es für Dublet- und Triplet-systeme weiß, stets ein einfacher Term. Die Terme $(m, p)$ $(m, d)$ $(m, f)$ können auch einfache sein. Dann liegt ein Seriensystem einfacher Linien vor, die sämtlich durch ein normales Lorentz-Triplet gekennzeichnet sind. Solche, schwer auffindbar, sind in einigen Fällen sichergestellt. In Systemen von Dublets sind die 3 letzten Terme je doppelt, in solchen von Triplets je dreifach. Daher werden zur Darstellung von Dublets und Triplets Differenzierungen der Terme nötig. Man muß z. B. bei Dublets 2 Terme $(m, p_1)$ und $(m, p_2)$ von verschiedener Größe und bei Triplets 3 Terme $(m, p_1)$, $(m, p_2)$, $(m, p_3)$ unterscheiden. Ähnlich seien die Terme $(m, d_i)$ $i = 1, 2$ resp. $1, 2, 3$ und die Terme $(m, f_i)$ $i = 1, 2$ resp. $1, 2, 3$ unterschieden. Es sei der Term mit höherwertigem Index von größerem Zahlenwert. Er entspricht dann im allgemeinen der kleineren Intensität.

Man hat also statt einer Termfolge m p bei Dublets zwei und bei Triplets drei verschiedene $mp_1$, $mp_2$, $mp_3$ zu unterscheiden. Die Verschiedenheit $\varDelta mp_i$ ist am größten für den Term niederster Nummer $2\,p_i$. Dieser bildet die Grunddublets oder -triplets. Mit wachsender Nummer m wird die Verschiedenheit kleiner (enger werdende Dublets oder Triplets). Ebenso hat man bei Dublets oder Triplets zwei oder drei verschiedene Termfolgen $nd_j$ zu unterscheiden, deren Differenzen $\varDelta nd_j$ mit wachsendem n abnehmen. Das Gleiche gilt für die Termfolgen $mf_i$. Erst bei hoher Nummer verschwindet die Differenzierung wieder.

---

[1] A. Landé, Zeitschr. f. Physik 5, p. 231, 1921 u. Physik. Zeitsch. 22, p. 417, 1921.

Ein Glied einer Dublet-H.S. ist durch zwei Linien gegeben:

$$\nu_1 = (\mathrm{I}, \mathrm{s}) - (\mathrm{m}, \mathrm{p}_1) \quad \text{oder} \quad (\mathrm{s}\,\mathrm{p}_1)$$
$$\nu_2 = (\mathrm{I}, \mathrm{s}) - (\mathrm{m}, \mathrm{p}_2) \quad \text{oder} \quad (\mathrm{s}\,\mathrm{p}_2) \quad \text{Rot} \longleftarrow$$

$$\mathrm{s}\,\mathrm{p}_2 \qquad \mathrm{s}\,\mathrm{p}_1$$

$\nu_2$ ist die kleinere Wellenzahl, $\Delta\,\mathrm{m}\,\mathrm{p}_i = \mathrm{m}\,\mathrm{p}_2 - \mathrm{m}\,\mathrm{p}_1$ ist die Schwingungsdifferenz der zwei Linien dieses Dublets. Diese wird mit wachsender Ordnungszahl m kleiner. Die Dublets der H.S. werden also von Glied zu Glied enger. Die Grenze ist eine einzige Wellenzahl $(\mathrm{I}, \mathrm{s})$. Die Folgen $\mathrm{m}\,\mathrm{p}_1$ und $\mathrm{m}\,\mathrm{p}_2$ können durch zwei besondere Formeln (besondere Konstanten $\mathrm{p}_1\pi_1$ resp. $\mathrm{p}_2\pi_2$) dargestellt werden. Für hohe Werte m werden beide gleich.

Ein Glied einer II. Dublet-N.S. ist durch zwei Linien gegeben:

$$\nu_1 = 2\,\mathrm{p}_1 - \mathrm{m}\,\mathrm{s} \quad \text{oder} \quad (\mathrm{p}_1\,\mathrm{s})$$
$$\nu_2 = 2\,\mathrm{p}_2 - \mathrm{m}\,\mathrm{s} \quad \text{oder} \quad (\mathrm{p}_2\,\mathrm{s}) \quad \text{Rot} \longleftarrow$$

$$\mathrm{p}_1\,\mathrm{s} \qquad \mathrm{p}_2\,\mathrm{s}$$

$\nu_2$ ist die größere Wellenzahl.

Diese Serie besteht aus Dublets mit der konstanten Schwingungsdifferenz $2\,\mathrm{p}_2 - 2\,\mathrm{p}_1$, welche auch die der Grenzen ist.

Das Glied $(\mathrm{p}_1, \mathrm{s})$ einer II. N.S. oder $(\mathrm{s}, \mathrm{p}_1)$ einer H.S. hat einen bestimmten Zeeman-Typus, ebenso das Glied $(\mathrm{p}_2, \mathrm{s})$ oder $(\mathrm{s}, \mathrm{p}_2)$. Diese Typen sind nur durch die Art der beiden kombinierenden Terme bestimmt (durch $\mathrm{p}_1$ und s oder $\mathrm{p}_2$ und s). Das gilt für ähnliche Fälle anderer Kombinationen analog. In starken Magnetfeldern, in denen die magnetischen Komponenten bedeutend weiter aufgespalten werden als die Weite des Dublets $\Delta(\mathrm{m}\,\mathrm{p}_i)$ beträgt, verschwinden die zwei verschiedenen Zeeman-Typen, und es nähert sich der Typ dem einer einfachen Linie, einem normalen Triplet. Vorher sind Übergangsformen der magnetischen Verwandlung da, in welchen die obigen Typen in bezug auf die Lage und Intensität ihrer Komponenten gestört sind. Diese magnetische Umwandlung gilt für alle Gebilde in starken Feldern.

Ein Triplet H.S.-Glied besteht aus drei Linien:

$$\nu_i = (\mathrm{I}\,\mathrm{s}) - (\mathrm{m}\,\mathrm{p}_i) \quad i = \mathrm{I}, 2, 3$$
$$i = \mathrm{I} \text{ stärkste Linie nach Blau} \quad \text{Rot} \longleftarrow$$

$$\mathrm{P}_3 \; \mathrm{P}_2 \qquad \mathrm{P}_1$$

Diese Triplets, drei konvergierende Serien bildend, werden mit wachsendem m enger und nähern sich der einzigen Grenze $(\mathrm{I}, \mathrm{s})$.

Ein Glied der II. Triplet-N.S. ist

$$\nu_i = (2\,\mathrm{p}_i) - (\mathrm{m}, \mathrm{s}) \quad i = \mathrm{I}, 2, 3$$
$$i = \mathrm{I} \text{ stärkste Linie nach Rot} \quad \text{Rot} \longleftarrow$$

$$\mathrm{P}_1 \qquad \mathrm{P}_2 \; \mathrm{P}_3$$

Alle Serienglieder haben die konstanten Differenzen $2\,p_3 - 2\,p_2 - 2\,p_1$ und sind drei kongruente Serien.

Wieder ist eine Linie $(p_i, s)$ resp. $(s\,p_i)$ solcher H.S. oder II. N.S. von Triplets durch einen ihr allein zugehörigen und durch die Kombination $p_i$ mit $s$ bedingten Zeeman-Typus gekennzeichnet.

Die I. Nebenserien von Dublets führen in jedem Serienglied 3 Linien:

$$\Delta\,d_j \begin{cases} \nu_{1,1} = m\,p_1 - n\,d_1 \\ \nu_{1,2} = m\,p_1 - n\,d_2 \qquad \nu_{2,2} = m\,p_2 - n\,d_2 \end{cases}$$
$$\underbrace{\hphantom{\nu_{1,2} = m\,p_1 - n\,d_2}}_{\Delta\,p_i}$$

Ein zusammengesetztes Glied einer I. Triplet-Nebenserie besteht aus 6 Linien

$$\Delta\,d_{1,2} \begin{cases} \nu_{1,1} = m\,p_1 - n\,d_1, \\ \nu_{1,2} = m\,p_1 - n\,d_2 \qquad \nu_{2,2} = m\,p_2 - n\,d_2 \end{cases}$$
$$\Delta\,d_{2,3} \begin{cases} \nu_{1,3} = m\,p_1 - n\,d_3 \qquad \nu_{2,3} = m\,p_2 - n\,d_3 \qquad \nu_{3,3} = m\,p_3 - n\,d_3 \end{cases}$$
$$\underbrace{\hphantom{xxxxxxxx}}_{\Delta\,p_{1,2}} \qquad \underbrace{\hphantom{xxxxxxxx}}_{\Delta\,p_{2,3}}$$

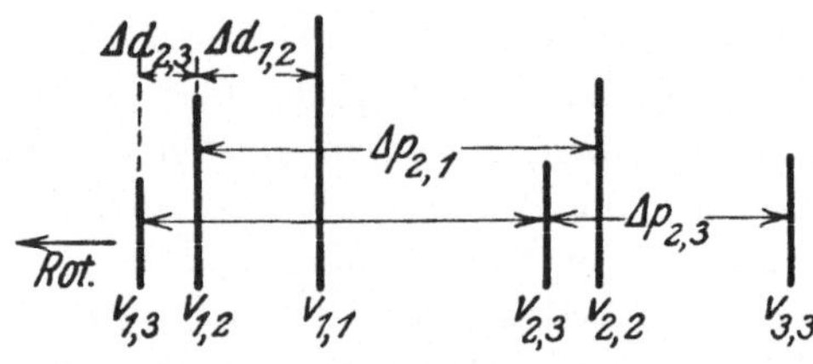

$$(m\,p_i) > (n\,d_j)$$
$$\Delta\,p_i > \Delta\,d_j$$

Die Differenzen $\Delta\,d_j$ nehmen mit wachsender Ordnungszahl $n$ ab.

Die Schwingungsdifferenzen $\Delta$ sind je konstant zwischen den Vertikalreihen $\Delta\,p_i$ und den Horizontalreihen $\Delta\,d_j$. Diese Ordnung gab Rydberg.

Zusammengesetzte I. Dublet- oder Triplet-Nebenserienglieder, in denen der $d$-Term größer als der $p$-Term ist, liegen spiegelbildlich zu obiger Gruppe, wenn $\Delta\,p_i > \Delta\,d_j$. Ist außerdem $\Delta\,p_i < \Delta\,d_j$, so ergibt sich das Bild:

$$(m\,p_i) < (n\,d_j)$$
$$\Delta\,p_i < \Delta\,d_j$$

Eine etwaige H. S. würde so gebaute Glieder führen mit sich verengernden Differenzen $\Delta\,p_i$ und an den 3 Grenzen $n\,d_1$, $n\,d_2$, $n\,d_3$ enden.

Sind die Differenzen $\Delta\,p_i$ und $\Delta\,d_j$ nicht so stark verschieden, so greifen die Linien der 3 Gruppen übereinander. Beispiele für solche vom einfachen Rydberg-Schema abweichende Gruppierungen gab S. Popow[1]), der diese Liniengruppen auf Grund des Satzes entdeckt hat, daß jede Kombination $p_i\, d_j$ einen bestimmten, für sie charakteristischen Zeeman-Typ besitzt.

Die Schwingungsdifferenz z. B $\Delta(m\,p_i)$ der Komponenten eines Dublets und ebenso die eines Triplets nimmt innerhalb einer Gruppe des periodischen Systems zu mit dem Atomgewicht, ebenso auch die Weite eines Dublets oder Triplets $\Delta(m\,d_j)$ und folgeweise diejenige $\Delta(m\,f_k)$. Dabei ist stets $\Delta(m\,p_i) > \Delta(m\,d_j) > \Delta(m f_k)$ für Glieder gleicher Ordnungszahl m erfüllt. In dieser Hinsicht ist der Term $(m\,p_i)$ am weitesten, der Term $(m\,f_k)$ am wenigsten verschieden von einem einfachen, nicht differenzierten Term. Bei niederen Atomgewichten ist die Differenzierung dieser Terme nicht mehr beobachtbar oder nicht mehr vorhanden. Li und Na führen den undifferenzierten d-Term der Dublets, Mg den der Triplets. Der f-Term der Triplets tritt erst beim Barium (3995-Gruppe und folgende der B.S.) 3 fach auf. Die physikalische Art dieses undifferenzierten d-Terms ist aber eine andere als die des stets undifferenzierten s-Termes, wie die zwar vereinfachten, aber von den $p_i$ s-Typen verschiedenen besonderen Zeeman-Typen dieser $p_i$ d-Dublets und Triplets beweisen.

Mit wachsendem Atomgewicht entstehen zunächst durch Differenzierung des p-Terms in $p_i$-Terme Dublets und Triplets. Diese bleiben als solche bei den $(s\,p_i)$-Kombinationen. Bei einer Verbindung des $p_i$-Terms mit dem d-Term aber tritt mit weiter wachsendem Atomgewicht auch eine Differenzierung des d-Terms in $d_j$-Terme auf. Ein $d_j$-Term in Verbindung mit einem f-Term bildet zunächst wieder Dublets oder Triplets (Rb und Cs, Ca, Sr), die bei höheren Atomgewichten (Barium) in ähnlicher Weise durch Differenzierung des f-Terms in $f_k$-Terme übergehen in zusammengesetzte Dublet- oder Triplet-Glieder einer Bergmann-Serie $(m\,d_j) - (n\,f_k)$. Ihr Bau ist analog dem eines Gliedes der I. N.S.

Es kommen noch andere Liniengruppen in den Spektren vor, von denen einige neuerdings erkannt wurden. Es soll hierauf aber nicht eingegangen werden, ebenso nicht auf Dublets und Triplets anderer Zeeman-Typen.

Man hat bei jedem Element das Bogenspektrum vom Funkenspektrum zu unterscheiden, wenn auch oft beide gemischt erscheinen. Das Bogenspektrum entsteht im elektrischen Lichtbogen zwischen Kohlen oder Metallen in der Luft oder im Vakuum. Besonders rein ist das Bogenspektrum der Gase in der positiven Lichtsäule (Kapillare der Geißler-Röhre). Das Funkenspektrum entsteht im kondensierten Funken oder bei Gasen unter Parallelschaltung einer Kapacität und

---

[1]) S. Popow, Ann. d. Phys. 45, p. 147, 1914.

Funkenstrecke zur Geißler-Röhre auch in deren Kapillaren. Unter diesen Umständen erscheinen aber nur wenige unscharfe Anfangsglieder einer Serie dieses Spektrums. Neuere Versuche des Verfassers ergaben eine lichtstarke Erzeugung des Funkenspektrums mit besserer Entwicklung der höheren Glieder der Serien eines Funkenspektrums und mit scharfen Linien. Es ist das Leuchten der negativen Glimmschicht in das Innere einer Hohlkathode verlegt und wird dort durch Stromverstärkung sehr intensiv gemacht. Das Metall der Innenwand der Kathode zerstäubt und gibt besonders in einer Helium-Atmosphäre ein schön entwickeltes Funken-Serienspectrum. Es ist dieselbe Anordnung, mit der Verfasser die Fowler'schen Serien, welche Bohr als Helium-Serien gedeutet hat, lichtstark erzeugt hat. In der leuchtenden Schicht ist das elektrische Feld kleiner als in der positiven Lichtsäule, sodaß die Linien sehr scharf sind und Feinstrukturen klar hervortreten.

Man schreibt heute das Bogenspektrum dem neutralen Atom zu. Der Urtypus dafür ist das Balmersche Wasserstoff-Serienspektrum. Seine Deutung durch N. Bohr: ein einfach positiv geladener Kern umkreist von dem einen, die Ladung des Kerns nach außen neutralisierenden Elektrons wird auf die Bogenspektra der übrigen Elemente übertragen. Das Funkenspektrum weist man dem einfach ionisierten Atom zu, also einem 2-fach positiv geladenen Kern, umkreist von einem Elektron. Der Urtypus dafür ist das von Fowler zuerst experimentell erzeugte und entdeckte und von Bohr gedeutete und dem ionisierten Helium zugewiesene Funkenspektrum des Helium. Der Deutung und Berechnung von Bohr entspricht es, daß ein Term einer Bogenserie durch $N/f(m)$ darzustellen ist, wo N den von Rydberg und Ritz nahe richtig gegebenen Wert der Rydberg-Konstanten bedeutet. Die Terme der Serien der Funkenspektra sind wie die der Bohrschen Heliumlinien statt dessen darzustellen durch $4N/f(m)$ wegen der doppelten Kernladung (nach Sommerfeld[1])). Gleich nummerierte aufeinander folgende Linien einer Serie sind hier gemäß $4N$ weiter von einander entfernt. Die ganze Serie erstreckt sich über ein bedeutend größeres Spektralgebiet. Ihre Dublets oder Triplets sind aus demselben Grunde bedeutend weiter aufgespalten. Wegen dieser Auseinanderzerrung der Serie ist es schwerer, eine solche aufzufinden und zu beweisen. Es sind bis jetzt nur wenige Serien in Funkenspektren bekannt.

Serien von Dublets kommen vor in den Bogenspektren der Alkalien, der Erdmetalle und, wie es scheint, allgemein in den Bogenspektren der Elemente ungerader Atomnummer. Serien von

---

[1]) A. Sommerfeld, Atombau und Spektrallinien. II. p. 295. III. p. 461.

Triplets und zugleich von Einfach-Linien gibt es in den Bogenspektren gerader Atomnummer (Erdalkalien, O, S, Se). Die Elemente einer Vertikalreihe des periodischen Systems haben analoge Spektra (Alkalien). In den aufeinanderfolgenden Vertikalreihen wechseln Dublets ab mit Einfachlinien und zugleich Triplets (in den ersten Reihen festgestellt).

Für die Funkenspektra gilt nach Kossel und Sommerfeld der Satz[1]) daß sie analog sind den Bogenspektren der Elemente in der nächstvorhergehenden Vertikalreihe, bei den Erdalkalien also Dublets, bei den Erdmetallen Triplets usw. Nur sind die Funkendublets und Triplets weiter aufgespalten (gemäß 4N). Das Spektrum jedes Elementes führt also die 3 Arten von Seriensystemen: 1. ein Einfachlinien-, 2. ein Dublet-, 3. ein Tripletsystem: bei ungerader Atomnummer 2. im Bogen- und 1. und 3. im Funkenspektrum, umgekehrt bei gerader Atomnummer. Kombinationen kommen immer nur vor innerhalb der Linien des Bogenspektrums allein oder des Funkenspektrums allein. Es gibt keine Kombinationen zwischen Dublet-Termen und Termen der Einfachlinien und Triplets. Es gibt viele und starke Kombinationen zwischen dem Tripletsystem und dem System der Einfachlinien.

Nach der Entdeckung des Kombinationsprinzipes war es klar, daß die Werte der Terme das physikalisch Wesentliche in den Spektralgesetzen darstellen. Wir wissen jetzt durch Bohr, daß die Termwerte Werte von Energien bedeuten, und daß die Differenzen dieser Energiestufen Linien erzeugen. Die Realität dieser Energiestufen ist durch die Entdeckung erhärtet, daß gewisse Werte fundamentaler Spektralterme die Ionisationsenergieen der Atome vorstellen. Es wird daher abgesehen von der mathematischen Formel des Seriengesetzes, welches nur für Wasserstoff und das ionisierte Helium, sonst aber nicht genügend bekannt ist. Es werden nur die Termwerte zahlenmäßig angegeben. Allerdings kann man dieselben nur bestimmen, indem man die Grenze einer Serie genau bestimmt. Dazu nimmt man diejenige Serie, welche möglichst viele gut gemessene Glieder hat, und welche außerdem etwa dem Gesetze von Ritz für höhere Glieder gut folgt. Man kann daraus den Wert der Grenze fast ebenso genau bestimmen, wie die zur Berechnung benutzten Wellenlängen bekannt sind. Aber wenn der Fehler auch ein größerer wird, macht das für die Darstellung der Tatsachen nichts aus. Denn es kommt hier wie bei allen energetischen Vorgängen immer nur die Differenz zweier Terme zur Darstellung der Tatsachen in Betracht. Dabei fällt ein Fehler wieder heraus. Denn liegt mit der berechneten Grenze einer

---

[1]) W. Kossel und A. Sommerfeld, Verhandl. d. D. Phys. Ges. 1919.

Serie ein Term im System fest, und kennt man die Serien und Kombinationen des Systems, so kann man alle Terme aller Serien berechnen. Sie besitzen sämtlich den additiven Fehler des berechneten Grenztermes, wenn nicht Beobachtungsfehler ihn in einzelnen Fällen vermehren.

Es sei z. B. der Term $(1, s)$ als Grenze der stärksten H.S. berechnet. Gefunden sei die Zahl $G = (1, s) \pm E$. Die Terme der Folge $(m, p)$ ergeben sich aus den beobachteten Wellenzahlen der Hauptserie, welche entsprechen $v_m = (1, s) - (m\,p)$. Man erhält:

$$(m\,p) \pm E = (1, s) \pm E - v_m = G - v_m.$$

Ist die beobachtete Linie mit einem Fehler behaftet, so ist sie nicht gleich $v_m$. In diesem Falle erhält der Term $(m\,p)$ einen neuen Fehler aus dieser Ursache. Meistens ist der Beobachtungsfehler einer Linie kleiner als der Berechnungsfehler einer Seriengrenze. Aus den Werten $(m\,p) \pm E$ ergeben sich analog diejenigen der Terme $(m\,d) \pm E$ und $(m, s) \pm E$ aus den Linien der I. und II. N. S. und so fort.

## III. Wie findet man eine Serie und ihre Grenze?

Meist durch Zufall und jedenfalls durch experimentelle Erforschung des Spektrums sind die meisten Serien entdeckt. Man sieht im Spektrum mehrere Dublets oder Triplets, welche sich gleichen in bezug auf charakteristische Unschärfe, Linienlänge, Intensitätsverhältnis. Bei konstantem Linienabstand vermutet man Nebenserienglieder. Starke Verminderung der Linienabstände bei den blaueren Dublets oder Triplets läßt auf Glieder einer H.S. schließen. Weiter aufgespaltene Dublets oder Triplets (Cäsium, Barium, Thallium, Quecksilber) sind nicht als solche kenntlich. Man schließt auf ihre ungefähre Lagerung aus der Anordnung der Serien bei den vorhergehenden Elementen ihrer Gruppe. An der Art des anomalen Zeeman-Effektes werden sie sicher erkannt, besonders die zusammengesetzten Triplets der I.N.S. mit allen Komponenten. Am schwierigsten findet man Serien von Einfachlinien, besonders bei Vakuum-Lichtquellen, da hier die Unschärfe fehlt. Ihr Zeeman-Effekt, ein normales Triplet, weist nur auf eine Einfachlinie hin, kann aber nicht über die Art der Serie entscheiden. Diese Systeme sind darum am wenigsten bekannt.

Sicherlich kann man sich nicht als Ziel setzen, aus Zahlentabellen Serien finden zu wollen, wenn man nicht ein Rydberg ist. Zum mindesten wird man die Zahlen in einer Skizze darstellen, welche Intensitäten, Unschärfen usw. deutlich veranschaulicht. Hat man erst einige Linien einer Serie sicher, so ist die Vervollständigung dieser Serie und auch des zugehörigen Seriensystems meistens nicht schwer, weil man dafür Vorschriften geben kann.

Zunächst hat man 3 oder 4 Glieder, von denen man die Zugehörigkeit zu einer Serie vermutet. Man weiß nichts über die Grenze und kennt daher die zugehörigen Terme nicht. Man bildet die Wellenzahlen $(1/\lambda)$ und ihre Differenzen. Man hat eine Tabelle der Werte $N/m^2$ für $m = 1, 2 \ldots$ und der Differenzen ihrer aufeinander folgenden Zahlenwerte[1]). Man weiß, daß in jeder Serie die Terme mit wachsendem m wasserstoffähnlicher werden müssen, also sich dem Ausdrucke $N/m^2$ nähern müssen. Die Abweichung vom Wasserstoffterm ist jedenfalls für höhere Werte m einseitig, immer positiv oder immer negativ. Das gleiche gilt auch für die Abweichungen der Differenzen zweier aufeinanderfolgender Glieder von den entsprechenden Differenzen der Wasserstoffserie. Die Abweichungen von den Wasserstoffdifferenzen müssen mit wachsendem m kleiner werden. Ist das der Fall, so sucht man nach der Linie nächsthöherer Ordnungszahl, deren Wellenlänge nach den Abweichungen meist bis auf einige Å. E. geschätzt wird. Findet sie sich, wenn auch noch schwach, so sucht man weitere. Bald ist die letzte Linie zu schwach, um überzeugend zu sein. Dann bleibt nichts übrig, als das Leuchten stärker und die Exposition länger zu machen. Ersteres ist meist sehr schwer. Stromverstärkung gibt beim Bogen nicht ohne weiteres eine Verstärkung der Intensität und bringt bei einer Geißler-Röhre meist Verunreinigungen zum Leuchten, welche das gewollte Leuchten sogar abschwächen. Man muß die Bedingungen für die Reinheit des gewollten Leuchtphänomens heraus experimentieren. Auch die längere Exposition bietet Schwierigkeiten, wenn die Stabilität und Temperaturunempfindlichkeit des Spektroskopes nicht genügend sind. Um ein weiteres Glied einer Serie zu erhalten, muß man bedeutend länger exponieren. 5 Minuten Exposition gaben etwa 12 Glieder der I. N. S. des Heliums (5876-Serie). Erst mit 7 Stunden erhielt man etwa 20 Glieder. War die Röhre nicht rein, so erhielt man unter diesen Bedingungen nur 4 resp. 7 Glieder und weitere Stromverstärkung unterdrückte sogar hiervon die höchsten (Versuche mit Quarzprismenspektograph). Die genaue Berechnung der Grenze und damit der Serienterme setzt die genaue Kenntnis von mehr als 4 bis 5 Gliedern voraus. Bei 10 Gliedern ermöglicht der Vergleich mit der $N/m^2$-Serie die Schätzung der Termwerte des 9. und 10. Gliedes bis auf einige Einheiten, mit der Tabelle der Werte $N/(m+a)^2$ bis auf eine Einheit, womit nach p. 12 alle Termwerte so genau festliegen.

Nun beginnt die feinere Berechnung der Grenze oder sämtlicher Termwerte und damit die größte Schwierigkeit: nicht in rechnerischer

---

[1]) Sehr nützlich ist der Vergleich mit den Differenzen in schon bekannten Serien oder eine Tabelle der Werte $N/(m+a)^2$ und ihrer Differenzen (Tabelle am Schluß).

Beziehung, sondern in physikalischer. Wenn man wüßte, daß eine bestimmte Serienformel im gegebenen Falle genau gültig ist, wäre das Rechnungsverfahren gegeben. Es gibt Serien, welche dem Ritzschen Ausdruck genau folgen. Für sie führt das unten folgende Verfahren leicht zum Ziel. Es gibt aber Serien, deren höhere Glieder dieser Formel noch nicht folgen. Für sie kann man heute die Termwerte nicht genauer bestimmen als durch Vergleich mit der N/m²-Serie.

Es sei das vom Verfasser in jedem Falle zunächst versuchte Verfahren zur genaueren Bestimmung der Termwerte erörtert, welches sich auf die Gültigkeit der Formel von Ritz wenigstens für die höheren Glieder gründet (vgl. Verf. Neon-Arbeit und E. Fues).

Die Termwerte (m, a) sollen folgen dem Ausdrucke

$$(m, a) = \frac{N}{[m + a + \alpha(m,a)]^2}.$$

Man berechnet mit den noch um eine additive Konstante fehlerhaften Werten (m, a) für jeden Term $\sqrt{N/(m, a)}$. Dies soll sein $m + a + \alpha(m, a)$, also sich dem Werte $m + a$ mit wachsendem m nähern. Man wird nun gewöhnlich Zahlenwerte finden, welche nahe ganze Zahlen sind, und deren Abweichung von diesen noch nicht dem konstanten Wert a zustrebt, sondern zunächst $\overset{\text{zu-}}{\underset{\text{ab-}}{}}$nimmt, um von bestimmtem m an schnell $\overset{\text{ab-}}{\underset{\text{zu-}}{}}$zunehmen. Das ist das Zeichen, daß die Grenze und alle Terme noch unrichtig sind. Man ändert alle Terme um denselben Betrag von einigen Einheiten und setzt das fort, bis die erhaltene Zahlenreihe mit wachsendem m ab- oder zunehmend (für höhere m langsamer) sich asymptotisch einem konstanten Werte (a) nähert. Bei höherem m wird infolge größerer Beobachtungsfehler ein Schwanken um $m + a$ eintreten. Folgt nun die Serie obiger Formel, so erhält man aus je 2 Gliedern der Reihe der Werte $a + \alpha(m, a)$ die Konstanten a und $\alpha$. Meist findet man noch eine systematische Änderung des Wertes $\alpha$ welche durch geringe Änderung aller Termwerte zu beheben ist. Ist die systematische Änderung von $\alpha$ nicht zu beheben, so folgt die Serie obigem Ausdrucke nicht. Man versucht dann das Sommerfeldsche Zusatzglied $\alpha'(m, a)^2$ hinzu zu nehmen oder eine andere Funktion $\alpha \; f(1/m)$.

Die Termwerte verdienen nur dann Vertrauen, wenn wenigstens die höheren Glieder einen konstanten Wert $\alpha$ ergeben. Gegen die Realität der Serie entscheidet dies Kriterium nicht. Gelingt es so, durch Änderung um konstante additive Beträge die höheren Termwerte einer Termfolge der Ritzschen Formel anzupassen, so darf man diese Termwerte festhalten und nach dem Verfahren

p. 12 sämtliche übrigen Termwerte des Seriensystems auf Grund der Kombinationen aus den beobachteten Wellenlängen berechnen.

Kayser und Runge benutzten eine Reihe als Serien-Interpolationsformel, die eine leichte Berechnung der Grenze nach gebräuchlichen Rechenverfahren gestattet. Aber die damit berechneten Grenzwerte werden nicht dieselben, wie die nach obigem Näherungsverfahren auf Grund der Ritzschen Formel berechneten. Die Grenzberechnung nach der Ritzschen Formel muß nahe richtig sein: Der Term (1, s) berechnet einmal als Grenze der Hauptserie (1, s) — (m, p) aus der Termfolge (m p), zweitens berechnet als erstes Glied der Termfolge (m, s) aus der zweiten N.S., also aus einer anderen Formel, erhielt denselben Zahlenwert. Die Grenze (2 p) berechnet aus der I. N.S. oder aus der II. N. S. wird gleich gefunden. Die Berechnung der Kombinationen zwischen Einfachlinienserien und Tripletserien hat den Fehler 1. der Einfachlinienterme, 2. den davon unabhängigen der Tripletterme. Aber sie stimmt bei Zn, Cd, Hg völlig mit der Beobachtung überein.

Die Heliumserien, bei denen bis zu 22 Glieder beobachtet werden, gestatten die Berechnung des Grenztermes bis auf 0.05 Einheiten (cm$^{-1}$). Könnte man die Seriengrenze auf andere Weise genügend genau ermitteln, so wäre obiges Verfahren unnötig. Aber es ist sicher, daß die Zahlenwerte, die es ergab, in den meisten Fällen nicht erheblich geändert werden. Es finden sich die Seriengrenzen nur in den Bildern angezeichnet, welche einige Autoren von Serien veröffentlicht haben. Vgl. p. 1. In der Natur ist die Grenze bisher nur eine durch Extrapolation errechenbare Größe. Die Bestimmung des Ionisationspotentials müßte gewaltig verfeinert werden, wenn sie die spektroskopische Genauigkeit erreichen soll.

Eine gewisse Schwierigkeit macht es, die stärkste Linie einer Serie mit Sicherheit zuzuordnen, wenn Ritz' Formel versagt. Auch Sommerfelds Erweiterung wird in diesem Falle meist keine Entscheidung bringen (Gründe p. 2). Bei Dublets und Triplets entscheidet der Zeeman-Effekt, bei Einfachlinien die Kombinationen. Bei unvollkommen bekanntem Serien-System ist eine Entscheidung oft unmöglich. Hier könnte das Resonanzpotential helfen, da die Entscheidung oft selbst bei geringer Genauigkeit eindeutig sein kann.

## IV. Die Quantenbeziehungen der Spektralgesetze.

Bezüglich der theoretischen Modelle und Hypothesen, durch welche N. Bohr und Sommerfeld die Spektren des Wasserstoffes und des ionisierten Heliums vollständig und die übrigen Spektren in vielen Einzelheiten verständlich gemacht haben, unterrichtet am besten das ausführliche Buch von A. Sommerfeld „Atombau und Spektrallinien". Aus diesem Buche sei hier lediglich die Quantenordnung der Spektren kurz angegeben, welche die Mannigfaltigkeit der Tatsachen beherrscht, und welche dem empirisch forschenden Spektroskopiker als leitende Idee dienen kann.

Das Modell der Linienemission von N. Bohr hat einen positiv elektrisch geladenen Kern, um welchen Elektronen in bestimmten Bahnen umlaufen. Die Zahl derselben ist gleich der Nummer des Elementes in der Atomgewichtstabelle. Der Kern besitzt eine der Gesamtladung der Elektronen gleiche positive Ladung. Die Elektronen befinden sich in der Nähe des positiven Kerns in Sphären von verschiedenem Radius regelmäßig verteilt und kreisen um ihn herum. Die Emission einer Serienlinie entsteht, wenn ein Elektron durch irgendwelche Vorgänge (Stoß durch fremde Elektronen) aus einer Sphäre in eine entferntere gehoben wird und nun wieder zurückkehrt. Geschieht dies innerhalb der inneren Elektronensphären, so wird eine Röntgenlinie emittiert. Wird aber aus der peripheren Elektronensphäre ein Elektron herausgehoben, so gibt es bei seiner Rückkehr eine optische Serienlinie. Handelt es sich um das neutrale Atom, so gehört diese dem Bogenspektrum an. Das ionisierte Atom entsteht, wenn das Elektron gänzlich entfernt ist. Alsdann kann ein zweites äußeres Elektron herausgehoben werden und gibt bei seiner Rückkehr eine Linie des Funkenspektrums des Elementes. Das optische Spektrum entsteht hiernach durch die Bewegung eines weiter vom Atominneren entfernten Elektrons.

⁎ Die Bahnen dieses Elektrons sind im allgemeinen Ellipsen und besitzen 3 Freiheitsgrade (Variationsmöglichheiten): 1. die Größe der Radiivektoren, 2. die Exzentrizität der Ellipse und 3. die Lage der Ellipse relativ zu den Bahnen der inneren Elektronen oder relativ zu einem äußeren Magnetfeld können variieren. ⁎ Jede Variabele nimmt nur quantenmäßig bestimmte Werte an. Die Bedingung dafür ist je ein Phasenintegral. Die räumliche Lagerung der Ellipsen (3) wird für die magnetische Aufspaltung und neuerdings auch für die Deutung verschiedener Seriensysteme oder von Liniengruppen verwendet. 1. und 2. ergeben die allgemeinen Seriengesetze. Die Bedingungen dafür sind:

$$1. \quad \int_{\varphi=0}^{\varphi=2\pi} p_r \, dr = n'h \qquad\qquad 2. \quad \int_{\varphi=0}^{\varphi=2\pi} p_\varphi \, d\varphi = nh$$

n und n' sind ganze Zahlen, die sogenannten Quantenzahlen. h ist die Plancksche Konstante. $p_r$ ist die radiale Komponente der Bewegungsgröße des Elektrons in der Bahn, $p_\varphi$ das Moment der Bewegungsgröße, nämlich das Produkt aus r und der azimutalen Komponente der Bewegungsgröße. 1. heißt die radiale, 2. die azimutale Quantenbedingung. Diese Bedingungen sondern bestimmte Bahnen des Elektrons als existenzfähig aus. In jeder Bahn hat das Elektron eine bestimmte Energie $W_{n,n'}$. Eine Spektrallinie von der Schwingungszahl $\nu$ ist durch Bohrs Bedingung gegeben:

$$\nu \cdot h = W_{n,n'} - W_{m,m'}$$

in der sein muß:

$$m + m' > n + n' \quad m - n = \pm 1 \text{ (nach Bohr).}$$

Für das Wasserstoffatom, welches nur aus einem positiven Kern und einem Elektron besteht, berechnet Sommerfeld die Spektralserienformel

$$\nu = N\left[\frac{1}{(n+n')^2} - \frac{1}{(m+m')^2}\right]$$

In diesem Resultat spielt die Unterscheidung der azimutalen und radialen Quanten noch keine Rolle. Es sind einfache Linien dargestellt, wie solche resultieren, wenn man nur Kreisbahnen verschiedener Radien (nur einen Freiheitsgrad) annimmt.

Aber bei der Wirkung elektrischer Felder kommt die Unterscheidung der azimutalen und radialen Variabelen zur Geltung. Es spaltet jede Linie in Komponenten auf (Stark-Effekt). Sommerfeld zeigt, daß infolge der relativistischen Verhältnisse eine ähnliche, wenn auch schwächere Aufspaltung immer vorhanden sein muß (Sommerfelds Feinstruktur der Wasserstofflinien). Diese ist für das Spektrum des ionisierten Heliums empirisch bestätigt. Dieses ist das zweite exakt bekannte Spektrum. Es gilt dafür die Wasserstoff-Formel mit $4\,N$ an Stelle von N.

Sommerfeld sieht nun in dem Vorhandensein mehrerer verschiedener Serien bei den übrigen Spektren das Wirken eines inneratomaren Feldes. Dieses beeinflußt die Elektronenbahnen so, daß die azimutale Variabele verschiedene Termfolgen, die radiale Variabele die Linien einer Termfolge bedingt. Die allgemeine Serienformel wäre nach Sommerfeld

$$\nu = \varphi(n,n') - \varphi(m,m').$$

Die Funktionen $\varphi(n,n')$ bestimmt Sommerfeld unter gewissen Voraussetzungen über das Atommodell und erhält Formeln nach Art der Ritzschen Serienformel. Die azimutalen Quantenzahlen n, m bestimmen die Art der Serienfolgen, Haupt- und Nebenserien usw.

Es wird angenommen, daß die Werte dieser Quantenzahlen seien für die Folge der

II. N.S. — H.S. — I. N.S. — B.S. · · ·

n =    1      2      3      4 · · ·

Die radiale Quantenzahl $n'$ hat für eine Serie einen bestimmten Wert. Diejenige $m'$ durchläuft die Zahlen 0, 1, 2 · · · ·. Das Auswahlprinzip setzt dabei die Bedingung: $m - n = \pm 1$   $m + m' \lessgtr n + n'$, welche durch elektrische Felder aufgehoben werden kann (beliebige Kombinationen).

Ein Seriensystem wäre danach dargestellt durch:

die Hauptserien $\qquad \varphi(1, n') - \varphi(2, m') \qquad n' = 0, 1, 2 \cdots$
$\qquad\qquad$ oder $[(n' + 1)\,s] - [(m' + 2)\,p] \quad m' = 0, 1, 2 \cdots \quad m' \lessgtr n'$

die II. Nebenserien $\qquad \varphi(2, n') - \varphi(1, m') \qquad n' = 0, 1, 2 \cdots$
$\qquad [(n' + 2),\,p] - [(m' + 1),\,s] \quad m' = 1, 2, 3 \cdots \quad m' > n'$

die I. Nebenserien $\qquad \varphi(2, n') - \varphi(3, m') \qquad n' = 0, 1, 2 \cdots$
$\qquad [(n' + 2),\,p] - [(m' + 3),\,d] \quad m' = 0, 1, 2 \cdots \quad m' \lessgtr n'$

die B-Serien $\qquad \varphi(3, n') - \varphi(4, m') \qquad n' = 0, 1, 2 \cdots$
$\qquad [(n' + 3),\,d] - [(m' + 4),\,f] \quad m' = 0, 1, 2 \cdots \quad m' \lessgtr n'$

Man wird hiernach dem größten vorkommenden s-Term als niederste Nummer 1 zuweisen, dem p-Term 2 und so fort, also sie bezeichnen als (1, s), (2, p) usw. Der Spektroskopiker wird geneigt sein, die Termnummern im allgemeinen durch Vergleich der Größe der Terme mit der Größe der Wasserstoffterme $N/m^2$ zu wählen. Die Terme höherer Nummern einer Folge nähern sich diesen. Dadurch wird die Zuweisung der Nummern ziemlich sicher. So findet man, daß der s-Term niederster Nummer bei den Triplets der Erdalkalien und den Dublets der Erdmetalle die Nummer 2 haben müßte. Hier scheint $m = 1$ zu fehlen. Ein Kriterium dafür scheint folgendes zu sein: Existiert der Term (1, s), so ist der größte s-Term größer als der größte p-Term. Das Grundglied ist eine Resonanzlinie $(1, s) - (2, p_1)$ und gehört der Hauptserie an (nach Bohrs Auffassung) (Beispiel die D-Linien des Natrium). Will man diese Linie auch als Anfangsglied zur II. N. S. rechnen, so liegt das Gebilde (Dublet) umgekehrt, wie die übrigen II. N. S.-Gebilde und meistens nach Violett gerückt. Existiert (1, s) nicht, so ist der größte s-Term kleiner als der größte $p_1$-Term. Das Grundglied $(2, p_1) - (2, s)$ ist Resonanzlinie[1]) und gehört der II. N. S. an (Beispiel: das Grunddublet des Thallium 5350, 3775). Will man das Gebilde dennoch zur H. S. rechnen, so liegt es umgekehrt wie die übrigen H. S.-Glieder und meistens nach Violett gerückt.

Bei den s-Termen der Bogenspektra der Alkalien und der Einfachlinien von Mg, Zn, Cd, Hg ebenso auch wohl der Erdalkalien und

---

[1]) Hier sollte daher der Term $(2, p_1)$ die Ionisierungsenergie bedeuten, sowie der Term $(1\ s)$, wenn er existiert.

bei den Funkenspektren (Dublets) der Erdalkalien scheint ein Term $(1, s)$ erwiesen.[1]

Der Term niederster Nummer kann der Größe nach beträchtlich von dem Wasserstoffterm gleicher Nummer abweichen. In der I. N. S.-Folge der Triplets von Ca, Sr, Ba ist $(3, d_i)$ größer als $N/2^2$. Die Größe der Terme höherer Nummer entscheidet hier aber für die Nummer 3, welche in diesem Falle auch durch die Anordnung der Kombinationsgruppen bestätigt wird (vgl. innere Quanten).

Es bleibt für die Gesetze der Dublets, Triplets usw. oder für die Termdifferenzierung als Variabele nur die räumliche Anordnung der Bahn des äußeren Elektrons relativ zum Bau des Kerns mit seinen nahen Elektronenhüllen übrig. Hierüber war bis vor kurzem nichts bekannt. Da aber in den Liniengruppen, welche praktisch vorkommen, deutlich Auswahlregeln herrschen, hat Sommerfeld zunächst formal „innere" Quanten eingeführt. Er weist zu:

| den Termen | $p_1$ | $p_2$ | $p_3$ | | $d_1$ | $d_2$ | $d_3$ | |
|---|---|---|---|---|---|---|---|---|
| die inneren | 2 | 1 | 0 | | 3 | 2 | 1 | bei Triplets |
| Quantenzahlen | 2 | 1 | | | 3 | 2 | | bei Dublets. |

Der höchste Wert der inneren Quantenzahl wäre hier der der azimutalen Quantenzahl.

Der Term s hat die innere Quantenzahl 1. Dazu gehört Sommerfelds Auswahlregel, daß die inneren Quantenzahlen bei kombinierten Termen sich um 0 oder $\pm 1$ unterscheiden dürfen, aber nicht um mehr als 1. So ergeben sich die einfachen Dublets und Triplets:

| Dublet $s\,p_i$ | $s\,p_1$ | $s\,p_2$ |
|---|---|---|
| Quantenänderung | 2 — 1 | 1 — 1 |

| Triplet $s\,p_i$ | $s\,p_1$ | $s\,p_2$ | $s\,p_3$ |
|---|---|---|---|
| Quantenänderung | 2 — 1 | 1 — 1 | 0 — 1 |

und die zusammengesetzten Gebilde der I. N. S.

| Dublet $p_i\,d_j$ | $p_1\,d_1$ |
|---|---|
| Quantenänderung | 3 — 2 |

| | $p_1\,d_2$ | $p_2\,d_2$ |
|---|---|---|
| Quantenänderung | 2 — 2 | 2 — 1 |

$p_2\,d_1$ fällt aus, weil die Quantenänderung 3 — 1 verboten ist.

---

[1] Nach D. S. Roschdestwensky, Verh. d. Opt. Instituts in Petrograd, II., Nr. 7, wäre die Grundbahn bei den Alkalien $(2, s)$, nach N. Bohr neuerdings bei Li $(2, s)$, bei Na $(3, s)$, bei K $(4, s)$ usw. Diese Arbeit von Bohr (Zeitschr. f. Physik 9, 1922) bahnt eine neue Termnummerierung an, welche dem Aufbau des Atoms entspricht.

Triplet $p_i\,d_j$ $\qquad$ $p_1\,d_1$
$\qquad$ Quantenänderung $\quad$ 3 — 2

$\qquad\qquad\qquad\qquad$ $p_1\,d_2$ $\qquad$ $p_2\,d_2$
$\qquad$ Quantenänderung $\quad$ 2 — 2 $\quad$ 2 — 1

$\qquad\qquad\qquad\qquad$ $p_1\,d_3$ $\qquad$ $p_2\,d_3$ $\qquad$ $p_3\,d_3$
$\qquad$ Quantenänderung $\quad$ 1 — 2 $\quad$ 1 — 1 $\quad$ 1 — 0

$p_3\,d_2$ und $p_2\,d_1$ entsprechen der Quantenänderung von 2, $p_3\,d_1$ von 3 Einheiten und fallen aus.

Ist die Änderung der inneren Quantenzahl im gleichen Sinne, wie die Änderung der azimutalen, so ist die Linie intensiv (s $p_1$, $p_1\,d_1$, $p_2\,d_2$, $p_3\,d_3$).

Die ausfallenden Linien erscheinen, wenn in starken magnetischen Feldern Störungen der Zeeman-Typen der einzelnen Linien auftreten. Das Phänomen der Differenzierung eines Terms dürfte daher einer magnetischen Ursache entspringen. Ein entsprechendes Atommodell ist neuerdings von Werner Heisenberg[1]) erdacht worden.

Einige von Rydberg und Popow angegebene bisher rätselhafte Liniengruppen in den Spektren der Erdalkalien konnte R. Götze[2]) auf Grund der Quantenregeln und der Zeeman-Typen ihrer Linien nach Landés Theorie[3]) erkennen als Kombinationen zweier verschiedener $p_i$-Terme $p_i$ und $p_i{}'$ und zweier verschiedener $d_j$-Terme $d_j$ und $d_j{}'$. Vgl. die Tabellen über Ca, Sr, Ba.

$\qquad$ (Schiefsymmetrische) Gruppe $d_j\,d_j{}'$
$\qquad\qquad\qquad\qquad$ $d_2\,d_3{}'$ $\qquad$ $d_3\,d_3{}'$
$\qquad\qquad\qquad\qquad$ 1 — 2 $\quad$ 1 — 1 $\qquad$ Quantenänderung
$\qquad\qquad$ $d_1\,d_2{}'$ $\qquad$ $d_2\,d_2{}'$ $\qquad$ $d_3\,d_2{}'$
$\qquad\qquad$ 2 — 3 $\quad$ 2 — 2 $\quad$ 2 — 1 $\qquad$ Quantenänderung
$\qquad\qquad$ $d_1\,d_1{}'$ $\qquad$ $d_2\,d_1{}'$
$\qquad\qquad$ 3 — 3 $\quad$ 3 — 2 $\qquad\qquad$ Quantenänderung

Es fallen aus $d_1\,d_3{}'$ und $d_3\,d_1{}'$.

$\qquad$ $(^3/_2\,a\,-)$ Gruppe $p_i\,p_i{}'$
$\qquad\qquad\qquad\qquad$ $p_2\,p_3{}'$
$\qquad\qquad\qquad\qquad$ 0 — 1 $\qquad\qquad$ Quantenänderung
$\qquad\qquad$ $p_1\,p_2{}'$ $\qquad$ $p_2\,p_2{}'$ $\qquad$ $p_3\,p_2{}'$
$\qquad\qquad$ 1 — 2 $\quad$ 1 — 1 $\quad$ 1 — 0 $\qquad$ Quantenänderung
$\qquad\qquad$ $p_1\,p_1{}'$ $\qquad$ $p_2\,p_1{}'$
$\qquad\qquad$ 2 — 2 $\quad$ 2 — 1 $\qquad\qquad$ Quantenänderung

---

[1]) Werner Heisenberg, Zeitschr. für Physik 8, p. 273, 1922. F. Paschen u. E. Back, Physica, Oktober 1921.

[2]) R. Götze, Ann. d. Phys. 66, p. 285, 1921.

[3]) A. Landé, Zeitschr. f. Phys. 5, 231, 1921 und Physik. Zeitschr. 22, 417, 1921.

Gebaut wie die Gruppe $d_j\,d_j'$ aber unter weiterer Unterdrückung der Quantenänderung o — o (nach Landé). In Übereinstimmung mit der Intensitätsregel sind hier die Linien $d_1\,d_1'$, $d_2\,d_2'$, $d_3\,d_3'$, $p_1\,p_1'$, $p_2\,p_2'$ die intensivsten.

Da Triplets stets mit Einfachlinien zusammen auftreten, und Kombinationen zwischen beiden Systemen vorhanden sind, liegt es nahe, beide Systeme als ein einziges aufzufassen, und die inneren Quantenzahlen auf die Einfachlinien fortzusetzen. Landé gibt für das gesamte Bogenspektrum des Hg innere Quantenzahlen an, welche den Kombinationen gerecht werden, und welche zugleich seiner Theorie der anomalen Zeeman-Effekte zugrunde liegen. Danach würden den Termen der Einfachlinien in den Spektren von Mg, Zn, Cd, Hg innere Quantenzahlen zuzuschreiben sein, welche um Eins niedriger sind als die azimutalen Quanten, also dem S-Term o, P-Term 1, D-Term 2 usw. Das neue Modell von Heisenberg entspricht dieser Quantelung und Zuordnung.

Ferner hat Landé für das komplizierte Serienspektrum des Neon die Quantenordnung gefunden und damit einen gewiß fruchtbaren neuen Weg zur Analyse komplizierterer Spektren gebahnt.

# Die Serienspektren.

## Serienformel des Wasserstoffes und des ionisierten Heliums.

Verwendete Resultate der Theorie[1]

Bohrs Serienformel lautet:

$$\nu = N_\infty \frac{M}{M+\mu} \left(\frac{E}{e}\right)^2 \left(\frac{1}{i^2} - \frac{1}{k^2}\right) \left[1 + \frac{\alpha^2}{4}\left(\frac{E}{e}\right)^2\left(\frac{1}{i^2} + \frac{1}{k^2}\right)\right]$$

$$N_x = \frac{2\pi^2 e^4 \cdot \mu}{c \cdot h^3}$$ ist die Rydberg-Konstante f. $M = \infty$ $N_\infty = 109\,737{,}1$

$$N_\omega = N_\infty \frac{M_\omega}{M_\omega + \mu}$$ „ „ „ „ Wasserstoff

$$N_{He} = N_\infty \frac{M_{He}}{M_{He} + \mu}$$ „ „ „ „ das Spektrum des ionisierten Heliums nach Bohr.

$$\alpha = \frac{2\pi e^2}{h \cdot c}$$ Feinstrukturkonstante in Sommerfelds Theorie.

e und $\mu$ Ladung und Masse des Elektrons.

E und M Ladung und Masse des positiv geladenen Kerns.

h Plancks Konstante.

i und k Ordnungsnummern der Elektronenbahnen und Serien-terme.

$\nu$ Wellenzahl (reziproker Wert der Wellenlängen in $\text{cm}^{-1}$.

c Lichtgeschwindigkeit.

Das Glied in eckiger Klammer ist die Relativitätskorrektion nach Bohr (Phil. Mag. Febr. 1915, p. 332) und A. Sommmerfeld.

Bohrs Serien sind also dargestellt durch:

Wasserstoff: $\nu_\omega = N_\omega \left(\frac{1}{i^2} - \frac{1}{R^2}\right)\left[1 + \frac{\alpha^2}{4}\left(\frac{1}{i^2} + \frac{1}{k^2}\right)\right]$

Helium: $\nu_{He} = N_{He} \cdot 4 \left(\frac{1}{i^2} - \frac{1}{R^2}\right)\left[1 + \alpha^2\left(\frac{1}{i^2} + \frac{1}{k^2}\right)\right].$

[1] S. F. Paschen, Bohrs Heliumlinien. Ann. d. Phys., Bd. 50, 1916, p. 901.

Diese Formeln geben die Strahlung infolge des Elektronenübergangs vom k-ten auf den i-ten Kreis.

Die Relativitätskorrektion wird im folgenden bei der Berechnung der Wasserstoff- und Heliumserien außer Betracht gelassen.

## Wasserstoff.

Die Serien des Wasserstoffspektrums befolgen alle die Bohrsche Formel.

$$N_\omega = 109\,677.691 \text{ cm}^{-1} \text{ (im internationalen System)}.$$

Die Wasserstofftermfolge ist daher im internationalen System:

| $k =$ | 1 | 2 | 3 | 4 | 5 | 6 |
|---|---|---|---|---|---|---|
| $\frac{N_\omega}{k^2} =$ | 109\,677.691 | 27\,419.423 | 12\,186.41 | 6\,854.85 | 4\,387.11 | 3\,046.60 |
| | 7 | 8 | 9 | 10 | 11 | 12 |
| | 2\,238.32 | 1\,713.71 | 1\,354.05 | 1\,096.78 | 906.43 | 761.65 |
| | 13 | 14 | 15 | 16 | 17 | 18 |
| | 648.98 | 559.58 | 487.46 | 428.43 | 379.51 | 338.51 |
| | 19 | 20 | 21 | 22 | 23 | 24 |
| | 303.82 | 274.19 | 248.70 | 226.61 | 207.33 | 190.41 |
| | 25 | 26 | 27 | 28 | 29 | 30 |
| | 175.48 | 162.25 | 150.45 | 139.90 | 130.41 | 121.86 |
| | 31 | | | | | |
| | 114.13 | | | | | |

1. Serie $\nu = N_\omega \left( \dfrac{1}{1^2} - \dfrac{1}{k^2} \right)$ gefunden von Lyman[1]).

Grenze: 109\,677.69 ber.

| $k$ | $\nu$ ber. intn. | Å-E $\lambda$ vac ber. intn. | $\lambda$ vac Rowl. beob. | Intens. |
|---|---|---|---|---|
| 2 | 82\,258.27 | 1\,215.68 | 1\,216.0 | 10 |
| 3 | 97\,491.28 | 1\,025.73 | 1\,026.0 | 4 |
| 4 | 102\,822.84 | 972.55 | 972.7 | 1 |

Beobachtungen von Lyman in einem Gemisch von H und He; die beiden letzten Linien besonders stark mit einer Spur $H_2$ in He.

---

[1]) Th. Lyman, Astroph. Journ. 1906, 23, p. 181; 1916, 43, p. 89.

2. Serie $\nu = N_\omega \left( \dfrac{1}{2^2} - \dfrac{1}{k^2} \right)$ („Balmer-Serie"[1]).

Grenze ber. 27419.42.

| k | $\nu$ ber. intn. | $\lambda$ Luft ber. intn. Å-E | Intn. Å-E $\lambda$ Luft beob. | |
|---|---|---|---|---|
| 3 | 15233.01 | 6562.80 | 6562.80 | |
| 4 | 20564.57 | 4861.38 | 4861.33 | Beob. v. |
| 5 | 23032.31 | 4340.51 | 4340.47 | Paschen[1) |
| 6 | 24372.82 | 4101.78 | 4101.74 | |
| 7 | 25181.10 | 3970.11 | 3970.06[2) | |
| 8 | 25705.71 | 3889.09 | 3889.00 | |
| 9 | 26065.37 | 3835.43 | 3835.38 | |
| 10 | 26322.64 | 3797.93 | 3797.92 | |
| 11 | 26512.99 | 3770.67 | 3770.65 | |
| 12 | 26657.77 | 3750.18 | 3750.18 | |
| 13 | 26770.44 | 3734.40 | 3734.38 | |
| 14 | 26859.84 | 3721.97 | 3721.91 | |
| 15 | 26931.96 | 3712.01 | 3711.98 | |
| 16 | 26990.99 | 3703.89 | 3703.86 | |
| 17 | 27039.91 | 3697.19 | 3697.15 | |
| 18 | 27080.91 | 3691.59 | 3691.56 | |
| 19 | 27115.60 | 3686 86 | 3686.86 | |
| 20 | 27145.23 | 3682.84 | 3682.78 | |
| 21 | 27170.72 | 3679.38 | 3679.36 | |
| 22 | 27192.81 | 3676.39 | 3676.40 | |
| 23 | 27212.09 | 3673.80 | 3673.76 | |
| 24 | 27229.01 | 3671.51 | 3671.32 | |
| 25 | 27243.94 | 3669.50 | 3669.44 | |
| 26 | 27257.17 | 3667.72 | 3667.75 | |
| 27 | 27268.97 | 3666.13 | 3666.07 | |
| 28 | 27279.52 | 3664.71 | 3664.64 | |
| 29 | 27289.01 | 3663.44 | 3663.44 | |
| 30 | 27297.56 | 3662.29 | 3662.21 | |
| 31 | 27305.29 | 3661.25 | 3661.21 | |

[1]) F. Paschen, Bohrs Heliumlinien, Bd. 50, 1916 p. 935.
[2]) Von Nr. 7 bis Schluß beob. von Dyson, aus dem Rowland-System umger. H. Kayser, Handbuch der Spektr., Bd. V.

3. Serie $\nu = N_\omega \left( \dfrac{1}{3^2} - \dfrac{1}{k^2} \right)$. Gefunden von Paschen[2]).

Grenze: 12186.41.

| R | $\nu$ ber. intn. | $\lambda$ Luft ber. intn. Å-E | $\lambda$ Beob. intn. |
|---|---|---|---|
| 4 | 5331.56 | 18751.35 | 18751.3 |
| 5 | 7799.30 | 12818.32 | 12817.6 |

[1]) J. J. Balmer, Wiedem. Ann. 25, 1885, p. 80.
[2]) F. Paschen, Ann. d. Phys., Bd. 27, p. 567, 1908.

# Helium. Funkenspektrum.

Das Funkenspektrum des He folgt der Bohrschen Serienformel.

$$N_{He} = 109\,722.144 \ cm^{-1}.$$

Die Termfolge des ionisierten Helium ist daher im intern. System:

| $k =$ | 1 | 2 | 3 | 4 | 5 |
|---|---|---|---|---|---|
| $\dfrac{4\,N_{He}}{k^2} =$ | 438888.58 | 109722.14 | 48765.40 | 27430.60 | 17555.54 |
| | 6 | 7 | 8 | 9 | 10 |
| | 12191.35 | 8956.91 | 6857.64 | 5418.38 | 4388.89 |
| | 11 | 12 | 13 | 14 | 15 |
| | 3627.18 | 3047.84 | 2596.97 | 2239.23 | 1950.62 |
| | 16 | 17 | 18 | 19 | 20 |
| | 1714.41 | 1518.65 | 1354.59 | 1215.76 | 1097.22 |

1. Serie $\nu = 4\,N_{He}\left(\dfrac{1}{2^2} - \dfrac{1}{k^2}\right)$ von Lyman gefunden nach einer Randbemerkung von F. A. Saunders.

$\lambda_{\text{vac ber intn}}$    1640.51    1215.19    1084.99    1025.32 usw.

2. Serie $\nu = 4\,N_{He}\left(\dfrac{1}{3^2} - \dfrac{1}{k^2}\right)$ gefunden von Fowler[1]); enthält die sog. Hauptserie des Wasserstoffs, welche nach der Theorie von N. Bohr dem Helium zuzuschreiben ist.

Grenze: 48765.40.

| $k$ | $\nu_{\text{ber intn}}$ | $\lambda_{\text{Luft ber intn}}$ | $\lambda_{\text{beob intn}}$ | |
|---|---|---|---|---|
| 4 | 21334.80 | 4685.87 | 4685.75 | Diese Linien sind |
| 5 | 31209.86 | 3203.20 | 3203.14 | von Paschen[1]) |
| 6 | 36574.05 | 2733.38 | 2733.32 | in Feinstruktur ge- |
| 7 | 39808.49 | 2511.28 | 2511.22 | messen. Hier sind |
| 8 | 41907.76 | 2385.46 | 2385.42 | nur die Intensi- |
| 9 | 43347.02 | 2306.25 | 2306.22 | tätsmaxima ange- |
| | | | | geben. |
| 10 | 44376.51 | 2252.74 | 2252.71 | |
| 11 | 45138.23 | 2214.72 | 2214.69 | Messungen |
| 12 | 45717.56 | 2186.64 | 2186.62 | v. Paschen. |
| 13 | 46168.43 | 2165.29 | 2165.27 | |

[1]) F. Paschen, Bohrs Heliumlinien, l. c.

[1]) A. Fowler: Monthly Notices of R. A. S. 73, p. 62, 1912.

3. Serie $\nu = 4\,N_{He}\left(\dfrac{1}{4^2} - \dfrac{1}{k^2}\right)$ enthält die Pickering-Serie und die der Balmer-Serie benachbarten Linien.

Grenze: 27 430.60.

| k | $\nu$ ber intn | $\lambda$ Luft ber intn | $\lambda$ beob intn | |
|---|---|---|---|---|
| 5 | 9 875.06 | 10 123.77 | . . . | |
| 6 | 15 239.25 | 6560.19 | 6560.13 | Diese Linien sind von Pa- |
| 7 | 18 473.69 | 5411.60 | 5411.55 | schen (l. c.) |
| 8 | 20 572.96 | 4859.40 | 4859.34 | in Feinstruk- |
| 9 | 22 012.22 | 4541.66 | 4541.61 | tur gemessen. |
| 10 | 23 041.71 | 4338.74 | 4338.69 | Hier sind die Intensitäts- |
| 11 | 23 803.42 | 4199.90 | 4199.85 | maxima an- |
| 12 | 24 382.76 | 4100.10 | 4100.00 | gegeben. |

## Helium. Bogenspektrum.

Im intern. System nach Messungen von Paschen.

### Literatur.

L. Runge und F. Paschen, Astrophys. Journ. 1896, Bd. 3, p. 4.
F. Paschen, Ann. d. Phys. 1908, Bd. 27, p. 537.
F. Paschen, Ann. d. Phys. 1909, Bd. 29, p. 625.
H. Kayser, Handbuch der Spektroskopie 1910, Bd. V, p. 508.
Übersicht über alle Serien bei F. A. Saunders, Astrophys. Journ. 1919 Bd. 50, p. 2.

### I. Einfache Linien.

Hauptserie 2S — mP.      Grenze: 32 033.30.

| m | 2 | 3 | 4 | 5 | 6 | 7 | 8 |
|---|---|---|---|---|---|---|---|
| $\lambda$ | 20 581.312[1] | 5015.680 | 3964.732 | 3613.640 | 3447.590 | 3354.550 | 3296.786 |
| $\nu$ | 4857.448 | 19931.92 | 25215.25 | 27665.05 | 28997.47 | 29801.71 | 30323.86 |
| mP | 27 175.852 | 12101.38 | 6818.05 | 4368.25 | 3035.83 | 2231.59 | 1709.44 |

| m | 9 | 10 | 11 | 12 | 13 | 14 | 15 |
|---|---|---|---|---|---|---|---|
| $\lambda$ | 3258.275 | 3231.266 | 3211.62 | 3196.69 | 3184.85? | 3176.26 | 3169.02 |
| $\nu$ | 30682.25 | 30938.71 | 31128.48[2] | 31272.86 | 31385.25 | 31474.45 | 31546.42 |
| mP | 1351.05 | 1094.59 | 904.82 | 760.44 | 648.05 | 558.85 | 486.88 |

| m | 16 | 17 | 18 | 19 | 20 |
|---|---|---|---|---|---|
| $\lambda$ | 3163.11 | 3158.23 | 3154.01 | 3150.76 | 3147.77 |
| $\nu$ | 31605.34 | 31654.17 | 31695.10 | 31729.74 | 31759.32 |
| mP | 427.96 | 379.13 | 338.20 | 303.56 | 273.98 |

[1] A. Ignatieff, Ann. d. Phys. 1914, Bd. 43, p. 1117.
[2] Von Nr. 11 an ist $\nu$ berechnet; die Abweichungen von den beobachteten Werten sind sehr gering.

**Helium.**  II. Nebenserie (intern. System).  $2 P = 27175.85$.

| m | 2 | 3 | 4 | 5 | 6 | 7 |
|---|---|---|---|---|---|---|
| $\lambda$ | 20581.312 | 7281.360 | 5047.735 | 4437.552 | 4168.965 | 4023.973 |
| $\nu$ | 4857.448 | 13729.91 | 19805.35 | 22528.63 | 23980.02 | 24844.04 |
| mS | 32033.30 | 13445.94 | 7370.50 | 4647.22 | 3195.83 | 2331.81 |

| m | 8 | 9 | 10 | 11 | 12 | 13 |
|---|---|---|---|---|---|---|
| $\lambda$ | 3935.914[1]) | 3878.183[1]) | 3838.094[1]) | — | 3787.50[1]) | 3769.58[1]) |
| $\nu$ | 25399.88 | 25777.98 | 26047.21 | — | 26395.11 | 26520.63 |
| mS | 1775.97 | 1397.87 | 1128.64 | — | 780.74 | 655.22 |

[1]) Aus dem Rowlandschen System umgerechnet.

Hier und im System der Doppellinien ist (2, s) der Anfangsterm nach Landé, Franck und Bohr.

I. Nebenserie (intern.).  $2 P = 27175.85$.

| m | 3 | 4 | 5 | 6 | 7 | 8 |
|---|---|---|---|---|---|---|
| $\lambda$ | 6678.150 | 4921.930 | 4387.931 | 4143.759 | 4009.270 | 3926.530 |
| $\nu$ | 14970.07 | 20311.56 | 22783.39 | 24125.87 | 24935.16 | 25460.58 |
| mD | 12205.78 | 6864.29 | 4392.46 | 3049.98 | 2240.69 | 1715.27 |

| m | 9 | 10 | 11 | 12 | 13 | 14 |
|---|---|---|---|---|---|---|
| $\lambda$ | 3871.819 | 3833.574 | 3805.765 | 3784.886 | 3768.81 | 3756.10 |
| $\nu$ | 25820.34 | 26077.93 | 26268.47 | 26413.39 | 26526.04 | 26615.77 |
| mD | 1355.51 | 1097.92 | 907.38 | 762.46 | 649.81 | 560.082 |

Fundamentalserie (intern.).  $3 D = 12205.78$.

| m | 4 | 5 |
|---|---|---|
| $\lambda$ | 18693.4 | 12792.3 |
| $\nu$ | 5348.02 | 7815.09 |
| mF | 6857.76 | 4390.69 |

Kombination $3 P - 4 D$ (Rowland-System).[1])

$\nu_{ber}$ 5236.51      $\nu_{beob}$ 5236.78      $\lambda_{beob}$ 19090.58

Serie $2 P - m P^2$)[2]) (Rowland-System).  Grenze: 27173.99.

| m | 3 | 4 | 5 | 6 |
|---|---|---|---|---|
| $\lambda_{ber\ Luft}$ | 6631.89 | 4910.89 | 4383.42 | 4141.49 |
| $\lambda_{beob}$ | . . . . . | 4910.8 | 4384.5 | 4143.4 |
| $\nu_{ber}$ | 15074.56 | 20357.23 | 22806.84 | 24139.16 |
| $m P_{Rowl}$ | 12099.93 | 6816.76 | 4367.15 | 3034.83 |

[1]) F. Paschen, Ann. d. Phys. 1919, Bd. 29, p. 661.
[2]) Beob. von G. Liebert, Ann. d. Phys. 1918, Bd. 56, p. 612.

Serie $2S - mS$[1]) (Rowland-System).    Grenze: 32031.15.

| m | 3 | 4 | 5 | 6 |
|---|---|---|---|---|
| $\lambda_{beob}$ | . . . . | . . . . | . . . . | 3468 |
| $\lambda_{vac\ ber}$ | 5 380.3 | 4054.8 | 3651.6 | 3467.8 |
| $\nu_{ber}$ | 18 586.38 | 24662.37 | 27 385.14 | 28 836.43 |
| $mS_{Rowl}$ | 13 444.77 | 7 368.78 | 4646.01 | 3 194.72 |
| Beobachtung fraglich. | | | | |

Serie $2S - mD$[2]) (Rowland-System).    Grenze: 32031.15.

| m | 3 | 4 | 5 | 6 | 7 |
|---|---|---|---|---|---|
| $\lambda_{beob}$ | . . . . | 3974 | 3618 | 3450 | 3356 |
| $\lambda_{vac\ ber}$ | 5 043.6 | 3973.3 | 3617.9 | 3450.4 | 3 356.6 |
| $\nu_{ber}$ | 19826.90 | 25 168.23 | 27639.88 | 28982.32 | 29791.62 |
| $mD_{Rowl}$ | 12 204.25 | 6862.92 | 4 391.27 | 3 048.83 | 2 239.53 |

## Dubletsystem.[3]

Im internationalen System nach Messungen von Paschen.

Hauptserie.    $2s = 38454.64$.

| m | 2 | 3 | 4 | 5 | 6 | 7 | 8 |
|---|---|---|---|---|---|---|---|
| $\lambda$ | 10830.32* | 3888.649 | 3 187.744 | 2945.104 | 2829.073 | 2 763.800 | 2 723.191 |
| $\nu$ | 9230.811 | 25708.60 | 31 361.10 | 33944.75 | 35 336.89 | 36 171.40 | 36 710.76 |
| $mp_1$ | 29 223.87 | 12 746.08 | 7 093.58 | 4 509.93 | 3 117.79 | 2 283.28 | 1 743.92 |
| m | 9 | 10 | 11 | 12 | 13 | 14 | 15 |
| $\lambda$ | 2696.119 | 2677.135 | 2 663.271 | 2 652.848 | 2 644.802 | 2 638.462 | 2 633.375 |
| $\nu$ | 37079.36 | 37 342.31 | 37 536.66 | 37 684.12 | 37 798.75 | 37 889.58 | 37 972.79 |
| $mp_1$ | 1 375.32 | 1 112.37 | 918.02 | 770.56 | 655.93 | 565.10 | 491.89 |
| m | 16 | 17 | 18 | 19 | 20 | 21 | 22 |
| $\lambda$ | 2629.229 | 2625.806 | 2 622.947 | 2 620.534 | 2 618.478 | 2 616.711 | 2 615.184 |
| $\nu$ | 38022.63 | 38072.19 | 38 113.70 | 38 148.80 | 38 178.75 | 38 204.51 | 38 226.83 |
| $mp_1$ | 432.05 | 382.49 | 340.98 | 305.88 | 275.93 | 250.17 | 227.85 |
| * Von Ignatieff doppelt gemessen; cf. II. N.S. | | | | | | | |

[1]) Beob. von G. Liebert, Ann. d. Phys. 1918, Bd. 56, p. 606.
[2]) Beob. von G. Liebert, Ann. d. Phys. 1918, Bd. 56, p. 605.
[3]) Andere Zeeman-Typen als bei den Alkalien.

**Helium.**  II. Nebenserie.   $2\,p_2 = 29222.85$   $2\,p_1 = 29223.87$.

| m | 2 | 3 | 4 | 5 | 6 | 7 | 8 | 9 |
|---|---|---|---|---|---|---|---|---|
| $\lambda$ | 10829.11[1]) | 7065.719 | 4713.373 | 4120.989 | 3867.631 | 3732.987 | 3652.104 | 3599.442 |
| $p_2 s\;\;\nu$ | 9231.832 | 14148.93 | 21210.30 | 24259.18 | 25848.31 | 26780.48 | 27373.69 | 27774.22 |
| m s | 38454.682 | 15073.92 | 8012.55 | 4963.67 | 3374.54 | 2442.36 | 1849.16 | 1448.63 |
| $\lambda$ | 10830.32 | 7065.200 | 4713.143 | 4120.817 | 3867.477 | 3732.861 | 3651.981 | 3599.304 |
| $p_1 s\;\;\nu$ | 9230.811 | 14149.98 | 21211.34 | 24260.20 | 25849.33 | 26781.50 | 27374.61 | 27775.24 |
| m s | 38454.681 | 15073.91 | 8012.53 | 4963.67 | 3374.54 | 2442.37 | 1849.26 | 1448.63 |
| m s | 38454.682 | 15073.92 | 8012.54 | 4963.67 | 3374.54 | 2442.37 | 1849.21 | 1448.63 |

| m | 10 | 11 | 12 | 13 | 14 | 15 |
|---|---|---|---|---|---|---|
| $p_2 s$ | . . . . | . . . . | . . . . | . . . . | . . . . | . . . . |
| $\lambda$ | 3562.950 | 3536.820 | 3517.327 | 3502.381 | 3490.64* | 3481.47* |
| $p_1 s\;\;\nu$ | 28058.63 | 28265.92 | 28422.56 | 28543.85 | 28640.0 | 28715.5 |
| m s | 1165.24 | 957.95 | 801.31 | 680.02 | 583.87 | 508.37 |

[1]) A. Ignatieff, Ann. d. Phys. 1914, Bd. 43, p. 1117.
* Aus dem Rowland-System umgerechnet.

I. Nebenserie.   $2\,p_2 = 29222.85$   $2\,p_1 = 29223.87$.

| m | 3 | 4 | 5 | 6 | 7 | 8 | 9 | 10 |
|---|---|---|---|---|---|---|---|---|
| $\lambda$ | 5875.867 | 4471.681 | 4026.363 | 3819.761 | 3705.140 | 3634.367 | 3587.396 | 3554.524 |
| $p_2 d\;\;\nu$ | 17013.76 | 22356.68 | 24829.30 | 26172.23 | 26981.87 | 27507.28 | 27867.43 | 28125.15 |
| m d | 12209.09 | 6866.17 | 4393.55 | 3050.62 | 2240.98 | 1715.57 | 1355.42 | 1097.70 |
| $\lambda$ | 5875.622 | 4471.479 | 4026.189 | 3819.614 | 3705.004 | 3634.235 | 3587.252 | 3554.394 |
| $p_1 d\;\;\nu$ | 17014.76 | 22357.70 | 24830.38 | 26173.24 | 26982.86 | 27508.29 | 27868.56 | 28126.17 |
| m d | 12209.11 | 6866.17 | 4393.49 | 3050.63 | 2241.01 | 1715.58 | 1355.31 | 1097.70 |
| m d | 12209.10 | 6866.17 | 4393.52 | 3050.63 | 2241.00 | 1715.58 | 1355.37 | 1097.70 |

| m | 11 | 12 | 13 | 14 | 15 | 16 | 17 | 18 |
|---|---|---|---|---|---|---|---|---|
| $\lambda$ | 3530.487 | 3512.511 | 3498.641 | 3487.721 | 3478.97 | 3471.80 | 3465.91 | 3460.94 |
| $p_1 d\;\;\nu$ | 28316.62 | 28461.54 | 28574.34 | 28663.81 | 28735.28 | 28795.28 | 28844.20 | 28885.62 |
| m d | 907.25 | 762.33 | 649.53 | 560.06 | 487.95 | 428.59 | 379.67 | 338.25 |

| m | 19 | 20 | 21 |
|---|---|---|---|
| $\lambda$ | 3456.79 | 3453.21 | 3450.22 |
| $p_1 d\;\;\nu$ | 28920.30 | 28950.28 | 28975.37 |
| m d | 303.57 | 273.59 | 248.50 |

Fundamentalserie (intern.).   $3\,d = 12209.10$.

| m | 4 | 5 |
|---|---|---|
| $\lambda$ | 18683.4 | 12784.1 |
| $\nu$ | 5350.88 | 7820.10 |
| m f | 6858.22 | 4389.00 |

Kombinationen (Rowland-System).

| | $\nu_{ber}$ | $\nu_{beob}$ | $\lambda_{beob}$ |
|---|---|---|---|
| $3\,p - 4\,d$ | 5879.99 | 5879.64 | 17003.28 |
| $1\,s - 3\,d$ | 26245.00 | 26244.86 | 3809.22 |

Serie $2p - mp$[1]) (intern. System).      Grenze: 29223.87.

|  | 3 | 4 | 5 | 6 |
|---|---|---|---|---|
| $\lambda_{vac\ beob}$ | 6060 | 4518.77 | 4046.02 | . . . . |
| $\lambda_{vac\ ber}$ | 6068.77 | 4518.69 | 4046.30 | 3830.53 |
| $\nu_{ber}$ | 16477.79 | 22130.29 | 24713.94 | 26106.08 |
| $mp$ | 12746.08 | 7093.58 | 4509.93 | 3117.79 |

Serie $2s - ms$[2]) (Rowland-System).      Grenze: 38453.02.

|  | 3 | 4 | 5 | 6 | 7 | 8 |
|---|---|---|---|---|---|---|
| $\lambda_{beob}$ | . . . . | . . . . | 2986 | 2851 | 2777 | 2732 |
| $\lambda_{vac\ ber}$ | 4277.1 | 3285.0 | 2985.9 | 2850.7 | 2776.9 | 2731.9 |
| $\nu_{ber}$ | 23380.32 | 30441.80 | 33490.29 | 35079.42 | 36011.45 | 36604.55 |
| $ms$ | 15072.70 | 8011.22 | 4962.73 | 3373.60 | 2441.57 | 1848.47 |

Serie $2s - md$[3]) (Rowland-System).      Grenze: 38453.02.

|  | 2 | 3 | 4 | 5 | 6 | 7 |
|---|---|---|---|---|---|---|
| $\lambda_{beob}$ | 3809.22[4]) | 3166 | 2936 | 2824 | 2761 | 2722 |
| $\lambda_{ber}$ | 3809.24 | 3165.8 | 2936.0 | 2824.5 | 2761.4 | 2722.0 |
| $\nu_{ber}$ | 26245.0 | 31587.81 | 34060.42 | 35403.30 | 36212.76 | 36638.12 |
| $md$ | 12208.02 | 6865.21 | 4392.60 | 3049.72 | 2240.26 | 1714.90 |

# Neon.

Das Spektrum des Neon wurde nacheinander analysiert von Watson[5]), Meißner[6]) und Paschen[7]). Es ist eines der am besten bekannten. Nach der Zusammenstellung von Paschen enthält das Neonspektrum 12 Termfolgen von I. Nebenserien, 4 Termfolgen von II. Nebenserien und 10 Hauptserien-Termfolgen. Die Gesamtheit aller Termfolgen kann formal dargestellt werden nach dem Kombinationsprinzip, nachdem die Grenze einer Serie festgelegt ist. Diese Termfolgen sind in Paschens I. Arbeit angegeben und in der II. Arbeit[8]) als Folgen von „Kombinationstermen" bezeichnet. Hierbei gilt für eine Gruppe von Termfolgen nicht die Formel von Ritz. Diese befolgen aber wieder das Ritzsche Gesetz, wenn man ihre Werte um eine Konstante ändert. Die so geänderten Werte mögen reduzierte Terme heißen.

---

[1]) J. Koch, Ann. d. Phys. 1915, Bd. 48, p. 107; diese sowie die folgenden Kombinationsserien sind im elektrischen Felde beobachtet.

[2]) J. Stark, Ann. d. Phys. 1918, Bd. 56, p. 582.

[3]) ibid. p. 579.

[4]) Von Paschen angegeben.

[5]) H. E. Watson, Astroph. Journ. 33, 1911, p. 399.

[6]) K. W. Meißner, Ann. d. Phys. 1919, 59, p. 297.

[7]) F. Paschen, Ann. d. Phys. 1919, 60, p. 405.

[8]) F, Paschen, Ann. d. Phys. 1920, 63, p. 201.

In den Tabellen sind die „Kombinationsterme" und die Verschiebungs-Konstante angegeben.

| H.S. Komb.-Term | Red.-Term = Komb.-Term | II. N.S. Komb.-Term | Red.-Term = Komb.-Term | I. N.S. Komb.-Term | Red.-Term = Komb.-Term |
|---|---|---|---|---|---|
| | + | | + | | + |
| $m\,p_1$ | 730.0 | $m\,s_2$ | 781.346 | $m\,s_1'$ | 780.646 |
| $m\,p_2$ | 763.0 | $m\,s_3$ | 780.8 | $m\,s_1''$ | 780.5 |
| $m\,p_3$ | 40.0 | $m\,s_4$ | o | $m\,s_1'''$ | 780.4 |
| $m\,p_4$ | 780.4 | $m\,s_5$ | o | $m\,s_1''''$ | 780.3 |
| $m\,p_5$ | 783.4 | | | $m\,d_1'$ | o |
| $m\,p_6$ | o | | | $m\,d_1''$ | o |
| $m\,p_7$ | o | | | $m\,d_2$ | o |
| $m\,p_8$ | o | | | $m\,d_3$ | o |
| $m\,p_9$ | o | | | $m\,d_4$ | o |
| $m\,p_{10}$ | 10 | | | $m\,d_4'$ | o |
| | | | | $m\,d_5$ | o |
| | | | | $m\,d_6$ | o |

In der Auswahl, in welcher diese Terme miteinander kombinieren, erblickt Landé[1]) das Wirken desselben quantentheoretischen Auswahlprinzipes, welches von Sommerfeld zur Ordnung der vollständigen Dublets und Triplets durch formale Einführung „innerer" Quantenzahlen angewendet wurde. Landé ordnet jedem Term eine innere Quantenzahl k zu und gibt folgende Übersicht über die Serien des Neonspektrums:

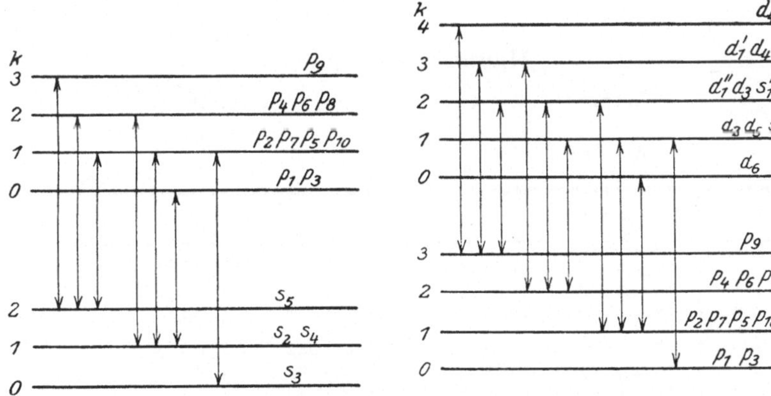


Von diesen theoretisch möglichen Serien sind bis jetzt die 5 Serien $2p_2 - m\,d_1''$, $2p_6 - m\,d_1''$, $2p_5 - m\,d_5$, $2p_7 - m\,d_5$, $2p_9 - m\,s_1''''$ noch nicht beobachtet. Zwei schwache Linien, welche Paschen der Serie $2p_2 - m\,d_4$ zuschreibt, passen nicht in das obige Schema.

---

[1]) A. Landé, Phys. Zeitschr. 1921, Nr. 15, p. 417.

## Neon. Hauptserien $mp_1$.

Grenzen: $1s_2 = 38040.731$;     $1s_4 = 39470.160$
$A = 730.0$.

| | m | 2 | 3 | 4 | 5 | 6 |
|---|---|---|---|---|---|---|
| $s_2 p_1$ | $\lambda$ | 5852.4875 | 3520.467 | 3057.388 | 2872.663 | 2775.049 |
| | $\nu$ | 17082.015 | 28397.22 | 32698.16 | 34800.71 | 36024.78 |
| | $mp_1$ | 20958.716 | 9643.511 | 5342.571 | 3240.021 | 2015.951 |
| $s_4 p_1$ | $\lambda$ | 5400.556 | 3351.744 | 2929.312 | 2759.323 | 2669.13 |
| | $\nu$ | 18511.44 | 29826.65 | 34127.73 | 36230.09 | 37454.3 |
| | $mp_1$ | 20958.720 | 9643.510 | 5342.430 | 3240.070 | 2015.86 |
| | $mp_1$ | 20958.718 | 9643.510 | 5342.445 | 3240.040 | 2015.95 |

| | m | 7 | 8 | 9 | 10 | 11 |
|---|---|---|---|---|---|---|
| $s_2 p_1$ | $\lambda$ | . . . . | 2680.685 | 2657.52 | 2644.16 | 2635.98 |
| | $\nu$ | 36776.48 | 37292.83 | 37617.9 | 37807.9 | 37925.3 |
| | $mp_1$ | 1264.25 | 747.90 | 422.90 | 232.8 | 115.4 |
| $s_4 p_1$ | $\lambda$ | 2616.62 | . . . . | . . . . | . . . . | . . . . |
| | $\nu$ | 38205.8 | . . . . | . . . . | . . . . | . . . . |
| | $mp_1$ | 1264.36 | . . . . | . . . . | . . . . | . . . . |
| | $mp_1$ | 1264.31 | 747.90 | 422.90 | 232.8 | 115.4 |

Formeln und Konstanten für die Serienberechnung s. in der Original-abhandlung von Paschen l. c.

## Hauptserien $mp_2$.

Grenzen: $1s_2 = 38040.731$;   $1s_3 = 39110.808$
$1s_4 = 39470.160$;   $1s_5 = 39887.610$.
$A = 763.0$.

| | m | 2 | 3 | 4 | 5 | 6 |
|---|---|---|---|---|---|---|
| $s_2 p_2$ | $\lambda$ | 6598.953 | 3593.631 | 3078.875 | 2881.852 | . . . . |
| | $\nu$ | 15149.733 | 27819.09 | 32469.98 | 34689.75 | . . . . |
| | $mp_2$ | 22890.998 | 10221.641 | 5570.751 | 3350.981 | . . . . |
| $s_3 p_2$ | $\lambda$ | 6163.594 | 3460.523 | 2980.642 | 2795.613 | . . . . |
| | $\nu$ | 16219.807 | 28889.10 | 33540.06 | 35759.81 | . . . . |
| | $mp_2$ | 22891.001 | 10221.708 | 5570.748 | 3350.998 | . . . . |
| $s_4 p_2$ | $\lambda$ | 6029.999 | 3418.002 | 2949.043 | 2767.77 | 2677.020 |
| | $\nu$ | 16579.155 | 29248.44 | 33899.41 | 36119.5 | 37343.89 |
| | $mp_2$ | 22891.005 | 10221.720 | 5570.750 | 3350.66 | 2126.27 |
| $s_5 p_2$ | $\lambda$ | 5881.896 | 3369.905 | 2913.168 | 2736.177 | 2647.42 |
| | $\nu$ | 16996.607 | 29665.92 | 34316.86 | 36536.53 | 37761.39 |
| | $mp_2$ | 22891.003 | 10221.690 | 5570.750 | 3351.080 | 2126.22 |
| | $mp_2$ | 22891.003 | 10221.687 | 5570.750 | 3350.981 | 2126.25 |

## Neon. Hauptserien $mp_3$.

Grenzen: $1s_2 = 38040.731$; $1s_4 = 39470.160$

$A = 40.0$.

| m | 2 | 3 | 4 | 5 | 6 | 7 | 8 |
|---|---|---|---|---|---|---|---|
| $s_2p_3$ $\lambda$ | 6652.093 | 3633.657 | 3126.190 | 2932.721 | 2835.233 | 2775.049 | 2743.53 |
| $\nu$ | 15028.71 | 27512.66 | 31978.57 | 34088.07 | 35260.12 | 36024.78? | 36438.6 |
| $mp_3$ | 23012.021 | 10528.071 | 6026.161 | 3952.661 | 2780.611 | 2015.951? | 1602.1 |
| $s_4p_3$ $\lambda$ | 6074.337 | 3454.193 | 2992.420 | 2814.685 | 2724.765 | 2669.13 | 2639.97 |
| $\nu$ | 16458.146 | 28942.04 | 33408.04 | 35517.51 | 36689.56 | 37454.3? | 37868.0 |
| $mp_3$ | 23012.014 | 10528.120 | 6062.120 | 3952.650 | 2780.61 | 2015.86? | 1602.2 |
| $mp_3$ | 23012.015 | 10528.095 | 6062.146 | 3952.655 | 2780.61 | 2015.951? | 1602.1 |

## Hauptserien $mp_4$.

Grenzen: $1s_2 = 38040.731$; $1s_4 = 39470.160$; $1s_5 = 39887.610$.

$A = 780.40$.

| m | 2 | 3 | 4 | 5 | 6 | 7 |
|---|---|---|---|---|---|---|
| $s_2p_4$ $\lambda$ | 6678.275 | 3593.519 | 3076.971 | 2880.290 | 2781.68 | . . . . . |
| $\nu$ | 14969.792 | 27819.95 | 32490.07 | 34708.57 | 35.939.3 | . . . . . |
| $mp_4$ | 23070.939 | 10220.781 | 5550.661 | 3332.161 | 2104.4 | . . . . . |
| $s_4p_4$ $\lambda$ | 6096.162 | 3417.901 | 2947.297 | 2766.353 | 2675.24 | 2622.90 |
| $\nu$ | 16399.220 | 29249.34 | 33919.50 | 36138.01 | 37368.75 | 38114.4 |
| $mp_4$ | 13070.940 | 10220.82 | 5550.66 | 3332.150 | 2101.41 | 1355.8 |
| $s_5p_4$ $\lambda$ | 5944.834 | 3369.806 | 2911.461 | 2734.755 | 2645.70 | 2591.15 |
| $\nu$ | 16816.666 | 29666.79 | 34336.98 | 36555.54 | 37786.2 | 38531.4 |
| $mp_4$ | 23070.944 | 10220.82 | 5550.63 | 3332.070 | 2101.4 | 1356.2 |
| $mp_4$ | 23060.944 | 10220.817 | 5550.650 | 3332.150 | 2101.4 | 1356.0 |

34

## Neon. Hauptserien $mp_5$.

Grenzen: $1s_2 = 38040.731$;  $1s_3 = 39110.808$;  $1s_4 = 39470.160$;  $1s_5 = 39887.610$.
$A = 783.4$.

| m | | 2 | 3 | 4 | 5 | 6 | 7 | 8 |
|---|---|---|---|---|---|---|---|---|
| $s_2 p_5$ | $\lambda$ | 6717.042 | 3600.161 | 3079.175 | 2881.279 | 2782.07 | . . . . . | . . . . . |
| | $\nu$ | 14883.394 | 27768.62 | 32466.82 | 24696.64 | 35933.9 | . . . . . | . . . . . |
| | $mp_5$ | 23157.337 | 10272.111 | 5573.911 | 3344.091 | 2106.8 | . . . . . | . . . . . |
| $s_3 p_5$ | $\lambda$ | 6266.495 | 3466.575 | 2980.922 | 2795.101 | 2701.653 | 2647.76 | 2613.94 |
| | $\nu$ | 15953.469 | 28838.67 | 33536.90 | 35766.35 | 37003.40 | 37756.6 | 38245.0 |
| | $mp_5$ | 23157.339 | 10272.138 | 5573.908 | 3344.458 | 2107.41 | 1354.6 | 865.8 |
| $s_4 p_5$ | $\lambda$ | 6128.457 | 3423.910 | 2449.316 | 2767.28 | 2675.64 | 2622.90 | 2589.48 |
| | $\nu$ | 16312.800 | 29198.02 | 33896.28 | 36125.9 | 37363.22 | 38114.4 | 38606.2 |
| | $mp_5$ | 23157.360 | 10272.140 | 5573.880 | 3344.26 | 2106.94 | 1355.8 | 864.0 |
| $s_5 p_5$ | $\lambda$ | 5975.534 | 3375.645 | 2913.417 | 2735.69 | 2646.19 | 2594.56 | 2561.79 |
| | $\nu$ | 16730.268 | 29614.48 | 34313.92 | 36543.0 | 37778.9 | 38530.6 | 39023.6 |
| | $mp_5$ | 23157.342 | 10272.130 | 5573.690 | 3344.6 | 2108.7 | 1356.9 | 864.0 |
| | $mp_5$ | 23157.342 | 10272.127 | 5573.896 | 3344.458 | 2107.1 | 1355.8 | 864.0 |

## Hauptserien $mp_6$.

Grenzen: $1s_2 = 38040.731$;  $1s_4 = 39470.160$;  $1s_5 = 39887.610$.

| m | | 2 | 3 | 4 | 5 | 6 |
|---|---|---|---|---|---|---|
| $s_2 p_6$ | $\lambda$ | 6929.465 | 3682.232 | 3147.701 | . . . . | . . . . |
| | $\nu$ | 14427.146 | 27149.72 | 31760.04 | . . . . | . . . . |
| | $mp_6$ | 23613.585 | 10891.01 | 6280.691 | . . . . | . . . . |
| $s_4 p_6$ | $\lambda$ | 6304.789 | 3498.059 | 3012.129 | 2825.259 | 2731.358 |
| | $\nu$ | 15856.573 | 28579.12 | 33189.45 | 35384.59 | 36601.00 |
| | $mp_6$ | 23613.587 | 10891.040 | 6280.710 | 4085.57 | 2869.16 |
| $s_5 p_6$ | $\lambda$ | 6143.061 | 3447.701 | 2974.714 | 2792.318 | 2700.555 |
| | $\nu$ | 16274.022 | 28996.54 | 33606.89 | 35802.00 | 37018.46 |
| | $mp_6$ | 23613.588 | 10891.07 | 6280.720 | 4085.610 | 2869.15 |
| | $mp_6$ | 23613.586 | 10891.040 | 6280.708 | 4085.59 | 2869.15 |
| m | | 7 | 8 | 9 | 10 | |
| | | . . . . . | . . . . . | . . . . | . . . . . | |
| | | . . . . | . . . . | . . . . | . . . . . | |
| | | . . . . | . . . . . | . . . . | . . . . . | |
| $s_4 p_6$ | $\lambda$ | 2677.020 | 2642.47 | 2619.02 | . . . . . | |
| | $\nu$ | 37343.89[1]) | 37832.18[1]) | 38170.8[1]) | . . . . . | |
| | $mp_6$ | 2126.27 | 1638.02 | 1299.4 | . . . . . | |
| $s_5 p_6$ | $\lambda$ | 2647.42 | 2613.59 | 2590.67 | 2574.55 | |
| | $\nu$ | 37761.39 | 38250.2 | 38588.64 | 38830.1[1]) | |
| | $mp_6$ | 2126.21 | 1637.4 | 1298.96 | 1057.5 | |
| | $mp_6$ | 2126.25 | 1638.0 | 1299.2 | 1057.5 | |

[1]) Von hier an sind die Glieder dieser Serien nicht mehr getrennt von denen der Serien $1s_4 - mp_7$ und $1s_5 - mp_7$.

## Neon. Hauptserien $mp_7$.

Grenzen $1s_2 = 38040.731$; $1s_3 = 39110.808$; $1s_4 = 39470.160$; $1s_5 = 39887.610$.

| | m | 2 | 3 | 4 | 5 | 6 |
|---|---|---|---|---|---|---|
| $s_2 p_7$ | $\lambda$ | 7024.043 | 3685.728 | 3148.603 | 2944.575 | 2842.57 |
| | $\nu$ | 14232.884 | 27123.97 | 31750.93 | 33950.85 | 35169.1 |
| | $mp_7$ | 23807.847 | 10916.761 | 6289.801 | 4089.881 | 2871.631 |
| $s_3 p_7$ | $\lambda$ | 6532.881 | . . . . | 3045.949 | 2854.606 | 2758.64 |
| | $\nu$ | 15302.951 | . . . . | 32820.96 | 35020.83 | 36239.0 |
| | $mp_7$ | 23807.857 | . . . . | 6289.848 | 4089.978 | 2871.808 |
| $s_4 p_7$ | $\lambda$ | 6382.991 | 3501.211 | 3012.955 | 2825.609 | 2731.528 |
| | $\nu$ | 15662.305 | 28553.38 | 33180.35 | 35380.21 | 36598.72 |
| | $mp_7$ | 23807.855 | 10916.780 | 6289.810 | 4089.950 | 2871.44 |
| $s_5 p_7$ | $\lambda$ | 6217.279 | 3450.761 | 2975.518 | 2792.660 | 2700.681 |
| | $\nu$ | 16079.755 | 28970.83 | 33597.80 | 35797.62 | 37016.73 |
| | $mp_7$ | 23807.855 | 10916.78 | 6289.810 | 4089.99 | 2870.88 |
| | $mp_7$ | 23807.852 | 10916.780 | 6289.812 | 4089.950 | 2871.44 |

| | m | 7 | 8 | 9 | 10 |
|---|---|---|---|---|---|
| | $\lambda$ | . . . . | . . . . | . . . . | . . . . |
| | $\nu$ | . . . . | . . . . | . . . . | . . . . |
| | $mp_7$ | . . . . | . . . . | . . . . | . . . . |
| | $\lambda$ | . . . . | . . . . | . . . . | . . . . |
| | $\nu$ | . . . . | . . . . | . . . . | . . . . |
| | $mp_7$ | . . . . | . . . . | . . . . | . . . . |
| $s_4 p_7$ | $\lambda$ | 2677.020 | 2642.47 | 2619.02 | . . . . |
| | $\nu$ | 37343.89[1]) | 37832.18[1]) | 38170.7[1]) | . . . . |
| | $mp_7$ | 2126.27 | 1638.02 | 1299.4 | . . . . |
| $s_5 p_7$ | $\lambda$ | 2647.42 | 2613.59 | 2590.67 | 2574.55 |
| | $\nu$ | 37761.39 | 38250.2 | 38588.64 | 38830.6[1]) |
| | $mp_7$ | 2126.21 | 1637.4 | 1298.96 | 1057.5 |
| | $mp_7$ | 2126.25 | 1638.0 | 1299.2 | 1057.5 |

[1]) Von hier an sind die Glieder dieser Serien nicht mehr getrennt von denen der Serien $1s_4 - mp_6$ und $1s5 - mp_6$.

## Hauptserien $mp_8$.

Grenzen $1s_2 = 38040.731$; $1s_4 = 39470.160$; $1s_5 = 39887.610$.

| | m | 2 | 3 | 4 | 5 | 6 | 7 | 8 |
|---|---|---|---|---|---|---|---|---|
| $s_2 p_8$ | $\lambda$ | 7173.938 | 3701.222 | 3153.404 | 2946.732 | 2843.7 | . . . . | . . . . |
| | $\nu$ | 13935.509 | 27010.44 | 31702.61 | 33926.00 | 35155.0 | . . . . | . . . . |
| | $mp_8$ | 24105.222 | 11030.291 | 6338.121 | 4114.731 | 2885.7 | . . . . | . . . . |
| $s_4 p_8$ | $\lambda$ | 6506.527 | 3515.186 | 3017.348 | 2827.584 | 2732.61 | 2677.87 | . . . . |
| | $\nu$ | 15364.934 | 28439.87 | 33132.04 | 35355.49 | 36584.3 | 37332.0 | . . . . |
| | $mp_8$ | 24105.226 | 11030.290 | 6338.120 | 4114.670 | 2885.86 | 2138.2 | . . . . |
| $s_5 p_8$ | $\lambda$ | 6334.428 | 3464.334 | 2979.806 | 2794.592 | 2701.592 | 2701.766 | 2613.94 |
| | $\nu$ | 15782.380 | 28857.33 | 33549.46 | 35772.86 | 37001.86 | 37750.18 | 38245.0 |
| | $mp_8$ | 24105.230 | 11030.280 | 6338.150 | 4114.740 | 2885.75 | 2137.43 | 1642.6 |
| | $mp_8$ | 24105.229 | 11030.293 | 6338.150 | 4114.714 | 2885.75 | 2137.8 | 1642.6 |

## Neon. Hauptserie $mp_9$.

Grenze: $1s_5 = 39\,887.610$.

| | m | 2 | 3 | 4 | 5 |
|---|---|---|---|---|---|
| | $\lambda$ | 6402.246 | 3472.568 | 2982.663 | 2795.963 |
| $s_5\,p_9$ | $\nu$ | 15615.199 | 28788.90 | 33517.32 | 35775.33 |
| | $mp_9$ | 24272.411 | 11098.719 | 6370.29 | 4132.28 |
| | m | 6 | 7 | 8 | 9 |
| | $\lambda$ | 2702.554 | 2648.56 | 2614.26 | 2591.15 |
| $s_5\,p_9$ | $\nu$ | 36991.07 | 37745.2 | 38240.4 | 38851.4 |
| | $mp_9$ | 2896.54 | 2142.4 | 1647.2 | 1306.2 |

## Hauptserien $mp_{10}$.

Grenzen: $1s_2 = 38\,040.731$;   $1s_3 = 39\,110.808$;   $1s_4 = 39\,470.160$;   $1s_5 = 39\,887.610$.
$A = 10$

| | m | 2 | 3 | 4 | 5 | 6 | 7 |
|---|---|---|---|---|---|---|---|
| | $\lambda$ | 8082.460 | 3754.206 | 3167.568 | 2952.527 | 2846.490 | . . . . |
| $s_2\,p_{10}$ | $\nu$ | 12369.06 | 26629.24 | 31560.84 | 33859.42 | 35120.68 | . . . . |
| | $mp_{10}$ | 25671.671 | 11411.491 | 6479.891 | 4181.311 | 2920.051 | . . . . |
| | $\lambda$ | 7438.885 | 3609.170 | 3063.695 | 2962.070 | 2762.324 | . . . . |
| $s_3\,p_{10}$ | $\nu$ | 13439.163 | 27699.31 | 32630.89 | 34929.52 | 36190.72 | . . . . |
| | $mp_{10}$ | 25671.645 | 11411.491 | 6479.918 | 4181.288 | 2920.088 | . . . . |
| | $\lambda$ | 7245.165 | 3562.942 | 3030.313 | 2832.921 | 2735.168 | 2679.19 |
| $s_4\,p_{10}$ | $\nu$ | 13798.498 | 28058.69 | 32990.30 | 35288.89 | 36550.03 | 37313.7 |
| | $mp_{10}$ | 25671.662 | 11411.470 | 6479.86 | 4181.270 | 2920.13 | 2156.5 |
| | $\lambda$ | 7032.410 | 3510.714 | 2992.438 | 2790.80 | 2704.32 | . . . . |
| $s_5\,p_{10}$ | $\nu$ | 14215.950 | 28476.10 | 33407.84 | 35706.3 | 36967.0 | . . . . |
| | $mp_{10}$ | 25671.660 | 11411.510 | 6479.770 | 4181.31 | 2920.6 | . . . . |
| | $mp_{10}$ | 25671.654 | 11411.490 | 6479.926 | 4181.293 | 2920.09 | 2156.5 |

## Neon.  II. Nebenserie: Gruppe $ms_2$.

Grenzen: $2p_1 = 20958.718$;  $2p_2 = 22891.001$;  $2p_3 = 23012.015$;
$2p_4 = 23070,942$;  $2p_5 = 23157.342$;  $2p_6 = 23613.586$;
$2p_7 = 23807.852$;  $2p_8 = 24105.229$;  $2p_{10} = 25671.654$.

$A = 781.346$.

| m | | 1 | 2 | 3 | 4 | 5 | 6 | 7 | 8 | 9 |
|---|---|---|---|---|---|---|---|---|---|---|
| $p_1 s_2$ | $\lambda$ | 5852.4875 | · · · · · | 7304.82 | 5966.71 | 5447.120 | 5182.320 | · · · · · | · · · · · | · · · · · |
| | $\nu$ | 17082.015 | · · · · · | 13685.81 | 16756.52 | 18353.22 | 19291.01 | · · · · · | · · · · · | · · · · · |
| | $ms_2$ | 38040.733 | · · · · · | 7272.908 | 4202.198 | 2605.498 | 1667.708 | · · · · · | · · · · · | · · · · · |
| $p_2 s_2$ | $\lambda$ | 6598.953 | · · · · · | 6401.076 | 5349.210 | 4928.228 | 4710.478 | · · · · · | 4499.000 | 4442.243 |
| | $\nu$ | 15149.733 | · · · · · | 15618.05 | 18689.15 | 20285.61 | 21223.33 | · · · · · | 22220.93 | 22504.83 |
| | $ms_2$ | 38040.734 | · · · · · | 7272.951 | 4201.851 | 2605.391 | 1667.671 | · · · · · | 670.071 | 386.173 |
| $p_3 s_2$ | $\lambda$ | 6652.093 | · · · · · | 6351.873 | 5314.781 | 4890.013 | 4683.764 | 4556.698 | · · · · · | · · · · · |
| | $\nu$ | 15028.71 | · · · · · | 15739.03 | 18810.21 | 20406.58 | 21344.37 | 21939.57 | · · · · · | · · · · · |
| | $ms_2$ | 38040.725 | · · · · · | 7272.985 | 4201.805 | 2605.435 | 1667.645 | 1072.445 | · · · · · | · · · · · |
| $p_4 s_2$ | $\lambda$ | 6678.275 | · · · · · | 6328.173 | 5298.200 | 4884.915 | 4670.870 | 4544.502 | 4462.856 | · · · · · |
| | $\nu$ | 14969.792 | · · · · · | 15797.98 | 18869.08 | 20465.46 | 21403.29 | 21998.45 | 22400.89 | · · · · · |
| | $ms_2$ | 38040.734 | · · · · · | 7272.962 | 4201.862 | 2605.482 | 1667.652 | 1072.492 | 670.052 | · · · · · |
| $p_5 s_2$ | $\lambda$ | 6717.042 | · · · · · | 6293.766 | 5274.043 | 4864.351 | 4652.101 | 4526.685 | 4445.671 | · · · · · |
| | $\nu$ | 14883.394 | · · · · · | 15884.34 | 18955.51 | 20551.99 | 21489.65 | 22085.03 | 22487.49 | · · · · · |
| | $ms_2$ | 38040.736 | · · · · · | 7273.002 | 4201.832 | 2605.352 | 1667.692 | 1072.372 | 669.852 | · · · · · |
| $p_6 s_2$ | $\lambda$ | 6929.465 | · · · · · | 6118.027 | 5150.077 | 4758.723 | 4555.392 | 4435.094 | 4357.298 | · · · · · |
| | $\nu$ | 14427.146 | · · · · · | 16340.61 | 19411.77 | 21008.16 | 21945.86 | 22541.12 | 22943.55 | · · · · · |
| | $ms_2$ | 38040.732 | · · · · · | 7272.976 | 4201.816 | 2605.426 | 1667.726 | 1072.466 | 670.036 | · · · · · |
| $p_7 s_2$ | $\lambda$ | 7042.043 | · · · · · | 6046.153 | 5099.042 | 4715.132 | 4515.411 | 4397.175 | · · · · · | · · · · · |
| | $\nu$ | 14232.884 | · · · · · | 16534.85 | 19606.06 | 21202.37 | 22140.17 | 22735.49 | · · · · · | · · · · · |
| | $ms_2$ | 38040.736 | · · · · · | 7273.002 | 4201.792 | 2605.482 | 1667.682 | 1072.362 | · · · · · | · · · · · |
| $p_8 s_2$ | $\lambda$ | 7173.938 | · · · · · | 5939.319 | 5022.850 | 4649.903 | 4455.564 | 4340.420 | · · · · · | · · · · · |
| | $\nu$ | 13935.496 | · · · · · | 16832.28 | 19903.47 | 21499.81 | 22437.55 | 23032.77 | · · · · · | · · · · · |
| | $ms_2$ | 38040.725 | · · · · · | 7272.949 | 4201.759 | 2605.419 | 1667.679 | 1072.459 | · · · · · | · · · · · |
| $p_{10} s_2$ | $\lambda$ | 8082.460 | · · · · · | 5433.652 | 4656.383 | 4334.119 | 4164.802 | 4064.036 | 3998.594 | · · · · · |
| | $\nu$ | 12369.060 | · · · · · | 18398.71 | 21469.89 | 23066.26 | 24003.99 | 24599.15 | 25001.73 | · · · · · |
| | $ms_2$ | 38040.714 | · · · · · | 7272.944 | 4201.764 | 2605.394 | 1667.664 | 1072.504 | 669.924 | · · · · · |
| | $ms_2$ | 38040.731 | (14506.53) | 7272.964 | 4201.806 | 2605.394 | 1667.664 | 1072.452 | 670.006 | 386.173 |

## Neon. II. Nebenserie: Gruppe $ms_3$.

Grenzen: $2p_2 = 22891.001$;   $2p_5 = 23157.342$;
   $2p_7 = 23807.852$;   $2p_{10} = 25671.654$.
$A = 780.80$.

| | m | 1 | 2 | 3 | 4 | 5 |
|---|---|---|---|---|---|---|
| | $\lambda$ | 6163.594 | . . . . | 6421.708 | 5355.403 | 4930.944 |
| $p_2\,s_3$ | $\nu$ | 16219.807 | . . . . | 15567.87 | 18667.54 | 20274.44 |
| | $ms_3$ | 39110.808 | . . . . | 7323.131 | 4223.461 | 2616.561 |
| | $\lambda$ | 6266.495 | . . . . | 6313.692 | 5280.070 | 4867.010 |
| $p_5\,s_3$ | $\nu$ | 15953.469 | . . . . | 15834.21 | 18933.87 | 20540.78 |
| | $ms_3$ | 39110.811 | . . . . | 7323.132 | 4223.472 | 2616.562 |
| | $\lambda$ | 6532.881 | . . . . | 6064.552 | 5104.688 | 4717.608 |
| $p_7\,s_3$ | $\nu$ | 15302.951 | . . . . | 16484.69 | 19584.38 | 21191.26 |
| | $ms_3$ | 39110.803 | . . . . | 7323.162 | 4223.472 | 2616.592 |
| | $\lambda$ | 7438.885 | . . . . | 5448.514 | 4661.095 | 4336.221 |
| $p_{10}\,s_3$ | $\nu$ | 13439.163 | . . . . | 18348.52 | 21448.19 | 23055.07 |
| | $ms_3$ | 39110.817 | . . . . | 7323.134 | 4223.464 | 2616.584 |
| | $ms_3$ | 39110.808 | (14651.88) | 7323.132 | 4223.467 | 2616.576 |

| | m | 6 | 7 | 8 | 9 |
|---|---|---|---|---|---|
| | $\lambda$ | 4712.135 | 4582.980 | 4499.843 | 4442.89 |
| $p_2\,s_3$ | $\nu$ | 21215.87 | 21813.75 | 22216.76 | 22501.55 |
| | $ms_3$ | 1675.131 | 1077.251 | 674.241 | 389.453 |
| | $\lambda$ | 4653.699 | 4527.725 | 4446.538 | . . . . |
| $p_5\,s_3$ | $\nu$ | 21482.27 | 22079.96 | 22483.10 | . . . . |
| | $ms_3$ | 1675.072 | 1077.382 | 674.242 | . . . . |
| | $\lambda$ | 4516.936 | 4398.136 | 4321.492 | . . . . |
| $p_7\,s_3$ | $\nu$ | 22132.70 | 22730.53 | 23133.66 | . . . . |
| | $ms_3$ | 1675.152 | 1077.332 | 674.192 | . . . . |
| | $\lambda$ | 4166.091 | 4064.829 | 3999.263 | . . . . |
| $p_{10}\,s_3$ | $\nu$ | 23996.56 | 24594.35 | 24997.55 | . . . . |
| | $ms_3$ | 1675.094 | 1077.304 | 674.104 | . . . . |
| | $ms_3$ | 1675.101 | 1077.331 | 674.195 | 389.453 |

# Neon.  II. Nebenserie: Gruppe $ms_4$.

Grenzen: $2p_1$: 20958.718; $2p_2 = 22891.001$; $2p_3 = 23012.015$; $2p_4$: 23070.942; $2p_5 = 23157.342$; $2p_6 = 23613.586$; $2p_7$: 23807.852; $2p_8 = 24105.229$; $2p_{10} = 25671.654$.

| m | | 1 | 2 | 3 | 4 | 5 | 6 | 7 | 8 | 9 | 10 | 11 |
|---|---|---|---|---|---|---|---|---|---|---|---|---|
| $p_1 s_4$ | $\lambda$ | 5400.556 | . . . . | 7724.62 | 6249.593 | 5684.647 | . . . . | . . . . | . . . . | . . . . | . . . . | . . . . |
| | $\nu$ | 18511.46 | . . . . | 12942.05 | 15996.62 | 17586.36 | . . . . | . . . . | . . . . | . . . . | . . . . | . . . . |
| | $ms_4$ | 39470.178 | . . . . | 8016.668 | 4962.098 | 3372.358 | . . . . | . . . . | . . . . | . . . . | . . . . | . . . . |
| $p_2 s_4$ | $\lambda$ | 6029.999 | . . . . | 6721.144 | 5576.049 | 5121.866 | 4888.365 | . . . . | . . . . | . . . . | . . . . | . . . . |
| | $\nu$ | 16579.155 | . . . . | 14874.31 | 17928.87 | 19518.70 | 20451.02 | . . . . | . . . . | . . . . | . . . . | . . . . |
| | $ms_4$ | 39470.156 | . . . . | 8016.691 | 4962.131 | 3372.301 | 2439.981 | . . . . | . . . . | . . . . | . . . . | . . . . |
| $p_3 s_4$ | $\lambda$ | 6074.337 | . . . . | 6666.893 | 5538.641 | 5090.321 | 4859.604 | 4723.810 | . . . . | . . . . | . . . . | . . . . |
| | $\nu$ | 16458.146 | . . . . | 14995.35 | 18049.95 | 19639.65 | 20572.05 | 21163.43 | . . . . | . . . . | . . . . | . . . . |
| | $ms_4$ | 39470.161 | . . . . | 8015.665 | 6492.065 | 3372.365 | 2439.965 | 1848.586 | . . . . | . . . . | . . . . | . . . . |
| $p_4 s_4$ | $\lambda$ | 6096.162 | . . . . | . . . . | . . . . | . . . . | . . . . | . . . . | . . . . | . . . . | . . . . | . . . . |
| | $\nu$ | 16399.220 | . . . . | . . . . | . . . . | . . . . | . . . . | . . . . | . . . . | . . . . | . . . . | . . . . |
| | $ms_4$ | 39470.162 | . . . . | . . . . | . . . . | . . . . | . . . . | . . . . | . . . . | . . . . | . . . . | . . . . |
| $p_5 s_4$ | $\lambda$ | 6128.457 | . . . . | 6602.907 | 5494.407 | 5052.930 | 4825.529 | 4691.580 | 4604.938 | 4545.729 | . . . . | . . . . |
| | $\nu$ | 16312.818 | . . . . | 15140.65 | 18195.27 | 19784.98 | 20717.33 | 21308.82 | 21709.75 | 21992.51 | . . . . | . . . . |
| | $ms_4$ | 39470.160 | . . . . | 8016.692 | 4962.072 | 3372.362 | 2440.012 | 1848.522 | 1447.592 | 1164.832 | . . . . | . . . . |
| $p_6 s_4$ | $\lambda$ | 6304.789 | . . . . | 6409.753 | 5360.023 | 4939.034 | 4721.536 | 4593.243 | 4510.170 | 4453.324 | . . . . | . . . . |
| | $\nu$ | 15856.573 | . . . . | 15596.91 | 18651.45 | 20241.23 | 21173.62 | 21765.02 | 22165.91 | 22448.84 | . . . . | . . . . |
| | $ms_4$ | 39470.159 | . . . . | 8016.676 | 4962.136 | 3372.356 | 2439.966 | 1848.566 | 1447.676 | 1164.746 | . . . . | . . . . |
| $p_7 s_4$ | $\lambda$ | 6382.991 | . . . . | 6330.901 | 5304.767 | 4892.085 | 4678.800 | 4552.601 | 4470.971 | 4415.141 | 4374.997 | . . . . |
| | $\nu$ | 15662.305 | . . . . | 15791.16 | 18845.73 | 20435.48 | 21367.92 | 21959.31 | 22360.23 | 22642.98 | 22850.74 | . . . . |
| | $ms_4$ | 39470.157 | . . . . | 8016.692 | 4962.122 | 3372.372 | 2439.932 | 1448.542 | 1447.622 | 1164.872 | 957.085 | . . . . |
| $p_8 s_4$ | $\lambda$ | 6506.527 | . . . . | 6213.878 | 5222.349 | 4821.926 | 4614.399 | 4491.771 | 4412.285 | 4357.918 | 4318.834 | 4289.799 |
| | $\nu$ | 15364.934 | . . . . | 16088.56 | 19143.14 | 20732.81 | 21665.23 | 22256.69 | 22657.63 | 22940.25 | 23147.89 | 23304.57 |
| | $ms_4$ | 39470.163 | . . . . | 8016.669 | 4962.089 | 3372.419 | 2439.999 | 1848.539 | 1447.599 | 1164.979 | 957.339 | 800.659 |
| $p_{10} s_4$ | $\lambda$ | 7245.165 | . . . . | 5662.553 | 4827.342 | 4483.189 | 4203.248 | 4196.415 | 4126.941 | 4079.359 | 4045.009 | . . . . |
| | $\nu$ | 13798.498 | . . . . | 17654.98 | 20709.55 | 22299.29 | 23231.74 | 23823.16 | 24224.20 | 24506.75 | 24714.85 | . . . . |
| | $ms_4$ | 39470.152 | . . . . | 8016.674 | 4962.104 | 3372.364 | 2439.914 | 1848.494 | 1447.454 | 1164.904 | 956.804 | . . . . |
| | $ms_4$ | 39470.160 | (15141.50) | 8016.679 | 4962.103 | 3372.371 | 2439.967 | 1848.546 | 1447.593 | 1164.914 | 957.058 | 800.659 |

## Neon. II. Nebenserie Gruppe $ms_5$.

Grenzdn: $2p_2 = 22891.001$; $2p_4 = 23070.942$; $2p_5 = 23157.342$; $2p_6 = 23613.586$;
$2p_7 = 23807.852$; $2p_8 = 24105.229$; $2p_9 = 24272.411$; $2p_{10} = 25671.654$.

| m | | 1 | ·2 | 3 | 4 | 5 | 6 | 7 | 8 | 9 | 10 | 11 |
|---|---|---|---|---|---|---|---|---|---|---|---|---|
| $p_2 s_5$ | $\lambda$ | 5881.896 | · · · · | 6759.586 | 5589.378 | 5128.280 | 4892.228 | 4753.123 | · · · · | · · · · | · · · · | · · · · |
| | $\nu$ | 16996.604 | · · · · | 14789.72 | 17886.11 | 19494.29 | 20434.88 | 21032.92 | · · · · | · · · · | · · · · | · · · · |
| | $ms_5$ | 39887.605 | · · · · | 8101.281 | 5004.891 | 3396.711 | 2456.121 | 1858.081 | · · · · | · · · · | · · · · | · · · · |
| $p_4 s_5$ | $\lambda$ | 5944.834 | · · · · | 6678.275 | 5533.678 | 5081.360 | 4849.530 | 4712.800 | 4624.715 | · · · · | · · · · | · · · · |
| | $\nu$ | 16816.666 | · · · · | 14969.792 | 18066.14 | 19674.30 | 20614.80 | 21212.87 | 21616.90 | · · · · | · · · · | · · · · |
| | $ms_5$ | 39887.608 | · · · · | 8101.150 | 5004.802 | 3396.642 | 2456.142 | 1858.072 | 1454.042 | · · · · | · · · · | · · · · |
| $p_5 s_5$ | $\lambda$ | 5975.534 | · · · · | 6640.012 | 5507.339 | 5059.150 | 4829.288 | 4693.675 | · · · · | · · · · | · · · · | · · · · |
| | $\nu$ | 16730.268 | · · · · | 15056.05 | 18152.55 | 19760.66 | 20701.20 | 21299.30 | · · · · | · · · · | · · · · | · · · · |
| | $ms_5$ | 39887.610 | · · · · | 8101.292 | 5004.792 | 3396.682 | 2456.412 | 1858.042 | · · · · | · · · · | · · · · | · · · · |
| $p_6 s_5$ | $\lambda$ | 6143.061 | · · · · | 6444.721 | 5372.314 | 4944.981 | 4725.144 | 4595.249 | 4511.509 | 4454.285 | 4413.247 | · · · · |
| | $\nu$ | 16274.022 | · · · · | 15512.28 | 18608.77 | 20216.88 | 21157.46 | 21755.51 | 22159.32 | 22444.00 | 22652.69 | · · · · |
| | $ms_5$ | 39887.608 | · · · · | 8101.306 | 5004.816 | 3396.706 | 2456.126 | 1859.076 | 1454.266 | 1169.614 | 960.896 | · · · · |
| $p_7 s_5$ | $\lambda$ | 6217.279 | · · · · | 6365.013 | 5316.806 | 4897.924 | 4682.146 | 4554.561 | 4472.246 | · · · · | · · · · | · · · · |
| | $\nu$ | 16079.755 | · · · · | 15706.55 | 18803.05 | 20411.11 | 21351.75 | 21949.87 | 22353.86 | · · · · | · · · · | · · · · |
| | $ms_5$ | 39887.607 | · · · · | 8101.302 | 5004.802 | 3396.742 | 2456.102 | 1857.982 | 1453.992 | · · · · | · · · · | · · · · |
| $p_8 s_5$ | $\lambda$ | 6334.428 | · · · · | 6246.734 | 5234.022 | 4827.591 | 4617.825 | 4493.699 | 4413.561 | 4358.816 | 4319.511 | · · · · |
| | $\nu$ | 15782.380 | · · · · | 16003.94 | 19100.44 | 20708.48 | 21649.15 | 22247.14 | 22651.08 | 22935.57 | 23144.27 | · · · · |
| | $ms_5$ | 39887.609 | · · · · | 8101.289 | 5004.789 | 3396.749 | 2456.079 | 1858.089 | 1454.149 | 1169.649 | 960.902 | · · · · |
| $p_9 s_5$ | $\lambda$ | 6402.246 | · · · · | 6182.161 | 5188.609 | 4788.926 | 4582.455 | 4460.174 | 4381.219 | 4327.265 | 4288.541 | 4259.739 |
| | $\nu$ | 15615.199 | · · · · | 16171.09 | 19267.62 | 20875.68 | 21816.26 | 22414.36 | 22818.29 | 23102.79 | 23311.40 | 23469.01 |
| | $ms_5$ | 39887.610 | · · · · | 8101.321 | 5004.791 | 3396.731 | 2456.151 | 1858.051 | 1454.121 | 1169.621 | 961.011 | 803.401 |
| $p_{10} s_5$ | $\lambda$ | 7032.410 | · · · · | 5689.807 | 4837.314 | 4488.093 | 4306.244 | 4198.099 | 4128.072 | 4080.148 | 4045.662 | · · · · |
| | $\nu$ | 14215.950 | · · · · | 17570.41 | 20666.86 | 22274.94 | 23215.57 | 23813.60 | 22217.56 | 24502.01 | 24710.86 | · · · · |
| | $ms_5$ | 39887.604 | · · · · | 8101.244 | 5004.794 | 3396.714 | 2456.084 | 1858.054 | 1454.094 | 1169.644 | 960.794 | · · · · |
| | $ms_5$ | 9887.610 | (15332.17) | 8101.291 | 5004.811 | 3396.713 | 2456.084 | 1858.065 | 1454.136 | 1169.614 | 960.902 | 803.40 |

# Neon. I. Nebenserien Gruppe $m\,s_1'$.

Grenzen: $2\,p_1 = 20958.718$; $2\,p_2 = 22891.001$; $2\,p_3 = 23012.015$;
$2\,p_4 = 23070.942$; $2\,p_5 = 23157.342$; $2\,p_6 = 23613.586$;
$2\,p_7 = 23807.852$; $2\,p_8 = 24105.229$; $2\,p_{10} = 25671.654$.
$A = 780.646$.

| m | 3 | 4 | 5 | 6 | 7 | 8 | 9 | 10 |
|---|---|---|---|---|---|---|---|---|
| $p_1 s_1'$ $\lambda$ | . . . . | 6738.058 | 5770.307 | 5353.513 | 5129.316 | . . . . | . . . . | . . . . |
| $\nu$ | . . . . | 14836.98 | 17325.29 | 18674.13 | 19490.35 | . . . . | . . . . | . . . . |
| $m s_1'$ | . . . . | 6121.738 | 3633.428 | 2284.588 | 1468.268 | . . . . | . . . . | . . . . |
| $p_2 s_1'$ $\lambda$ | 8771.64 | 5961.626 | 5191.327 | 4851.501 | 4666.654 | 4554.415 | . . . . | . . . . |
| $\nu$ | 11397.24 | 16769.30 | 19257.53 | 20606.43 | 21422.63 | 21950.56 | . . . . | . . . . |
| $m s_1'$ | 11493.761 | 6121.701 | 3633.461 | 2284.571 | 1468.371 | 940.441 | . . . . | . . . . |
| $p_3 s_1'$ $\lambda$ | 8679.50 | 5918.914 | 5158.894 | 4823.174 | 4640.443 | 4529.476 | 4456.380 | 4405.582 |
| $\nu$ | 11518.23 | 16890.31 | 19378.61 | 20727.45 | 21543.64 | 22071.42 | 22433.45 | 22692.11 |
| $m s_1'$ | 11493.785 | 6121.705 | 3633.405 | 2284.565 | 1468.275 | 940.595 | 578.565 | 319.905 |
| $p_4 s_1'$ $\lambda$ | . . . . | 5898.406 | 5143.265 | 4809.500 | 4627.790 | . . . . | . . . . | . . . . |
| $\nu$ | . . . . | 16949.03 | 19437.49 | 20786.37 | 21602.50 | . . . . | . . . . | . . . . |
| $m s_1'$ | . . . . | 6121.912 | 3633.452 | 2284.572 | 1468.442 | . . . . | . . . . | . . . . |
| $p_5 s_1'$ $\lambda$ | 8571.27 | 5868.417 | 5120.506 | 4789.600 | 4609.365 | 4499.843 | 4427.755 | . . . . |
| $\nu$ | 11663.67 | 17035.65 | 19523.88 | 20872.74 | 21688.89 | 22216.76 | 22578.472 | . . . . |
| $m s_1'$ | 11493.672 | 6121.692 | 3633.462 | 2284.602 | 1468.452 | 940.582 | 578.872 | . . . . |
| $p_6 s_1'$ $\lambda$ | 8248.8 | 5715.339 | 5003.561 | . . . . | . . . . | . . . . | . . . . | . . . . |
| $\nu$ | 12119.66 | 17491.92 | 19980.20 | . . . . | . . . . | . . . . | . . . . | . . . . |
| $m s_1'$ | 11493.926 | 6121.666 | 3633.386 | . . . . | . . . . | . . . . | . . . . | . . . . |
| $p_7 s_1'$ $\lambda$ | 8118.554 | 5652.571 | 4955.382 | 4644.833 | 4475.131 | 4371.796 | 4303.695 | . . . . |
| $\nu$ | 12314.08 | 17686.16 | 20174.45 | 21523.28 | 22339.45 | 22867.47 | 23229.32 | . . . . |
| $m s_1'$ | 11493.772 | 6121.692 | 3633.402 | 2884.572 | 1468.402 | 940.382 | 578.532 | . . . . |
| $p_8 s_1'$ $\lambda$ | 7927.09 | 5559.087 | 4883.403 | . . . . | . . . . | . . . . | . . . . | . . . . |
| $\nu$ | 12611.49 | 17983.56 | 20471.82 | . . . . | . . . . | . . . . | . . . . | . . . . |
| $m s_1'$ | 11493.739 | 6121.699 | 3633.409 | . . . . | . . . . | . . . . | . . . . | . . . . |
| $p_{10} s_1'$ $\lambda$ | 7051.288 | 5113.665 | 4536.312 | 4274.656 | 4130.512 | 4042.327 | 3984.065 | . . . . |
| $\nu$ | 14177.89 | 19550.00 | 22038.16 | 23387.13 | 24203.26 | 24731.25 | 25092.90 | . . . . |
| $m s_1'$ | 11493.764 | 6121.690 | 3633.494 | 2284.524 | 1468.394 | 940.404 | 578.754 | . . . . |
| $m s_1'$ | 11493.777 | 6121.687 | 3633.432 | 2284.565 | 1468.399 | 940.428 | 578.638 | 319.942 |

$2\,p_3 - 11\,s_1'$; $\lambda = 4368.766$; $\nu = 23012.015$; $11\,s_1' = 128675$.

## Neon. I. Nebenserien: Gruppe $m\,s_1''$.

Grenzen: $2\,p_2 = 22891.001$; $\quad 2\,p_4 = 23070.942$; $\quad 2\,p_5 = 23157.342$; $\quad 2\,p_6 = 23613.586$;
$2\,p_7 = 23807.852$; $\quad 2\,p_8 = 24105.229$; $\quad 2\,p_9 = 24272.411$; $\quad 2\,p_{10} = 25671,654$.
$A = 780.5$.

| m | | 3 | 4 | 5 | 6 | 7 | 8 | 9 | 10 |
|---|---|---|---|---|---|---|---|---|---|
| $p_2\,s_1''$ | $\lambda$ | 8783.78 | 5965.438 | 5193.118 | . . . . | . . . . | . . . . | . . . . | . . . . |
| | $\nu$ | 11381.48 | 16758.58 | 19250.89 | . . . . | . . . . | . . . . | . . . . | . . . . |
| | $m\,s_1''$ | 11509.521 | 6132.421 | 3640.111 | . . . . | . . . . | . . . . | . . . . | . . . . |
| $p_4\,s_1''$ | $\lambda$ | 8647.04 | 5902.097 | 5145.011 | . . . . | . . . . | . . . . | . . . . | . . . . |
| | $\nu$ | 11561.48 | 16938.43 | 19430.89 | . . . . | . . . . | . . . . | . . . . | . . . . |
| | $m\,s_1''$ | 11509.462 | 6132.512 | 3640.052 | . . . . | . . . . | . . . . | . . . . | . . . . |
| $p_5\,s_1''$ | $\lambda$ | 8582.87 | 5872.149 | 5122.252 | 4790.218 | 4609.912 | 4500.200 | 4427.981 | 4377.754 |
| | $\nu$ | 11647.91 | 17024.83 | 19517.23 | 20870.05 | 21686.32 | 22215.01 | 22577.32 | 22836.35 |
| | $m\,s_1''$ | 11509.432 | 6132.512 | 3640.112 | 2287.292 | 1471.022 | 942.332 | 580.022 | 320.992 |
| $p_6\,s_1''$ | $\lambda$ | 8259.392 | 5718.899 | . . . . | . . . . | . . . . | . . . . | . . . . | . . . . |
| | $\nu$ | 12104.10 | 17481.03 | . . . . | . . . . | . . . . | . . . . | . . . . | . . . . |
| | $m\,s_1''$ | 11509.486 | 6132.556 | . . . . | . . . . | . . . . | . . . . | . . . . | . . . . |
| $p_7\,s_1''$ | $\lambda$ | 8128.95 | 5656.030 | 4957.031 | 4645.411 | 4475.646 | 4372.157 | 4303.955 | 4256.498 |
| | $\nu$ | 12298.33 | 17675.34 | 20167.74 | 21520.590 | 22336.87 | 22865.59 | 23227.91 | 23486.89 |
| | $m\,s_1''$ | 11509.522 | 6132.512 | 3640.112 | 2287.262 | 1470.982 | 942.262 | 579.942 | 320.962 |
| $p_8\,s_1''$ | $\lambda$ | 7937.010 | 5562.441 | . . . . | 4582.105 | . . . . | . . . . | . . . . | . . . . |
| | $\nu$ | 12595.74 | 17972.69 | . . . . | 21817.92 | . . . . | . . . . | . . . . | . . . . |
| | $m\,s_1''$ | 11509.489 | 6132.539 | . . . . | 2287.309 | . . . . | . . . . | . . . . | . . . . |
| $p_9\,s_1''$ | $\lambda$ | 7833.12 | 5511.176 | . . . . | . . . . | . . . . | . . . . | . . . . | . . . . |
| | $\nu$ | 12762.78 | 18139.90 | . . . . | . . . . | . . . . | . . . . | . . . . | . . . . |
| | $m\,s_1''$ | 11509.631 | 6132.511 | . . . . | . . . . | . . . . | . . . . | . . . . | . . . . |
| $p_{10}\,s_1''$ | $\lambda$ | 7059.113 | 5116.495 | 4537.683 | 4275.167 | . . . . | . . . . | . . . . | . . . . |
| | $\nu$ | 15162.18 | 19539.18 | 22031.51 | 23384.33 | . . . . | . . . . | . . . . | . . . . |
| | $m\,s_1''$ | 11509.474 | 6132.474 | 3640.144 | 2287.324 | . . . . | . . . . | . . . . | . . . . |
| | $m\,s_1''$ | 11509.498 | 6132.505 | 3640.106 | 2287.288 | 1471.002 | 942.297 | 579.982 | 320.977 |

| | $2\,p_5 - \mathrm{II}\,s_1''$ | $2\,p_7 - \mathrm{II}\,s_1''$ |
|---|---|---|
| $\lambda$ | 4341.298 | 4221.991 |
| $\nu$ | 23028.12 | 23678.84 |
| $\mathrm{II}\,s''$ | 129.22 | 129.01 |

## Neon. I. Nebenserien: Gruppe $m s_1'''$.

Grenzen: $2 p_4 = 23070.942$; $2 p_6 = 23613.586$; $2 p_8 = 24105.229$;
$2 p_9 = 24272.411$.

$A = 780.40$.

| | m | 3 | 4 | 5 | 6 | 7 |
|---|---|---|---|---|---|---|
| $p_4 s_1'''$ | $\lambda$ | 8654.380 | 5902.475 | 5144.933 | 4810.066 | 4628.300 |
| | $\nu$ | 11551.67 | 16937.35 | 19431.190 | 20783.93 | 21600.17 |
| | $m s_1'''$ | 11519.272 | 6133.592 | 3639.752 | 2287.012 | 1470.772 |
| $p_6 s_1'''$ | $\lambda$ | 8266.092 | 5719.236 | 5005.150 | 4687.664 | 4514.891 |
| | $\nu$ | 12094.29 | 17480.00 | 19973.85 | 21326.62 | 22142.73 |
| | $m s_1'''$ | 11519.296 | 6133.586 | 3639.736 | 2286.966 | 1470.856 |
| $p_8 s_1'''$ | $\lambda$ | 7943.193 | 5562.765 | 4884.915 | 4582.052 | 4416.817 |
| | $\nu$ | 12585.93 | 17971.68 | 20465.46 | 21818.18 | 22634.39 |
| | $m s_1'''$ | 11519.299 | 6133.549 | 3639.769 | 2287.009 | 1470.839 |
| $p_9 s_1'''$ | $\lambda$ | 7838.98 | 5511.485 | . . . . | 4547.218 | . . . . |
| | $\nu$ | 12753.24 | 18138.89 | . . . . | 21985.31 | . . . . |
| | $m s_1'''$ | 11519.171 | 6133.521 | . . . . | 2287.101 | . . . . |
| | $m s_1'''$ | 11519.257 | 6133.562 | 3639.752 | 2287.022 | 1470.822 |

| | m | 8 | 9 | 10 | 11 |
|---|---|---|---|---|---|
| $p_4 s_1'''$ | $\lambda$ | 4517.742 | 4444.978 | 4394.370 | 4357.613 |
| | $\nu$ | 22128.75 | 22490.99 | 22750.00 | 22941.89 |
| | $m s_1'''$ | 942.192 | 579.952 | 320.942 | 129.05 |
| $p_6 s_1'''$ | $\lambda$ | 4409.620 | 4340.256 | 4291.976 | 4256.935 |
| | $\nu$ | 22671.33 | 23033.65 | 23292.75 | 23484.47 |
| | $m s_1'''$ | 942.256 | 579.936 | 320.836 | 129.12 |
| $p_8 s_1'''$ | $\lambda$ | 4316.008 | 4249.538 | 4203.270 | 4169.642 |
| | $\nu$ | 23163.05 | 23525.35 | 23784.30 | 23976.11 |
| | $m s_1'''$ | 942.179 | 579.879 | 320.919 | 129.12 |
| | $\lambda$ | . . . . | . . . . | . . . . | . . . . |
| | $\nu$ | . . . . | . . . . | . . . . | . . . . |
| | $m s_1'''$ | . . . . | . . . . | . . . . | . . . . |
| | $m s_1'''$ | 942.209 | 579.922 | 320.899 | 129.10 |

## Neon. I. Nebenserien: Gruppe $ms_1''''$.

Grenzen:  $2p_2 = 22891.001$;   $2p_4 = 23070.942$;   $2p_5 = 23157.342$;
$2p_6 = 23613.586$;   $2p_7 = 23807.852$;   $2p_8 = 24105.229$;
$2p_{10} = 25671.654$.

$A = 780.30$.

| m | | 3 | 4 | 5 | 6 | 7 | 8 | 9 | 10 | 11 |
|---|---|---|---|---|---|---|---|---|---|---|
| $p_2 s_1''''$ | $\lambda$ | . . . . | 5966.171 | 5193.227 | 4852.654 | 4667.356 | 4554.824 | 4480.823 | 4429.410 | . . . . |
| | $\nu$ | . . . . | 16756.52 | 19250.49 | 20601.53 | 21419.42 | 21948.60 | 22311.07 | 22570.04 | . . . . |
| | $ms_1''''$ | . . . . | 6134.481 | 3640.511 | 2289.471 | 1471.581 | 942.401 | 579.931 | 320.961 | . . . . |
| $p_4 s_1''''$ | $\lambda$ | 8655.52 | 5902.792 | 5145.122 | 4810.634 | 4628.460 | . . . . | 4444.978 | 4394.370 | 4357.613 |
| | $\nu$ | 11550.14 | 16936.44 | 19430.47 | 20781.48 | 21599.42 | . . . . | 22490.99 | 22750.00 | 22941.89 |
| | $ms_1''''$ | 11520.802 | 6134.502 | 3640.472 | 2289.462 | 1471.522 | . . . . | 579.952 | 320.942 | 129.05 |
| $p_5 s_1''''$ | $\lambda$ | 8591.266 | 5872.827 | 5122.337 | 4790.728 | . . . . | . . . . | 4427.981 | 4377.754 | 4341.298 |
| | $\nu$ | 11636.53 | 17022.88 | 19516.89 | 20867.83 | . . . . | . . . . | 22577.32 | 22836.35 | 23028.12 |
| | $ms_1''''$ | 11520.812 | 6134.462 | 3640.452 | 2289.512 | . . . . | . . . . | 580.022 | 320.992 | 129.22 |
| $p_6 s_1''''$ | $\lambda$ | 8267.14 | 5719.532 | 5005.333 | 4688.191 | 4515.022 | . . . . | 4340.256 | 4291.976 | 4256.935 |
| | $\nu$ | 12092.75 | 17479.10 | 19973.13 | 21324.22 | 22142.08 | . . . . | 23033.65 | 23292.75 | 23484.47 |
| | $ms_1''''$ | 11520.836 | 6134.486 | 3640.456 | 2289.366 | 1471.506 | . . . . | 579.936 | 320.836 | 129.12 |
| $p_7 s_1''''$ | $\lambda$ | 8136.423 | 5656.656 | 4957.125 | 4645.885 | . . . . | . . . . | 4303.955 | 4256.498 | 4221.992 |
| | $\nu$ | 12287.03 | 17673.39 | 20167.36 | 21518.40 | . . . . | . . . . | 23227.91 | 23486.89 | 23678.84 |
| | $ms_1''''$ | 11520.822 | 6134.462 | 3640.492 | 2289.452 | . . . . | . . . . | 579.942 | 320.962 | 129.01 |
| $p_8 s_1''''$ | $\lambda$ | . . . . | 5563.047 | 4885.084 | 4582.556 | . . . . | . . . . | 4249.538 | 4203.270 | 4169.642 |
| | $\nu$ | . . . . | 17970.76 | 20464.76 | 21815.77 | . . . . | . . . . | 23525.35 | 23784.30 | 23976.12 |
| | $ms_1''''$ | . . . . | 6134.469 | 3640.469 | 2289.459 | . . . . | . . . . | 579.879 | 320.919 | 129.12 |
| $p_{10} s_1''''$ | $\lambda$ | 7064.72 | 5117.011 | 4537.764 | 4275.560 | 4131.054 | 4042.642 | 3984.253 | 3943.540 | |
| | $\nu$ | 14150.94 | 19537.22 | 20031.11 | 23382.18 | 24200.08 | 24729.33 | 25091.72 | 25350.77 | |
| | $ms_1''''$ | 11520.714 | 6134.434 | 3640.544 | 2289.474 | 1471.574 | 942.324 | 579.934 | 320.884 | |
| | $ms_1''''$ | 11520.818 | 6134.473 | 3640.473 | 2289.452 | 1471.550 | 942.349 | 579.931 | 320.931 | 129.10 |

## Neon. I. Nebenserien: Gruppe $m\,d_1'$.

Grenzen: $2p_4 = 23070.942$; $2p_6 = 23613.586$; $2p_8 = 24105.229$; $2p_9 = 24272.411$.

| | m | 3 | 4 | 5 | 6 | 7 | 8 |
|---|---|---|---|---|---|---|---|
| | $\lambda$ | 9220.28 | 6174.888 | 5355.176 | 4994.925 | 4800.114 | 4681.930 |
| $p_4 d_1'$ | $\nu$ | 10842.68 | 16190.15 | 18668.33 | 20014.74 | 20827.02 | 21352.74 |
| | $m d_1'$ | 12228.262 | 6880.792 | 4402.612 | 3056.202 | 2243.922 | 1718.220 |
| | $\lambda$ | 8780.63 | 5974.640 | 5203.897 | 4863.074 | 4678.211 | 4565.897 |
| $p_6 d_1'$ | $\nu$ | 11385.57 | 16732.77 | 19211.02 | 20557.38 | 21369.71 | 21895.37 |
| | $m d_1'$ | 12228.016 | 6880.816 | 4402.566 | 3056.206 | 2243.876 | 1718.216 |
| | $\lambda$ | 8417.24 | 5804.098 | 5074.062 | . . . . | . . . . | . . . . |
| $p_8 d_1'$ | $\nu$ | 11877.11 | 17224.42 | 19702.58? | . . . . | . . . . | . . . . |
| | $m d_1'$ | 12228.119 | 6880.809 | 4402.649? | . . . . | . . . . | . . . . |
| | $\lambda$ | 8300.338 | 5748.286 | . . . . | 4712.060 | 4538.309 | 4432.526 |
| $p_9 d_1'$ | $\nu$ | 12044.39 | 17391.66 | . . . . | 21216.21 | 22028.46 | 22554.17 |
| | $m d_1'$ | 12228.021 | 6880.751 | . . . . | 3056.201 | 2243.951 | 1718.241 |
| | $m d_1'$ | 12228.051 | 6880.789 | 4402.564 | 3056.202 | 2243.920 | 1718.220 |

| | m | 9 | 10 | 11 | 12 | 13 |
|---|---|---|---|---|---|---|
| | $\lambda$ | 4604.095 | 4550.057 | 4510.854 | . . . . | . . . . |
| $p_4 d_1'$ | $\nu$ | 21713.72 | 21971.59? | 22162.54 | . . . . | . . . . |
| | $m d_1'$ | 1357.220 | 1099.352? | 908.402 | . . . . | . . . . |
| | $\lambda$ | 4491.838 | 4440.363 | 4402.985 | 4374.997 | . . . . |
| $p_6 d_1'$ | $\nu$ | 22256.36 | 22514.38 | 22705.50 | 22850.74 | . . . . |
| | $m d_1'$ | 1357.226 | 1099.206 | 908.086 | 762.846 | . . . . |
| | $\lambda$ | . . . . | . . . . | . . . . | . . . . | . . . . |
| $p_8 d_1'$ | $\nu$ | . . . . | . . . . | . . . . | . . . . | . . . . |
| | $m d_1'$ | . . . . | . . . . | . . . . | . . . . | . . . . |
| | $\lambda$ | 4362.690 | 4314.110 | 4278.850 | 4252.418 | 4231.454 |
| $p_9 d_1'$ | $\nu$ | 22915.20 | 23173.24 | 23364.19 | 23509.42 | 23625.90 |
| | $m d_1'$ | 1357.211 | 1099.171 | 908.221 | 762.991 | 646.511 |
| | $m d_1'$ | 1357.220 | 1099.190 | 908.168 | 762.926 | 646.478 |

## Neon. I. Nebenserien: Gruppe $m\,d_1''$.

Grenzen: $2\,p_4 = 23\,070.942$; $2\,p_5 = 23\,157.342$; $2\,p_7 = 23\,807.852$; $2\,p_8 = 24\,105.229$; $2\,p_9 = 24\,272.411$; $2\,p_{10} = 25\,671.654$.

| m | | 3 | 4 | 5 | 6 | 7 | 8 | 9 | 10 | 11 | 12 |
|---|---|---|---|---|---|---|---|---|---|---|---|
| $p_4\,d_1''$ | $\lambda$ | 9221.50 | 6175.291 | 5355.403 | . . . . | . . . . | . . . . | . . . . | . . . . | . . . . | . . . . |
| | $\nu$ | 10841.25 | 16189.09 | 18667.54 | . . . . | . . . . | . . . . | . . . . | . . . . | . . . . | . . . . |
| | $m\,d_1''$ | 12229.692 | 6881.852 | 4403.402 | . . . . | . . . . | . . . . | . . . . | . . . . | . . . . | . . . . |
| $p_5\,d_1''$ | $\lambda$ | 9148.72 | 6142.508 | . . . . | 4973.538 | 4780.342 | 4663.092 | 4585.876 | . . . . | . . . . | . . . . |
| | $\nu$ | 10927.49 | 16275.48 | . . . . | 20100.80 | 20913.16 | 21438.99 | 21799.98 | . . . . | . . . . | . . . . |
| | $m\,d_1''$ | 12229.852 | 6881.862 | . . . . | 3056.542 | 2244.182 | 1718.352 | 1357.362 | . . . . | . . . . | . . . . |
| $p_7\,d_1''$ | $\lambda$ | 8634.688 | 5906.440 | 5151.958 | 4817.644 | 4636.118 | 4525.776 | 4452.983 | 4402.374 | 4365.705 | 4338.200 |
| | $\nu$ | 11578.04 | 16925.99 | 19404.69 | 20751.23 | 21563.73 | 22089.47 | 22450.56 | 22708.64 | 22899.38 | 23044.57 |
| | $m\,d_1''$ | 12229.812 | 6881.862 | 4403.162 | 3056.622 | 2244.122 | 1718.382 | 1357.292 | 1099.212 | 908.472 | 763.282 |
| $p_8\,d_1''$ | $\lambda$ | 8418.447 | 5804.454 | 5074.190 | 4749.565 | 4573.066 | 4465.651 | 4394.773 | 4345.479 | . . . . | . . . . |
| | $\nu$ | 11875.41 | 17223.38 | 19702.08 | 21048.67 | 21861.05 | 22386.87 | 22747.91 | 23005.97 | . . . . | . . . . |
| | $m\,d_1''$ | 12229.819 | 6881.849 | 4403.149 | 3056.559 | 2244.179 | 1718.359 | 1357.319 | 1099.259 | . . . . | . . . . |
| $p_9\,d_1''$ | $\lambda$ | 8301.56 | 5748.650 | 5031.483 | . . . . | . . . . | . . . . | . . . . | . . . . | . . . . | . . . . |
| | $\nu$ | 12042.61 | 17390.56 | 19869.32 | . . . . | . . . . | . . . . | . . . . | . . . . | . . . . | . . . . |
| | $m\,d_1''$ | 12229.819 | 6881.851 | 4403.091 | . . . . | . . . . | . . . . | . . . . | . . . . | . . . . | . . . . |
| $p_{10}\,d_1''$ | $\lambda$ | . . . . | 5320.550 | 4700.469 | 4420.558 | 4267.286 | . . . . | . . . . | . . . . | . . . . | . . . . |
| | $\nu$ | . . . . | 18789.81 | 21268.53 | 22615.23 | 23427.52 | . . . . | . . . . | . . . . | . . . . | . . . . |
| | $m\,d_1''$ | . . . . | 6881.844 | 4403.124 | 3056.424 | 2244.134 | . . . . | . . . . | . . . . | . . . . | . . . . |
| | $m\,d_1''$ | 12229.816 | 6881.853 | 4403.132 | 3056.560 | 2244.170 | 1718.368 | 1357.326 | 1099.246 | 908.489 | 763.290 |

## Neon. I. Nebenserien: Gruppe $md_2$.

Grenzen: $2p_1 = 20958.718$; $2p_2 = 22890.991$; $2p_3 = 23012.015$; $2p_4 = 23070.942$; $2p_5 = 23157.342$;
$2p_6 = 23613.586$; $2p_7 = 23807.852$; $2p_8 = 24105.229$; $2p_{10} = 25671.654$.

| m | | 3 | 4 | 5 | 6 | 7 | 8 | 9 | 10 |
|---|---|---|---|---|---|---|---|---|---|
| $p_1 d_2$ | $\lambda$ | . . . . | 7112.2 | 6042.013 | 5585.905 | 5342.700 | . . . . | . . . . | . . . . |
| | $\nu$ | . . . . | 14056.4 | 16546.20 | 17897.23 | 18711.92 | . . . . | . . . . | . . . . |
| | $md_2$ | . . . . | 6902.3 | 4412.518 | 3061.488 | 2246.798? | . . . . | . . . . | . . . . |
| $p_2 d_2$ | $\lambda$ | . . . . | 6252.732 | 5410.12 | 5041.598 | 4842.566 | 4722.150 | . . . . | . . . . |
| | $\nu$ | . . . . | 15988.59 | 18478.55 | 19829.46 | 20644.44 | 21170.87 | . . . . | . . . . |
| | $md_2$ | . . . . | 6902.401 | 4412.251 | 3061.541 | 2246.561 | 1720.131 | . . . . | . . . . |
| $p_3 d_2$ | $\lambda$ | . . . . | 6205.787 | 5374.976 | 5011.005 | 4814.338 | 4695.363 | 4616.911 | 4562.449 |
| | $\nu$ | . . . . | 16109.532 | 13599.56 | 19950.51 | 20765.48 | 21291.65 | 21653.44 | 21911.92 |
| | $md_2$ | . . . . | 6902.483 | 4412.455 | 3061.505 | 2246.535 | 1720.365 | 1358.875 | 1100.095 |
| $p_4 d_2$ | $\lambda$ | . . . . | 6183.169 | 5358.020 | 4996.209 | 4800.748 | . . . . | . . . . | . . . . |
| | $\nu$ | . . . . | 16168.46 | 18658.42 | 20009.59 | 20824.26 | . . . . | . . . . | . . . . |
| | $md_2$ | . . . . | 6902.482 | 4412.522 | 3061.352 | 2246.682 | . . . . | . . . . | . . . . |
| $p_5 d_2$ | $\lambda$ | 9221.88 | 6150.303 | 5333.323 | 4974.760 | 4780.884 | 4663.518 | 4586.145 | 4532.395 |
| | $\nu$ | 10864.36 | 16254.86 | 18744.82 | 20095.87 | 20910.79 | 21437.05 | 21798.71 | 22057.21 |
| | $md_2$ | 12292.982 | 6902.482 | 4412.522 | 3061.472 | 2246.652 | 1720.292 | 1358.632 | 1100.132 |
| $p_6 d_2$ | $\lambda$ | 8830.80 | 5982.401 | 5206.565 | 4864.351 | 4678.800 | 4566.290 | 4492.132 | . . . . |
| | $\nu$ | 11320.90 | 16711.06 | 19201.17 | 20551.99 | 21367.01 | 21893.48? | 22254.90 | . . . . |
| | $md_2$ | 12292.686 | 6902.526 | 4412.416 | 3061.596 | 2246.576 | 1720.106? | 1358.686 | . . . . |
| $p_7 d_2$ | $\lambda$ | 8681.93 . | 5913.642 | 5154.423 | 4818.789 | 4636.630 | 4526.177 | 4453.253 | 4402.580 |
| | $\nu$ | 11515.01 | 16905.37 | 19395.41 | 20746.31 | 21561.35 | 22087.50 | 22449.0 | 22707.58 |
| | $md_2$ | 12292.842 | 6902.482 | 4412.442 | 3061.542 | 2246.502 | 1720.352 | 1358.652 | 1100.272 |
| $p_8 d_2$ | $\lambda$ | 8463.42 | 5811.417 | 5076.581 | 4750.686 | 4573.557 | 4466.045 | 4395.008 | . . . . |
| | $\nu$ | 11812.30 | 17202.73 | 19692.81 | 21043.71 | 21858.70 | 22384.90 | 22746.70 | . . . . |
| | $md_2$ | 12292.929 | 6902.499 | 4412.419 | 3061.519 | 2246.529 | 1720.329 | 1358.529 | . . . . |
| $p_{10} d_2$ | $\lambda$ | 7472.425 | 5326.407 | 4402.526 | 4421.559 | 4267.724 | 4173.966 | 4111.882 | . . . . |
| | $\nu$ | 13378.85 | 18769.16 | 21259.22 | 22610.11 | 23425.11 | 23951.29 | 24313.13 | . . . . |
| | $md_2$ | 12292.804 | 6902.494 | 4412.434 | 3061.544 | 2246.544 | 1720.346 | 1358.524 | . . . . |
| | $md_2$ | 12292.853 | 6902.485 | 4412.438 | 3061.514 | 2246.577 | 1720.345 | 1358.594 | 1100.153 |

## Neon.  I. Nebenserien: Gruppe $md_3$.

Grenzen:  $2p_2 = 22890.991$;  $2p_4 = 23070.942$;  $2p_5 = 23157.342$;  $2p_6 = 23613.586$;
$2p_7 = 23807.852$;  $2p_8 = 24105.229$;  $2p_9 = 24272.411$;  $2p_{10} = 25671.654$.

| m | 3 | 4 | 5 | 6 | 7 | 8 | 9 | 10 | 11 | 12 | 13 |
|---|---|---|---|---|---|---|---|---|---|---|---|
| $p_2 d_3$ $\lambda$ | | 6258.796 | 5412.655 | 5042.853 | 4842.941 | 4722.714 | 4643.182 | | | | |
| $\nu$ | | 15973.09 | 18470.08 | 19824.52 | 20642.85 | 21168.34 | 21530.93 | | | | |
| $md_3$ | | 6917.901 | 4420.911 | 3066.471 | 2248.141 | 1722.651 | 1360.061 | | | | |
| $p_4 d_3$ $\lambda$ | | 6189.076 | 5360.442 | 4997.482 | 4801.076 | 4682.910 | 4604.680 | | | | |
| $\nu$ | | 16153.03 | 18650.06 | 20004.50 | 20822.85 | 21348.26 | 21710.83 | | | | |
| $md_3$ | | 6917.912 | 4420.882 | 3066.442 | 2248.092 | 1722.682 | 1360.112 | | | | |
| $p_5 d_3$ $\lambda$ | | 6156.145 | 5335.710 | 4975.961 | 4781.239 | 4664.009 | 4586.419 | | | | |
| $\nu$ | | 16239.44 | 18736.44 | 20091.01 | 20909.24 | 21434.78 | 21797.39? | | | | |
| $md_3$ | | 6917.902 | 4420.902 | 3066.332 | 2248.102 | 1722.562 | 1359.852? | | | | |
| $p_6 d_3$ $\lambda$ | 8853.97 | 5987.933 | 5208.865 | 4865.501 | 4679.129 | 4566.830 | 4492.412 | | | | |
| $\nu$ | 11291.26 | 16695.63 | 19192.69 | 20547.13 | 21365.52 | 21890.90 | 22253.52 | | | | |
| $md_3$ | 12322.326 | 6917.956 | 4420.896 | 3066.456 | 2248.066 | 1722.686 | 1360.066 | | | | |
| $p_7 d_3$ $\lambda$ | 8704.15 | 5919.037 | 5156.662 | 4819.937 | 4636.974 | 4526.685 | 4453.528 | | | | |
| $\nu$ | 11485.61 | 16889.95 | 19386.99 | 20741.36 | 21559.74 | 22085.03 | 22447.81 | | | | |
| $md_3$ | 12322.242 | 6917.902 | 4420.862 | 3066.492 | 2248.112 | 1722.822 | 1360.042 | | | | |
| $p_8 d_3$ $\lambda$ | 8484.52 | 5816.645 | 5078.762 | 4751.802 | 4573.898 | 4466.503 | 4395.306 | | | | |
| $\nu$ | 11782.94 | 17187.27 | 19684.35 | 21038.77 | 21857.08 | 22382.60 | 22745.17 | | | | |
| $md_3$ | 12322.289 | 6917.959 | 4420.879 | 3066.459 | 2248.449 | 1722.629 | 1360.059 | | | | |
| $p_9 d_2$ $\lambda$ | 8365.82 | 5760.585 | 5035.989 | 4714.336 | 4539.168 | 4433.398 | 4363.228 | | | | |
| $\nu$ | 11950.10 | 17354.53 | 19851.54 | 21205.96 | 22024.30 | 22549.74 | 22912.34 | | | | |
| $md_3$ | 12322.311 | 6917.881 | 4420.871 | 3066.451 | 2248.111 | 1722.671 | 1360.071 | | | | |
| $p_{10} d_3$ $\lambda$ | 7488.85 | 5330.791 | 4704.394 | 4422.518 | 4268.009 | 4174.369 | 4112.100 | 4068.835 | 4037.262 | 4013.752 | 3995.298 |
| $\nu$ | 13349.49 | 18753.72 | 21250.77 | 22605.20 | 23423.54 | 23948.98 | 24311.63 | 24570.07 | 24762.27 | 24907.32 | 25022.35 |
| $md_3$ | 12322.164 | 6917.934 | 4420.884 | 3066.454 | 2248.114 | 1722.674 | 1360.024 | 1101.584 | 909.384 | 764.334 | 649.304 |
| $md_3$ | 12322.259 | 6917.919 | 4420.884 | 3066.464 | 2248.114 | 1722.661 | 1360.060 | 1101.547 | 909.370 | 764.337 | 649.298 |

### Neon.  I. Nebenserien: Gruppe $md_4$.

Grenzen:  $2p_4 = 23070.942$;   $2p_6 = 23613.586$;   $2p_7 = 23807.852$;   $2p_8 = 24105.229$;   $2p_9 = 24272.411$.

| | m | 3 | 4 | 5 | 6 | 7 | 8 | 9 | 10 | 11 | 12 | 13 |
|---|---|---|---|---|---|---|---|---|---|---|---|---|
| $p_4 d_4$ | $\lambda$ | 9314.00 | 6193.078 | 5362.248 | 4998.502 | 4802.363 | 4683.238 | 4604.938 | 4550.640 | . . . . | . . . . | . . . . |
| | $\nu$ | 10733.59 | 16142.59 | 18643.71 | 20000.42 | 20817.27 | 21346.78 | 21709.75? | 21968.78 | . . . . | . . . . | . . . . |
| | $m d_4$ | 12337.352 | 6928.352 | 4427.232 | 3070.522 | 2253.672 | 1724.162 | 1361.192? | 1102.162 | . . . . | . . . . | . . . . |
| $p_6 d_4$ | $\lambda$ | 8865.72 | 5991.675 | 5210.567 | 4866.473 | 4680.363 | 4567.139 | 4492.689 | 4440.890 | . . . . | . . . . | . . . . |
| | $\nu$ | 11276.30 | 16685.21 | 19186.42 | 20543.02 | 21359.88 | 21889.41 | 22252.15 | 22511.70 | . . . . | . . . . | . . . . |
| | $m d_4$ | 12337.286 | 6928.376 | 4427.166 | 3070.566 | 2253.706 | 1724.176 | 1361.436 | 1101.886 | . . . . | . . . . | . . . . |
| $p_7 d_4$ | $\lambda$ | . . . . | 5922.709 | 5158.322 | . . . . | . . . . | . . . . | . . . . | . . . . | . . . . | . . . . | . . . . |
| | $\nu$ | . . . . | 16879.49 | 19380.75 | . . . . | . . . . | . . . . | . . . . | . . . . | . . . . | . . . . | . . . . |
| | $m d_4$ | . . . . | 6928.362 | 4427.102 | . . . . | . . . . | . . . . | . . . . | . . . . | . . . . | . . . . | . . . . |
| $p_8 d_4$ | $\lambda$ | 8495.359 | 5820.176 | 5080.376 | 4752.727 | 4575.063 | 4466.81 | 4395.569 | 4346.036 | 4310.130 | 4283.242 | 4262.479 |
| | $\nu$ | 11767.90 | 17176.85 | 19678.10 | 21034.68 | 21851.50 | 22381.06 | 22743.80 | 23003.00 | 23194.63 | 23340.24 | 23453.93 |
| | $m d_4$ | 12337.329 | 6928.379 | 4427.129 | 3070.549 | 2253.729 | 1724.169 | 1361.429 | 1102.229 | 910.599 | 764.989 | 651.299 |
| $p_9 d_4$ | $\lambda$ | 8376.45 | 5764.063 | 5037.577 | 4715.246 | . . . . | . . . . | . . . . | . . . . | . . . . | . . . . | . . . . |
| | $\nu$ | 11934.95 | 17344.06 | 19845.28 | 21201.87 | . . . . | . . . . | . . . . | . . . . | . . . . | . . . . | . . . . |
| | $m d_4$ | 12337.461 | 6928.351 | 4427.131 | 3070.541 | . . . . | . . . . | . . . . | . . . . | . . . . | . . . . | . . . . |
| | $m d_4$ | 12337.323 | 6928.369 | 4427.148 | 3070.547 | 2253.703 | 1724.170 | 1361.431 | 1102.214 | 910.56 | 764.96 | 651.29 |
| $p_9 d_4'$ | $\lambda$ | 8377.630 | 5764.432 | 5037.737 | 4715.339 | 4540.383 | 4433.724 | 4363.520 | 4314.695 | 4279.279 | 4252.775 | 4232.323 |
| | $\nu$ | 11933.26 | 17342.95 | 19844.64 | 21201.45 | 22018.40 | 22548.07 | 22910.84 | 23170.10 | 23361.85 | 23507.45 | 23621.04 |
| | $m d_4'$ | 12339.151 | 6929.461 | 4427.771 | 3070.961 | 2254.011 | 1724.341 | 1361.571 | 1102.311 | 910.561 | 764.961 | 651.371 |



4

50

**Neon. I. Nebenserien:** Gruppe $m\,d_5$.

Grenzen: $2\,p_2 = 22\,890.991$; $\quad 2\,p_3 = 23\,012.015$; $\quad 2\,p_4' = 23\,070.942$;
$2\,p_6 = 23\,613.586$; $\quad 2\,p_8 = 24\,105.229$; $\quad 2\,p_{10} = 25\,671.654$.

| $m$ | | 3 | 4 | 5 | 6 | 7 | 8 | 9 | 10 | 11 | 12 | 13 |
|---|---|---|---|---|---|---|---|---|---|---|---|---|
| $p_2\,d_5$ | $\lambda$ | · · · · | 6273.018 | 5418.555 | 5045.816 | 4845.145 | 4723.810 | 4643.931 | · · · · | · · · · | · · · · | · · · · |
| | $\nu$ | · · · · | 15936.87 | 18449.97 | 19812.87 | 20633.46 | 21163.43 | 21527.45 | · · · · | · · · · | · · · · | · · · · |
| | $m\,d_5$ | · · · · | 6954.121 | 4441.021 | 3078.121 | 2257.531 | 1727.561 | 1363.541 | · · · · | · · · · | · · · · | · · · · |
| $p_3\,d_5$ | $\lambda$ | · · · · | 6225.742 | 5383.257 | 5015.187 | 4816.900 | 4696.943 | 4617.982 | · · · · | · · · · | · · · · | · · · · |
| | $\nu$ | · · · · | 16057.90 | 18570.95 | 19933.88 | 20754.45 | 21284.48 | 21648.41 | · · · · | · · · · | · · · · | · · · · |
| | $m\,d_5$ | · · · · | 6954.115 | 4441.065 | 3078.135 | 2257.565 | 1724.535 | 1363.605 | · · · · | · · · · | · · · · | · · · · |
| $p_4\,d_5$ | $\lambda$ | · · · · | 6202.981 | 5366.222 | 5000.395 | 4803.225 | 4683.985 | · · · · | · · · · | · · · · | · · · · | · · · · |
| | $\nu$ | · · · · | 16116.82 | 18629.90 | 19992.84 | 20813.53 | 21343.37 | · · · · | · · · · | · · · · | · · · · | · · · · |
| | $m\,d_5$ | · · · · | 6954.122 | 4441.042 | 3078.102 | 2257.412 | 1727.572 | · · · · | · · · · | · · · · | · · · · | · · · · |
| $p_6\,d_5$ | $\lambda$ | 8919.43 | 6000.951 | 5214.337 | 4868.268 | 7681.200 | 4567.845 | 7493.108 | · · · · | · · · · | · · · · | · · · · |
| | $\nu$ | 11208.39 | 16659.41 | 19172.55 | 20535.46 | 21356.06 | 21886.03 | 22250.07 | · · · · | · · · · | · · · · | · · · · |
| | $m\,d_5$ | 12405.196 | 6954.176 | 4441.036 | 3078.126 | 2257.526 | 1727.556 | 1363.516 | · · · · | · · · · | · · · · | · · · · |
| $p_8\,d_5$ | $\lambda$ | 8544.66 | 5828.910 | 5083.968 | 4754.440 | 4575.858 | 4467.491 | 4395.969 | · · · · | · · · · | · · · · | · · · · |
| | $\nu$ | 11700.00 | 17151.11 | 19664.20 | 21027.09 | 21847.70 | 22377.65 | 22741.70 | · · · · | · · · · | · · · · | · · · · |
| | $m\,d_5$ | 12405.229 | 6954.119 | 4441.009 | 3078.139 | 2257.529 | 1727.579 | 1363.529 | · · · · | · · · · | · · · · | · · · · |
| $p_{10}\,d_5$ | $\lambda$ | 7535.78 | 5341.099 | 4708.857 | 4424.809 | 4269.724 | 4145.223 | 4112.694 | 4069.243 | 4037.615 | 4013.995 | 3995.721 |
| | $\nu$ | 13266.36 | 18717.54 | 21230.64 | 22593.50 | 23414.14 | 23944.08 | 24308.11 | 24567.67 | 24760.11 | 24905.81 | 25019.71 |
| | $m\,d_5$ | 12405.294 | 6954.114 | 4441.004 | 3078.154 | 2257.514 | 1727.574 | 1363.544 | 1103.984 | 911.544 | 765.844 | 651.944 |
| | $m\,d_5$ | 12405.233 | 6954.126 | 4441.035 | 3078.128 | 2257.525 | 1727.573 | 1363.532 | 1103.978 | 911.541 | 765.843 | 651.944 |

## Neon. I. Nebenserien: Gruppe $md_6$.

Grenzen: $2p_2 = 22890.991$; $2p_5 = 23157.342$;
$2p_7 = 23807.852$; $2p_{10} = 25671.654$.

| | m | 3 | 4 | · 5 | 6 | 7 |
|---|---|---|---|---|---|---|
| $p_2 d_6$ | $\lambda$ | . . . . | 6276.039 | 5420.155 | 5046.608 | 4845.767 |
| | $\nu$ | . . . . | 15929.21 | 18444.53 | 10809.77 | 20630.81 |
| | $m d_6$ | . . . . | 6961.781 | 4446.461 | 3081.221 | 2260.181 |
| $p_5 d_6$ | $\lambda$ | 9310.65 | 6172.821 | . . . . | 4979.625 | 4784.022 |
| | $\nu$ | 10737,44 | 16195.56 | . . . . | 20076.23 | 20897.07 |
| | $m d_6$ | 12419.902 | 6961.782 | . . . . | 3081.231 | 2260.272 |
| $p_7 d_6$ | $\lambda$ | 8778.78 | 5934.458 | 5163.474 | 4823.370 | 4639.591 |
| | $\nu$ | 11387.98 | 16846.05 | 19361.41 | 20726.61 | 21547 59 |
| | $m d_6$ | 12419.872 | 6961.802 | 4446.442 | 3081.242 | 2260.262 |
| $p_{10} d_6$ | $\lambda$ | 7544.08 | 5343.295 | 4710.058 | 4425.416 | 4270.227 |
| | $\nu$ | 13251.77 | 18709.84 | 21225.22 | 22590.40 | 23411.38 |
| | $m d_6$ | 12419.884 | 6961.814 | 4446.434 | 3081.254 | 2260.274 |
| | $m d_6$ | 12419.875 | 6961.797 | 4446.443 | 3081.236 | 2260.272 |

| | m | 8 | 9 | 10 | 11 |
|---|---|---|---|---|---|
| $p_2 d_6$ | $\lambda$ | 4724.162 | 4644.150 | . . . . | . . . . |
| | $\nu$ | 21161.86 | 21526.44 | . . . . | . . . . |
| | $m d_6$ | 1729.131 | 1364.551 | . . . . | . . . . |
| $p_5 d_6$ | $\lambda$ | 4665.391 | . . . . | . . . . | . . . . |
| | $\nu$ | 21428.43 | . . . . | . . . . | . . . . |
| | $m d_6$ | 1728.912 | . . . . | . . . . | . . . . |
| $p_7 d_6$ | $\lambda$ | 4527.973 | . . . . | . . . . | . . . . |
| | $\nu$ | 22078.75 | . . . . | . . . . | . . . . |
| | $m d_6$ | 1729.102 | . . . . | . . . . | . . . . |
| $p_{10} d_6$ | $\lambda$ | 4175.488 | 4112.865 | 4069.389 | 4037.696 |
| | $\nu$ | 23942.56 | 24307.10 | 24566.79 | 24759.62 |
| | $m d_6$ | 1729.094 | 1364.545 | 1104.864 | 912.034 |
| | $m d_6$ | 1729.075 | 1364.545 | 1104.860 | 912.032 |

## Gruppe x.

Grenzen: $1s_2 = 38040.731$; $1s_3 = 39110.808$;
$1s_4 = 39470.160$; $1s_5 = 39887.610$.

| | | | | | | |
|---|---|---|---|---|---|---|
| $s_2 x$ | $\lambda$ | 3207.906 | $s_2 y$ | $\lambda$ | | 3206.199 |
| | $\nu$ | 31164.00 | | $\nu$ | | 31180.59 |
| | x | 6876.731 | | y | | 6860.141 |
| $s_3 x$ | $\lambda$ | 3101.407 | | | | |
| | $\nu$ | 32234.09 | | | | |
| | x | 6876.718 | | | | |
| $s_4 x$ | $\lambda$ | 3067.214 | $s_4 y$ | $\lambda$ | | 3065.668 |
| | $\nu$ | 32593.42 | | $\nu$ | | 32609.86 |
| | x | 6876.740 | | y | | 6860.30 |
| $s_5 x$ | $\lambda$ | 3028.424 | $s_5 y$ | $\lambda$ | | 3026.913 |
| | $\nu$ | 33010.88 | | $\nu$ | | 33027.37 |
| | x | 6876.730 | | y | | 6860.24 |

# Argon.

Literatur:

K. A. Nissen, Phys. Zeitschrift 1920, Nr. 2, p. 25.
K. W. Meißner, Ann. d. Phys. 1915, Bd. 51, p. 95.

## II. Nebenserie mehrfacher Linien.

Intern. System.    Grenzen: $2p_{11} = 21647.07$; $2p_8 = 20872.20$.

| m | | 1 | 2 | 3 | 4 | 5 |
|---|---|---|---|---|---|---|
| $p_{11} s$ | $\lambda$ | 2562.2 | . . . . | 8521.46 | 6334.03 | 5623.84 |
| | $\nu$ | 39017.4 | . . . . | 11731.86 | 15783.45 | 17776.60 |
| | ms | 60664.5 | [20204.39] | 9915.21 | 5863.62 | 3870.47 |
| $p_8 s$ | $\lambda$ | 2512.2 | . . . . | 9123.00 | 6660.69 | 5880.19 |
| | $\nu$ | 39793.9 | . . . . | 10958.30 | 15009.38 | 17001.63 |
| | ms | 60666.1 | . . . . | 9913.90 | 5862.82 | 3870.57 |
| | ms | 60665.3 | . . . . | 9914.56 | 5863.22 | 3870.57 |

## I. Nebenserie mehrfacher Linien.

Intern. System.    Grenzen: $2p_{11} = 21647.07$; $2p_8 = 20872.20$.

| m | | 3 | 4 | 5 | 6 | 7 |
|---|---|---|---|---|---|---|
| $p_{11} d_1$ | $\lambda$ | ca. 12500 | 7030.28 | 5888.57 | 5421.47 | 5177.64 |
| | $\nu$ | ca. 8000 | 14220.32 | 16977.44 | 18440.15 | 19308.53 |
| | $m d_1$ | 13648.92 | 7426.75 | 4669.63 | 3206.92 | 2338.55 |
| $p_8 d_1$ | $\lambda$ | . . . . | 7435.49 | 6170.18 | 5659.25 | 5394.00 |
| | $\nu$ | . . . . | 13445.37 | 16202.57 | 17665.38 | 18534.07 |
| | $m d_1$ | . . . . | 7426.83 | 4669.63 | 3206.82 | 2338.13 |
| $p_8 d_2$ | $\lambda$ | . . . . | 7206.93 | 6090.76 | 5621.06 | . . . . |
| | $\nu$ | . . . . | 13871.78 | 16413.84 | 17785.40 | . . . . |
| | $m d_2$ | . . . . | 7000.42 | 4458.36 | 3086.80 | . . . . |
| | $m d_1$ | 13648.92 | 7426.79 | 4669.63 | 3206.87 | 2338.34 |

## Argon. II. Nebenserie mehrfacher Linien.

Grenzen: $2\,p_1 = 15\,908{,}08$; $\quad 2\,p_2 = 17\,286{,}69$; $\quad 2\,p_3 = 19\,754{,}64$;
$2\,p_4 = 19\,829{,}31$; $\quad 2\,p_5 = 19\,909{,}94$; $\quad 2\,p_6 = 20\,005{,}58$;
$2\,p_7 = 20\,769{,}07$; $\quad 2\,p_8 = 20\,872{,}20$; $\quad 2\,p_9 = 21\,427{,}29$;
$2\,p_{10} = 21\,542{,}79$; $\quad 2\,p_{11} = 21\,647{,}07$; $\quad 2\,p_{12} = 22\,942{,}32$;
$2\,p_{13} = 23\,329{,}21$; $\quad 2\,p_{14} = 23\,595{,}92$; $\quad 2\,p_{15} = 23\,993{,}40$;
$2\,p_{16} = 24\,065{,}90$; $\quad 2\,p_{17} = 24\,645{,}43$; $\quad 2\,p_{18} = 27\,387{,}76$.

| m | 1 | 2 | 3 | 4 | 5 | 6 | 7 | 8 | 9 | 10 |
|---|---|---|---|---|---|---|---|---|---|---|
| $p_1 s'$ $\lambda$ | 4 579.35 | | | 9 123.00 | | | | | | |
| $\nu$ | 21 831.16 | | | 10 958.30 | | | | | | |
| $m s'$ | 37 739.22 | | | 4 949.76 | | | | | | |
| $p_2 s'$ $\lambda$ | 4 888.03 | | | 8 103.691 | | | | | | 6 121.72 |
| $\nu$ | 20 452.53 | | | 12 336.664 | | | | | | 16 330.85 |
| $m s'$ | 37 739.22 | | | 4 950.03 | | | | | | 955.84 |
| $p_3 s'$ $\lambda$ | 5 558.80 | | | 6 752.91 | 6 101.12 | | | | | |
| $\nu$ | 17 984.58 | | | 14 804.41 | 16 385.98 | | | | | |
| $m s'$ | 37 739.22 | | | 4 950.23 | 3 368.66 | | | | | |
| $p_4 s'$ $\lambda$ | 5 581.98 | | | 6 719.10 | | | 5 559.71 | | | |
| $\nu$ | 17 909.91 | | | 14 878.91 | | | 17 981.64 | | | |
| $m s'$ | 37 739.22 | | | 4 950.40 | | | 1 847.67 | | | |
| $p_5 s'$ $\lambda$ | 5 607.22 | | | 6 682.5 | 6 043.26 | | 5 534.51 | | | 5 275.1 |
| $\nu$ | 17 829.28 | | | 14 960.4 | 16 542.87 | | 18 063.52 | | | 18 952.0 |
| $m s'$ | 37 739.22 | | | 4 949.50 | 3 367.07 | | 1 846.42 | | | 957.9 |
| $p_6 s'$ $\lambda$ | 5 637.46 | | | 6 640.3 | | | | | 5 305.86 | |
| $\nu$ | 17 733.64 | | | 15 055.5 | | | | | 18 841.94 | |
| $m s'$ | 37 739.22 | | | 4 950.1 | | | | | 1 163.64 | |
| $p_7 s'$ $\lambda$ | 5 900.48 | | | 6 309.15 | | | | | | |
| $\nu$ | 16 943.15 | | | 15 845.70 | | | | | | |
| $m s'$ | 37 739.22 | | | 4 950.37 | | | | | | |
| $p_8 s'$ $\lambda$ | 5 927.12 | | | 6 278.59 | | | 5 254.62 | | | |
| $\nu$ | 16 867.02 | | | 15 922.81 | | | 19 025.66 | | | |
| $m s'$ | 37 739.22 | | | 4 949.39 | | | 1 846.54 | | | |
| $p_9 s'$ $\lambda$ | 6 128.81 | | 7 435.49 | 6 067.27 | | 5 264.88 | | | 4 933.31 | |
| $\nu$ | 16 311.93 | | 13 445.37 | 16 477.39 | | 18 988.59 | | | 20 264.82 | |
| $m s'$ | 37 739.22 | | 7 981.92 | 4 949.90 | | 2 438.70 | | | 1 162.47 | |
| $p_{10} s'$ $\lambda$ | 6 172.5 | | 7 372.01 | 6 075.18 | | | 5 076.07 | | | |
| $\nu$ | 16 196.4 | | 13 561.15 | 16 592.50 | | | 19 694.89 | | | |
| $m s'$ | 37 739.2 | | 7 981.64 | 4 950.29 | | | 1 847.90 | | | |
| $p_{11} s'$ $\lambda$ | 6 212.52 | | 7 315.88 | 5 987.39 | | | 5 049.00 | 4 949.35 | | |
| $\nu$ | 16 092.15 | | 13 665.23 | 16 697.22 | | | 19 800.49 | 20 199.13 | | |
| $m s'$ | 37 739.22 | | 7 981.84 | 4 949.85 | | | 1 846.58 | 1 447.94 | | |
| $p_{12} s'$ $\lambda$ | 6 756.34 | | 6 682.5 | | | | | | | 4 547.71 |
| $\nu$ | 14 796.90 | | 14 960.4 | | | | | | | 21 983.05 |
| $m s'$ | 37 739.22 | | 7 981.9 | | | | | | | 959.27 |
| $p_{13} s'$ $\lambda$ | 6 937.74 | | 6 513.65 | 5 440.07 | | | | | | |
| $\nu$ | 14 410.01 | | 15 348.21 | 18 377.08 | | | | | | |
| $m s'$ | 37 739.22 | | 7 981.00 | 4 952.13 | | | | | | |
| $p_{14} s'$ $\lambda$ | 7 068.57 | | 6 402.00 | | | | | | | |
| $\nu$ | 14 143.30 | | 15 615.88 | | | | | | | |
| $m s'$ | 37 739.22 | | 7 980.04 | | | | | | | |
| $p_{15} s'$ $\lambda$ | 7 272.94 | | 6 243.24 | | | | | 4 433.87 | | |
| $\nu$ | 13 745.82 | | 16 012.96 | | | | | 22 547.46 | | |
| $m s'$ | 37 739.22 | | 7 980.44 | | | | | 1 445.94 | | |
| $p_{16} s'$ $\lambda$ | 7 311.53 | | 6 215.4 | | | | | | | |
| $\nu$ | 13 673.32 | | 16 084.7 | | | | | | | |
| $m s'$ | 37 739.22 | | 7 981.2 | | | | | | | |
| $p_{17} s'$ $\lambda$ | 7 635.107 | | 5 999.07 | 5 076.07 | | | | | | |
| $\nu$ | 13 093.792 | | 16 664.73 | 19 694.89 | | 22 208.75 | | | | |
| $m s'$ | 37 739.22 | | 7 980.70 | 4 950.54 | | 2 436.68 | | | | |
| $p_{18} s'$ $\lambda$ | 9 657.82 | | 5 151.57 | | | | | 4 309.15 | | |
| $\nu$ | 10 351.46 | | 19 406.25 | | | | | 23 200.03 | | |
| $m s'$ | 37 739.22 | | 7 981.51 | | | | | 1 445.40 | | |
| $m s'$ | 37 739.22 | (14 969.17) | 7 981.51 | 4 950.19 | 3 367.86 | 2 437.69 | 1 847.02 | 1 446.43 | 1 163.06 | 957.67 |

# Lithium.

Literatur:

G. D. Liveing und J. Dewar, Phil. Transl. 1883, 174, I. p. 187.
H. Kayser und C. Runge, Wied. Ann. 1890, Bd. 41, p. 302.
H. Lehmann, Ann. d. Phys. 1901, Bd. 5, p. 633.
A. Hagenbach, Ann. d. Phys. 1902, Bd. 9, p. 729.
H. Ramage, Proc. Roy. Soc. 1903, Bd. 71, p. 164.
H. Konen und A. Hagenbach, Phys. Zeitschrift 1903, Bd. 4, p. 800.
A. Hagenbach, Phys. Zeitschrift 1903, Bd. 4, p. 592.
F. A. Saunders, Astrophys. Journal 1904, Bd. 20, p. 188.
F. Paschen, Ann. d. Phys. 1908, Bd. 27, p. 537.
F. Paschen, Ann. d. Phys. 1910, Bd. 33, p. 717.
P. Zeeman, Phys. ZS. 14, 1913, p. 405.
N. A. Kent, Astrophys. Journal 1914, Bd. XL., p. 337.

## Dublet-System: Hauptserie.

Grenze: $1s = 43484.45$.

| m | 2 | 3 | 4 | 5 | 6 | 7 |
|---|---|---|---|---|---|---|
| $\lambda$ | 6708.2[1]) | 3232.77 | 2741.39 | 2562.60 | 2475.13 | 2425 55 |
| $\nu$ | 14903.09 | 30924.52 | 36467.46 | 39011.60 | 40390.00 | 41215.53 |
| mp | 28581.36 | 12559.93 | 7016.99 | 4472.85 | 3094.45 | 2268.92 |
| m | 8 | 9 | 10 | 11 | 12 | 13 |
| $\lambda$ | 2394.54 | 2373.9 | 2359.4 | 2348.5 | 2340.5 | 2334.5 |
| $\nu$ | 41749.30 | 42112.3 | 42371.0 | 42567.63 | 42713.12 | 42826.55 |
| mp | 1735.15 | 1372.15 | 1113.45 | 916.82 | 771.33 | 657.90 |
| m | 14 | 15 | 16 | 17 | 18 | 19 |
| $\lambda$ | 2329.5 | 2325.5 | 2321.9 | 2319.3 | 2317.1 | 2315.2 |
| $\nu$ | 42924.00 | 42994.17 | 43055.25 | 43103.52 | 43144.45 | 43179.85 |
| mp | 560.45 | 490.28 | 429.20 | 380.93 | 340.00 | 304.60 |
| m | 20 | 21 | 22 | 23 | 24 | 25 |
| $\lambda$ | 2313.6 | 2312.2 | 2311.1 | 2310.0 | 2309.0 | 2308.3 |
| $\nu$ | 43209.71 | 43235.88 | 43256.45 | 43277.04 | 43295.78 | 43308.90 |
| mp | 274.74 | 248.57 | 228.00 | 207.41 | 188.67 | 175.55 |
| m | 26 | 27 | 28 | 29 | 30 | 31 |
| $\lambda$ | 2307.5 | 2306.90 | 2306.48 | 2305.87 | 2705.41 | 2304.99 |
| $\nu$ | 43323.93 | 43335.20 | 43343.09 | 43354.55 | 43363.20 | 43371.10 |
| mp | 160.52 | 149.25 | 141.36 | 129.90 | 121.25 | 113.35 |
| m | 32 | 33 | 34 | 35 | 36 | 37 |
| $\lambda$ | 2304.63 | 2304.29 | 2304.00 | 2303.73 | 2303.46 | 2303.24 |
| $\nu$ | 43377.87 | 43384.27 | 43389.73 | 43394.81 | 43399.91 | 43404.06 |
| mp | 106.58 | 100.18 | 94.62 | 89.64 | 84.54 | 80.39 |
| m | 38 | 39 | 40 | 41 | 42 | |
| $\lambda$ | 2303.03 | 2302.83 | 2302.59 | 2302.38 | 2302.20 | |
| $\nu$ | 43408.02 | 43411.76 | 43416.31 | 43420.27 | 43423.66 | |
| mp | 76.43 | 72.69 | 68.14 | 64.18 | 60.79 | |

[1]) Die Linie 6708 hat P. Zeeman (l. c.) in Absorption doppelt gemessen. Kent hat dieselbe Linie und weitere Glieder der Nebenserien in Emission doppelt gemessen.

## Lithium.  II. Nebenserie.

Grenze: 28581.36.

| m | 1 | 2 | 3 | 4 | 5 | 6 |
|---|---|---|---|---|---|---|
| $\lambda$ | 6708.2 | 8127.34 | 4971.98 | 4273.34 | 3985.86 | 3838.3 |
| $\nu$ | 14903.09 | 12300.83 | 20107.21 | 23394.49 | 25081.77 | 26046.01 |
| ms | 43484.45 | 16280.53 | 8474.15 | 5186.87 | 3499.59 | 2535.35 |

Kent findet für 6708.2 als Abstand der Komponenten $\Delta\lambda = 0.151$  $\Delta\nu = 0.336$
" " " 8127 " " " " $\Delta\lambda = 0.225$  $\Delta\nu = 0.340$
" " " 4972 " " " " $\Delta\lambda = 0.084$  $\Delta\nu = 0.339$

## I. Nebenserie.

Grenze: 28581.36.

| m | 3 | 4 | 5 | 6 | 7 | 8 | 9 |
|---|---|---|---|---|---|---|---|
| $\lambda$ | 6103.77 | 4603.04 | 4132.44 | 3915.2 | 3795.18 | 3719.0 | 3670.6 |
| $\nu$ | 16378.86 | 21718.83 | 24192.11 | 25534.43 | 26341.92 | 26881.50 | 27235.9 |
| md | 12202.50 | 6862.53 | 4389.25 | 3046.93 | 2239.44 | 1699.86 | 1345.46 |

Kent (l.c.) findet als Dubletdifferenz für 6103:  $\Delta\lambda = 0.115$  $\Delta\nu = 0.309$
, " " " " " 4603:  $\Delta\lambda = 0.070$  $\Delta\nu = 0.328$

## Bergmannserie.

Grenze: 12202.50.

| m | 4 | 5 |
|---|---|---|
| $\lambda$ | 18697.0 | 12782.2 |
| $\nu$ | 5347.01 | 7821.27 |
| mf | 6855.49 | 4381.23 |

## Kombinationen.

| | $\nu$ | | $\lambda_{beob}$ |
|---|---|---|---|
| | berechnet | beobachtet | |
| 2s — 3p | 3720.60 | 3719.9 | 26875.3 |
| 3p — 3s | 4085.78 | 4086.1 | 24467 |
| 3d — 4p | 5185.51 | 5182.6 | 19290 |
| 3p — 4d | 5697.40 | 5695.95 | 17551.6 |
| 3p — 5d | 8170.68 | 8172.81 | 12232.4 |
| 2p — 4f | 21725.87 | 21725.6 | 4601.6 |
| 4f — $N/5^2$ | 2468.5 | 2470.0 | 40475 |
| $N/5^2$ — $N/6^2$ | 1340.5 | 1344.4 | $7436\,\mu$ |
| 2p — 3p | 16021.43 | 16020.51 | 6240.3 |
| 2p — 4p | 21564.37 | 21564.22 | 4636.04 |
| 2p — 5p | 24108.51 | 24100.22 | 4148.2 |
| 2p — 6p | 25486.91 | 25491.47 | 3921.8 |

# Natrium.

Literatur wie bei Li; außerdem

R. W. Wood, Phil. Mag. 1919, Bd. 18.

R. W. Wood and R. Fortrat, Astrophys. Journal 1916, 43, p. 73.

## Natrium. Dubletsystem. Hauptserie[1]).

(Internat. System.)  Grenze; 41448.59 = 1s.

| | 2 | 3 | 4 | 5 | 6 | 7 |
|---|---|---|---|---|---|---|
| s p₁ | 5889.963 | 3302.34 | 2852.828 | 2680.335 | 2593.828 | 2543.817 |
| | 16973.52 | 30271.10 | 35043.10 | 37297.67 | 38541.07 | 39298.76 |
| | 24475.57 | 11177.49 | 6405.49 | 4150.92 | 2907.52 | 2149.83 |
| s p₂ | 5895.930 | 3302.94 | 2853.031 | 2680.443 | 2593.927 | 2543.875 |
| | 16955.88 | 30266.66 | 35039.67 | 37295.71 | 38539.68 | 39297.86 |
| | 24492.71 | 11181.93 | 6408.92 | 4152.88 | 2908.91 | 2150.73 |

| | 8 | 9 | 10 | 11 | 12 | 13 |
|---|---|---|---|---|---|---|
| s p₁ | 2512.128 | 2490.733 | 2475.533 | 2464.397 | 2455.915 | 2449.393 |
| | 39794.46 | 40136.27 | 40382.73 | 40565.19 | 40705.28 | 40813.65 |
| | 1654.13 | 1312.32 | 1065.86 | 883.40 | 743.31 | 634.94 |
| s p₂ | 2512.210 | . . . . | . . . . | . . . . | . . . . | . . . . |
| | 39793.16 | . . . . | . . . . | . . . . | . . . . | . . . . |
| | 1655.43 | . . . . | . . . . | . . . . | . . . . | . . . . |

| | 14 | 15 | 16 | 17 | 18 | 19 |
|---|---|---|---|---|---|---|
| s p₁ | 2444.195 | 2440.046 | 2436.627 | 2433.824 | 2431.433 | 2429.428 |
| | 40900.45 | 40970.02 | 41027.48 | 41074.69 | 41115.11 | 41149.05 |
| | 548.14 | 478.57 | 421.11 | 373.90 | 333.48 | 299.54 |

| | 20 | 21 | 22 | 23 | 24 | 25 |
|---|---|---|---|---|---|---|
| s p₁ | 2427.705 | 2426.217 | 2424.937 | 2423.838 | 2422.856 | 2421.987 |
| | 41178.24 | 41203.51 | 41225.25 | 41243.90 | 41260.61 | 41275.28 |
| | 270.35 | 245.08 | 223.34 | 204.69 | 187.98 | 173.31 |

| | 26 | 27 | 28 | 29 | 30 | 31 |
|---|---|---|---|---|---|---|
| s p₁ | 2421.233 | 2420.520 | 2419.922 | 2419.380 | 2418.893 | 2418.454 |
| | 41288.29 | 41300.45 | 41310.67 | 41319.92 | 41328.25 | 41335.72 |
| | 160.30 | 148.14 | 137.92 | 128.67 | 120.24 | 112.87 |

| | 32 | 33 | 34 | 35 | 36 | 37 |
|---|---|---|---|---|---|---|
| s p₁ | 2418.062 | 2417.695 | 2417.362 | 2417.058 | 2416.779 | 2416.518 |
| | 41342.43 | 41348.70 | 41354.41 | 41359.60 | 41364.39 | 41368.87 |
| | 106.16 | 99.89 | 94.18 | 88.99 | 84.20 | 79.72 |

| | 38 | 39 | 40 | 41 | 42 | 43 |
|---|---|---|---|---|---|---|
| s p₁ | 2416.271 | 2416.046 | 2415.838 | 2415.651 | 2415.474 | 2415.395 |
| | 41373.08 | 41376.94 | 41380.51 | 41383.70 | 41386.74 | 41389.64 |
| | 75.51 | 71.65 | 68.08 | 64.89 | 61.85 | 58.95 |

| | 44 | 45 | 46 | 47 | 48 | 49 |
|---|---|---|---|---|---|---|
| s p₁ | 2415.147 | 2415.006 | 2414.872 | 2414.746 | 2414.627 | 2414.518 |
| | 41392.34 | 41394.77 | 41397.07 | 41399.22 | 41401.27 | 41403.13 |
| | 56.25 | 53.82 | 51.52 | 49.37 | 47.32 | 45.46 |

| | 50 | 51 | 52 | 53 | 54 | 55 |
|---|---|---|---|---|---|---|
| s p₁ | 2414.411 | 2414.313 | 2414.218 | 2414.131 | 2414.050 | 2413.971 |
| | 41404.97 | 41406.65 | 41408.28 | 41409.77 | 41411.16 | 41422.52 |
| | 43.62 | 41.94 | 40.31 | 38.82 | 37.43 | 36.07 |

| | 56 | 57 | 58 | | | |
|---|---|---|---|---|---|---|
| s p₁ | 2413.910 | 2413.873 | 2413.837 | | | |
| | 41413.57 | 41414.20 | 41414.81 | | | |
| | 35.02 | 34.39 | 33.78 | | | |

[1]) R. W. Wood and R. Fortrat, The principal series of sodium, l. c.; ibid. Formel u. Konst.

## Natrium. II. Nebenserie.

Grenzen: $2\,p_1 = 24\,472.10$; $2\,p_2 = 24\,489.31$.

| | m | 1 | 2 | 3 | 4 |
|---|---|---|---|---|---|
| | $\lambda$ | 5 890.19 | 11 404.2 | 6 161.15 | 5 153.72 |
| $p_1$ d | $\nu$ | 16 972.27 | 7 766.34 | 16 226.3 | 19 398.35 |
| | m s | 41 444.87 | 15 705.76 | 8 245.8 | 5 073.75 |
| | $\lambda$ | 5 895.16 | 11 382.4 | 6 154.62 | 5 149.19 |
| $p_2$ d | $\nu$ | 16 955.56 | 8 782.13 | 16 243.54 | 19 415.21 |
| | m s | 41 444.87 | 15 707.18 | 8 245.77 | 5 074.10 |
| | m s | 41 444.87 | 15 706.47 | 8 245.79 | 5 073.93 |

| | m | 5 | 6 | 7 | 8 |
|---|---|---|---|---|---|
| | $\lambda$ | 4 752.19 | 4 546.03 | 4 423.7 | 4 343.7 |
| $p_1$ d | $\nu$ | 21 037.17 | 21 991.17 | 22 599.33 | 23 015.54 |
| | m s | 3 434.93 | 2 481.93 | 1 872.77 | 1 456.56 |
| | $\lambda$ | 4 748.36 | 4 542.75 | 4 420.2 | . . . . |
| $p_2$ d | $\nu$ | 21 054.13 | 22 007.09 | 22 617.21 | . . . . |
| | m s | 3 435.18 | 2 482.22 | 1 872.10 | . . . . |
| | m s | 3 435.06 | 2 482.08 | 1 872.44 | 1 456.56 |

## I. Nebenserie.

Grenzen: $2\,p_1 = 24\,472.10$; $2\,p_2 = 24\,489.31$.

| | m | 3 | 4 | 5 | 6 | 7 | 8 |
|---|---|---|---|---|---|---|---|
| | $\lambda$ | 8 196.1 | 5 688.26 | 4 983.53 | 4 669.4 | 4 500.0 | 4 393.7 |
| $p_1$ d | $\nu$ | 21 197.64 | 17 575.28 | 20 060.62 | 21 410.15 | 22 216.15 | 22 753.65 |
| | m d | 12 274.46 | 6 896.82 | 4 411.48 | 3 061.95 | 2 255.95 | 1 718.45 |
| | $\lambda$ | 8 184.5 | 5 882.90 | 4 979.3 | 4 665.2 | 4 494.3 | 4 390.7 |
| $p_2$ d | $\nu$ | 12 214.92 | 17 591.85 | 20 077.66 | 21 429.42 | 22 244.31 | 22 769.18 |
| | m d | 12 274.39 | 6 897.46 | 4 411.65 | 3 059.84 | 2 245.00 | 1 720.13 |
| | m d | 12 274.43 | 6 897.14 | 4 411.57 | 3 060.90 | 2 250.48 | 1 719.29 |

## Natrium.  Bergmannserie.

Grenze:  12274.43.

| m | 4 | 5 | 6 |
|---|---|---|---|
| $\lambda$ | 18459.5 | 12677.6 | . . . . |
| $\nu$ | 5415.81 | 7885.81 | . . . . |
| m f | 6858.62 | 4388.62 | 3039.73 |

## Kombinationen (Rowl.-System).

| | $\nu$ | | $\lambda_{\text{beob}}$ |
|---|---|---|---|
| | berechnet | beobachtet | |
| $2s - 3p_1$ | 4533.0 | 4532.5 | 22056.9 |
| $2s - 3p_2$ | 4527.47 | 4526.9 | 22084.2 |
| $3p_1 - 3s$ | 2927.2 | 2925.0 | $3.418\,\mu$ |
| $3s - 4p_1$ | 1842.9 | 1841.0 | $5.430\,\mu$ |
| $3d - 3p_1$ | 1101.46 | 1104.9 | $9.048\,\mu$ |
| $3d - 3p_2$ | 1096.0 | 1100.5 | $9.085\,\mu$ |
| $3p_1 - 4d$ | 4281.3 | 4279.5 | 23361.0 |
| $3p_2 - 4d$ | 4275.8 | 4273.9 | 23391.0 |
| $4p_1 - 5d$ | 1991.3 | 1990.0 | 50230.0 |
| $2p_1 - 4p_1$ | 18069.21 | 18069.43 | 5532.7 |
| $2p_2 - 4p_2$ | 18086.42 | 18087.73 | 5527.10 |
| $2p_1 - 5p_1$ | 20323.54 | 20326.28 | 4918.4 |
| $2p_2 - 5p_2$ | 20340.75 | 20344.47 | 4914.0 |
| $2p_1 - 6p_1$ | 21566.88 | 21577.79 | 4633.1 |
| $2p_2 - 6p_2$ | 21584.09 | 21594.70 | 4629.5 |
| $2p_1 - 7p_1$ | 22326.29 | 22352.71 | 4472.5 |
| $2p_2 - 7p_2$ | 22343.5 | 22352.71 | 4472.5 |
| $2p_1 - 8p_1$ | 22820.94 | 22866.55 | 4372.0 |
| $2p_2 - 8p_2$ | 22838.15 | 22866.55 | 4372.0 |
| $2p_2 - 4f$ | 17613.48 | 17613.48 | 5675.92 |
| $2p_1 - 4f$ | 17630.69 | 17630.62 | 5670.40 |
| $2p_1 - 5f$ | 20083.48 | 20090.56 | 4976.1 |
| $2p_2 - 5f$ | 20100.69 | 20103.09 | 4973.0 |
| $2p_1 - 6f$ | 21432.37 | 21429.42 | 4665.2 |
| $2p_2 - 6f$ | 21449.58 | 21452.41 | 4660.2 |
| $4f - N/5^2$ | 2471.62 | 2471.6 | 40449.0 |
| $N/5^2 - N/6^2$ | 1340.5 | 1343.2 | $7.443\,\mu$ |

# Kalium.

Literatur wie bei Li und Na, außerdem noch:

A. Bergmann, Diss. Jena 1907. — Zeitschrift für wissenschaftl. Photogr. 1908, Bd. 6, p. 113—145.

H. Ramage, Proc. Roy. soc. 1902, Bd. 70, p. 304—312. — Astrophys. Journ. 1902, Bd. 16, p. 42—52.

H. M. Randall, Ann. d. Phys. 1910, Bd. 33, p. 739.

H. Kayser, Handb. d. Spektr. 1910, Bd. 5, p. 600.

## Dubletsystem. Hauptserie.

Grenze: $1s = 35005.88$.

| m | 2 | 3 | 4 | 5 | 6 |
|---|---|---|---|---|---|
| $\lambda$ | 7664.91 | 4044.29 | 3446.49 | 3217.27 | 3102.15 |
| $\nu$ | 13042.95 | 24719.43 | 29006.95 | 31073.56 | 32226.67 |
| $m\,p_1$ | 21962.93 | 10286.45 | 5998.93 | 3932.32 | 2779.21 |
| $\nu$ | 7699.08 | 4047.62 | 3447.49 | 3217.76 | 3102.37 |
| $\nu$ | 12985.05 | 24699.09 | 28998.54 | 31068.83 | 32224.28 |
| $m\,p_2$ | 22020.83 | 10306.79 | 6007.34 | 3937.05 | 2781.60 |
| m | 7 | 8 | 9 | 10 | |
| $\lambda$ | 3034.94 | 2992.33 | 2963.36 | 2942.8 | |
| $\nu$ | 32940.25 | 33409.28 | 23735.92 | 33971.66 | |
| $m\,p_1$ | 2065.63 | 1596.60 | 1269.96 | 1034.22 | |
| $\nu$ | 3034.94 | . . . . . | . . . . . | . . . . . | |
| $\nu$ | 32940.25 | . . . . . | . . . . . | . . . . . | |
| $m\,p_2$ | 2065.63 | . . . . . | . . . . . | . . . . . | |

## II. Nebenserie.

Grenzen: $2p_1 = 21962.93$; $2p_2 = 22020.83$.

| m | 1 | 2 | 3 | 4 | 5 |
|---|---|---|---|---|---|
| $\lambda$ | 7664.91 | 12523.0 | 6939.5 | 5802.01 | 5340.08 |
| $\nu$ | 13042.95 | 7983.16 | 14406.35 | 17230.71 | 18721.19 |
| $m\,s$ | 35005.88 | 13979.77 | 7556.58 | 4732.22 | 3241.74 |
| $\lambda$ | 7699.08 | 12434.3 | 6911.8 | 5782.67 | 5323.55 |
| $\nu$ | 12985.05 | 8040.10 | 14464.10 | 17288.33 | 18779.34 |
| $m\,s$ | 35005.88 | 13980.73 | 7556.73 | 4732.50 | 3241.49 |
| $m\,s$ | 35005.88 | 13980.25 | 7556.66 | 4732.36 | 3241.62 |
| m | 6 | 7 | 8 | 9 | |
| $\lambda$ | 5099.64 | 4956.8 | 4864.5 | 4801.0 | |
| $\nu$ | 19603.88 | 20168.77 | 20551.48 | 20823.31 | |
| $m\,s$ | 2359.05 | 1794.16 | 1411.45 | 1439.62 | |
| $\lambda$ | 5084.49 | 4943.1 | 4851.0 | 4788.8 | |
| $\nu$ | 19662.28 | 20224.7 | 25608.66 | 20876.35 | |
| $m\,s$ | 2358.55 | 1796.13 | 1412.17 | 1144.48 | |
| $m\,s$ | 2358.80 | 1795.15 | 1411.81 | 1142.05 | |

## Kalium.  I. Nebenserie.

Grenzen: 21962.93;  22020.83.

| m | 3 | 4 | 5 | 6 | 7 | 8 | 9 |
|---|---|---|---|---|---|---|---|
| $\lambda$ | 11771.73 | ( 6965.44) | 5832.23 | 5359.88 | 5112.68 | 4965.5 | 4870.0 |
| $\nu$ | 8492.64 | (14352.71) | 17141.43 | 18652.05 | 19553.86 | 20133.44 | 20528.28 |
| m d | 13470.29 | ( 7610.22) | 4821.50 | 3310.88 | 2409.07 | 1829.49 | 1434.65 |
| $\nu$ | 11689.76 | ( 6937.45) | 5812.54 | 5343.35 | 5097.75 | 4952.2 | 4856.8 |
| $\lambda$ | 8552.19 | (14410.61) | 17199.51 | 18709.74 | 19611.15 | 20187.54 | 20584.05 |
| m d | 13468.64 | ( 7610.22) | 4821.32 | 3311.09 | 2409.68 | 1833.29 | 1436.78 |
| m d | 13470.98 | ( 7610.22) | 4821.41 | 3310.99 | 2409.39 | 1831.39 | 1435.72 |

## Bergmannserie.

Grenze: 13470.98.

| m | 4 | 5 | 6 | 7 | 8 |
|---|---|---|---|---|---|
| $\lambda$ | 15166.3 | 11027.1 | 9600.45 | 8905.82 | 8504.6 |
| $\nu$ | 6591.76 | 9066.13 | 10413.37 | 11225.59 | 11755.0 |
| m f | 6879.22 | 4404.85 | 3057.61 | 2245.39 | 1715.98 |

## Kombinationen.

| | $\nu$ | | $\lambda_\text{beob}$ |
|---|---|---|---|
| | berechnet | beobachtet | |
| $2s - 3p_1$ | 3693.80 | 3693.73 | 27065.6 |
| $2s - 3p_2$ | 3673.46 | 3673.46 | 27215.0 |
| $3p_1 - 3s$ | 2729.79 | 2729.5 | 36626.4 |
| $3p_2 - 3s$ | 2750.13 | 2748.6 | 36372.7 |
| $3s - 4p_1$ | 1557.73 | 1554.4 | 6.431 $\mu$ |
| $3s - 4p_2$ | 1549.32 | 1547.3 | 6.461 $\mu$ |
| $3d - 3p_1$ | 3184.53 | 3184.5 | 31395 |
| $3d - 3p_2$ | 3164.19 | 3164.0 | 31596.8 |
| $3p_1 - 4d$ | 2676.5 | 2676.5 | 37354.3 |
| $3p_2 - 4d$ | 2696.4 | 2696.4 | 37075.6 |
| $4d - 4p_1$ | 1611.29 | 1611.6 | 6.203 $\mu$ |
| $4d - 4p_2$ | 1602.88 | 1603.1 | 6.236 $\mu$ |
| $4p_1 - 5d$ | 1177.52 | 1174.8 | 8.510 $\mu$ |
| $4p_2 - 5d$ | 1185.93 | 1182.9 | 8.452 $\mu$ |
| $1s - 3d$ | 21534.9 | 21534.9 | 4642.35[1]) |
| $4f - N/5^2$ | 2492.12 | 2492.14 | 40115.5 |
| $N/5^2 - N/6^2$ | 1340.5 | 1346.3 | 7.426 $\mu$ |

| | $\lambda_\text{intn}$ A⁰E. |
|---|---|
| $1s - 3d_1$ | 4642.173 |
| $1s - 3d_2$ | 4641.585 |

$\Delta d_{2,1}$ wäre danach 2.74. Dattas Messungen wurden nicht mehr verwertet.

---

[1]) S. Datta, Proc. Roy. Soc. A. 99, 1921 mißt im Vakuumbogen

# Rubidium.

Literatur:

Wie bei den vorigen Alkalien; vollständige Übersicht bei H. Kayser, Handbuch der Spektroskopie, Bd. VI.

## Dubletsystem. Hauptserie.

Grenze: $1s = 33\,684.80$.

| m | 2 | 3 | 4 | 5 | 6 | 7 |
|---|---|---|---|---|---|---|
| $\lambda$ | 7 800.2 | 4 201.98 | 3 587.23 | 3 348.86 | 3 228.17 | 3 158.7 |
| $\nu$ | 12 816.72 | 23 791.79 | 27 868.89 | 29 852.53 | 30 968.57 | 31 649.68 |
| $mp_1$ | 20 868.08 | 9 893.01 | 5 815.91 | 3 832.27 | 2 716.23 | 2 035.12 |
| $\lambda$ | 7 947.6 | 4 215.72 | 3 591.74 | 3 351.03 | 3 229.26 | 3 158.7 |
| $\nu$ | 12 579.01 | 23 714.22 | 27 833.91 | 29 833.20 | 30 958.12 | 31 649.68 |
| $mp_2$ | 21 105.79 | 9 970.58 | 5 850.89 | 3 851.60 | 2 726.68 | 2 035.12 |

## II. Nebenserie.

Grenzen: $2p_1 = 20\,868.08$; $2p_2 = 21\,105.79$.

| m | 1 | 2 | 3 | 4 | 5 | 6 | 7 |
|---|---|---|---|---|---|---|---|
| $\lambda$ | 7 800.2 | 13 666.7 | 7 408.5 | 6 159.8 | 5 654.22 | 5 391.2 | 5 234.0 |
| $\nu$ | 12 816.72 | 7 314.56 | 13 494.35 | 16 229.86 | 17 681.09 | 18 543.69 | 19 100.63 |
| $ms$ | 33 684.80 | 13 553.52 | 7 373.73 | 4 638.22 | 3 186.99 | 2 324.49 | 1 767.45 |
| $\lambda$ | 7 947.6 | 13 237.0 | 7 280.03 | 6 071.2 | 5 579.4 | 5 323.1 | 5 171.0 |
| $\nu$ | 12 579.01 | 7 552.53 | 13 731.98 | 16 466.73 | 17 918.19 | 18 780.93 | 19 333.35 |
| $ms$ | 33 684.80 | 13 553.26 | 7 373.81 | 4 439.06 | 3 187.60 | 2 324.86 | 1 772.44 |
| $ms$ | 33 684.80 | 13 553.39 | 7 375.77 | 4 638.64 | 3 187.31 | 2 324.63 | 1 769.95 |

## Rubidium.   I. Nebenserie.

Grenzen:   $2p_1 = 20868.08$;   $2p_2 = 21105.79$.

| | m | 3 | 4 | 5 | 6 |
|---|---|---|---|---|---|
| | $\lambda$ | 15290.3 | 7759.5 | . . . . | . . . . |
| $p_1 d_2$ | $\nu$ | 6538.34 | 12883.94 | . . . . | . . . . |
| | $m d_2$ | 14329.74 | 7984.14 | . . . . | . . . . |
| | $\lambda$ | . . . . | 7757.9 | 6298.7 | 5724.41 |
| $p_1 d_1$ | $\nu$ | . . . . | 12886.60 | 15871.98 | 17464.29 |
| | $m d_1$ | . . . . | 7981.48 | 4996.10 | 3403 79 |
| | $\lambda$ | 14754.0 | 7619.2 | 6206.7 | 5648.18 |
| $p_2 d_2$ | $\nu$ | 6776.00 | 13121.2 | 16107.24 | 17699.99 |
| | $m d_2$ | 14329.79 | 7984.62 | 4998.55 | 3405.80 |
| | $m d_2$ | 14329.77 | 7984.38 | 4998.55 | 3405.80 |
| | m | 7 | 8 | 9 | 10 |
| | $\lambda$ | . . . . | . . . . | . . . . | . . . . |
| $p_1 d_2$ | $\nu$ | . . . . | . . . . | . . . . | . . . . |
| | $m d_2$ | . . . . | . . . . | . . . . | . . . . |
| | $\lambda$ | 5431.83 | 5260.05 | 5150.80 | 5076.3 |
| $p_1 d_1$ | $\nu$ | 18404.99 | 19006.02 | 19409.00 | 19693.93 |
| | $m d_1$ | 2463.09 | 1862.06 | 1459.08 | 1174.09 |
| | $\lambda$ | .5362.94 | 5195.9 | 5088.60 | 5017.00 |
| $p_2 d_2$ | $\nu$ | 18641.41 | 19240.69 | 19646.40 | 19926.79 |
| | $m d_2$ | 2464.38 | 1865.10 | 1459.39 | 1179.00 |
| | $m d_2$ | 2464.38 | 1865.10 | 1459.39 | 1179.00 |

## Bergmannserie.

Grenze:   14329.77.

| m | 4 | 5 | 6 | 7 |
|---|---|---|---|---|
| $\lambda$ | 13443.7 | 10081.9 | 8874.0 | 8275.0 |
| $\nu$ | 7436.65 | 9916.11 | 11265.84 | 12081.34 |
| $m f$ | 6893.12 | 4413.66 | 3063.93 | 2248.43 |

## Rubidium. Kombinationen.

| | $\nu$ berechnet | $\nu$ beobachtet | $\lambda_{\text{beob}}$ |
|---|---|---|---|
| $2\,s - 3\,p_1$ | 3 660.38 | 3 659.37 | 27 319.8 |
| $2\,s - 3\,p_2$ | 3 582.81 | 3 582.01 | 27 909.8 |
| $3\,p_2 - 3\,s$ | 2 596.81 | 2 595.9 | 38 511.4 |
| $3\,s - 4\,p_1$ | 1 557.86 | 1 553.3 | 6.436 $\mu$ |
| $3\,s - 4\,p_2$ | 1 522.88 | 1 522.3 | 6.567 $\mu$ |
| $3\,d - 3\,p_1$ | 4 436.76 | 4 436.74 | 22 533.0 |
| $3\,d - 3\,p_2$ | 4 359.19 | 4 358.66 | 22 936.7 |
| $3\,d - 1\,s$ | 19 355.03 | 19 354.49 | 5 165.35 |
| $3\,p_1 - 4\,d$ | 1 911.53 | 1 911.1 | 52 313.4 |
| $4\,p_1 - 2\,s$ | 7 737.48 | 7 735.41 | 12 924.1 |
| $4\,p_2 - 2\,s$ | 7 702.50 | 7 698.18 | 12 986.6 |
| $4\,d - 4\,p_1$ | 2 165.57 | 2 164.4 | 46 190.1 |
| $4\,d - 4\,p_1$ | 2 165.57 | 2 156.1 | 4.637 $\mu$ |
| $4\,d - 4\,p_2$ | 2 130.49 | 2 129.0 | 4.696 $\mu$ |
| $4\,f - N/5^2$ | 2 506.12 | 2 507.7 | 39 866.9 |
| $N/5^2 - N/6^2$ | 1 340.5 | 1 345.9 | 7.428 $\mu$ |

# Caesium.

Literatur:

Quellen wie bei Rb; außerdem H. Kayser, Handb. d. Spektr. 1910, Bd. 5, p. 377; K. W. Meißner, Diss., Tübingen 1916 und Annalen d. Phys., 1916, Bd. 50, p. 713 und 1921 Bd. 65, 378.

## Dubletsystem. Hauptserie.

Grenze: $1\,s = 31\,406.70$.

| m | 2 | 3 | 4 | 5 | 6 |
|---|---|---|---|---|---|
| $\lambda$ | 8 521.2 | 4 555.4 | 3 876.73 | 3 611.84 | 3 477.25 |
| $\nu$ | 11 732.5 | 21 945.75 | 25 787.82 | 27 681.81 | 28 750.34 |
| $m\,p_1$ | 19 674.20 | 9 460.95 | 5 618.88 | 3 724.89 | 2 656.36 |
| $\lambda$ | 8 943.6 | 4 593.34 | 3 888.83 | 3 617.08 | . . . . . |
| $\nu$ | 11 178.4 | 21 764.68 | 25 707.60 | 27 638.97 | . . . . . |
| $m\,p_2$ | 20 228.30 | 9 642.02 | 5 699.10 | 3 767.73 | . . . . . |

| m | 7 | 8 | 9 | 10 | |
|---|---|---|---|---|---|
| $\lambda$ | 3 398.40 | 3 348.72 | 3 314.10 | 3 287.0 | |
| $\nu$ | 29 417.39 | 29 853.78 | 30 166.55 | 30 414.37 | |
| $m\,p_1$ | 1 989.31 | 1 552.92 | 1 240.15 | 992.33 | |
| $\lambda$ | . . . . . | . . . . . | . . . . . | . . . . | |
| $\nu$ | . . . . . | . . . . . | . . . . . | . . . . | |
| $m\,p_2$ | . . . . . | . . . . . | . . . . . | . . . . | |

## Caesium. II. Nebenserie.

Grenzen: $2p_1 = 19674.20$;   $2p_2 = 20228.30$.

| m | 1 | 2 | 3 | 4 | 5 | 6 | 7 |
|---|---|---|---|---|---|---|---|
| $\lambda$ | 8521.2 | 14694.8 | 7944.7 | 6587.3 | 6034.8 | 5746.37 | 5574.4 |
| $\nu$ | 11732.5 | 6803.3 | 12583.60 | 15176.60 | 16566.05 | 17397.53 | 17934.26 |
| ms | 31406.70 | 12870.90 | 7090.60 | 4497.60 | 3108.15 | 2276.67 | 1739.94 |
| $\lambda$ | 8943.6 | 13588.1 | 7609.7 | 6355.3 | 5839.33 | 5568.9 | 5407.5 |
| $\nu$ | 11178.4 | 7357.4 | 13137.56 | 15730.62 | 17120.59 | 17951.96 | 18487.77 |
| ms | 31406.70 | 12870.90 | 7090.74 | 4497.68 | 3107.71 | 2276.34 | 1740.53 |
| ms | 31406.70 | 12870.90 | 7090.67 | 4497.64 | 3107.93 | 2276.51 | 1740.24 |

## I. Nebenserie.

Grenzen: $2p_1 = 19674.20$;   $2p_2 = 20228.30$.

| | m | 3 | 4 | 5 | 6 | 7 |
|---|---|---|---|---|---|---|
| $p_1 d_2$ | $\lambda$ | 36127.0 | 9208.7 | 6983.8 | 6217.6 | 5847.86 |
| | $\nu$ | 2767.3 | 10856.8 | 14314.98 | 16079.00 | 17095.62 |
| | $m d_2$ | 16906.90 | 8817.40 | 5359.22 | 3595.20 | 2578.58 |
| $p_1 d_1$ | $\lambda$ | 34892.0 | 9173.0 | 6973.1 | 6213.1 | 5845.1 |
| | $\nu$ | 2865.2 | 10898.6 | 14336.94 | 16090.65 | 17103.69 |
| | $m d_1$ | 16809.00 | 8775.60 | 5337.26 | 3583.55 | 2570.51 |
| $p_2 d_2$ | $\lambda$ | 30100.0 | 8761.4 | 6723.7 | 6010.59 | 5664.14 |
| | $\nu$ | 3321.4 | 11410.6 | 14868.72 | 16632.76 | 17650.13 |
| | $m d_2$ | 16906.90 | 8817.70 | 5359.58 | 3595.54 | 2578.17 |
| | $m d_2$ | 16906.90 | 8817.55 | 5359.40 | 3595.37 | 2578.38 |

| | m | 8 | 9 | 10 | 11 | 12 |
|---|---|---|---|---|---|---|
| $p_1 d_2$ | $\lambda$ | . . . . | . . . . | . . . . | . . . . | . . . . |
| | $\nu$ | . . . . | . . . . | . . . . | . . . . | . . . . |
| | $m d_2$ | . . . . | . . . . | . . . . | . . . . | . . . . |
| $p_1 d_1$ | $\lambda$ | 5635.44 | 5503.1 | 5404.4 | 5351.0 | 5304.0 |
| | $\nu$ | 17740.04 | 18166.60 | 18464.22 | 18683.0 | 18848.54 |
| | $m d_1$ | 1934.20 | 1507.60 | 1209.98 | 991.20 | 825.66 |
| $p_2 d_2$ | $\lambda$ | 5466.1 | 5341.15 | 5256.96 | 5199.0 | 5154.0 |
| | $\nu$ | 18289.60 | 18717.30 | 19017.19 | 19229.22 | 19397.10 |
| | $m d_2$ | 1938.70 | 1511.0 | 1211.11 | 999.08 | 831.20 |

## Cäsium. Bergmannserie nach Meißner 1921.

$$3\,d_1 - m\,f_j. \quad 3\,d_1 = 16809.620; \quad 3\,d_2 = 16907.210.$$
$\lambda$ intnat.

| m | 4 | 5 | 6 | 7 |
|---|---|---|---|---|
| $d_1 f_1$   $\lambda$ | $10124.1^{1)}$ | 8079.021 | 7279.949 | 6870.450 |
| $d_1 f_1$   $\nu$ | 9874.8 | 12374.335 | 13732.580 | 14551.076 |
| $d_1 f_1$   $m f_1$ | 6934.8 | 4435.285 | 3077.040 | 2258.544 |
| $d_1 f_2$   $\lambda$ | . . . . | 8078.923 | 7279.895 | 6870.419 |
| $d_1 f_2$   $\nu$ | . . . . | 12374.485 | 13732.682 | 14551.141 |
| $d_1 f_2$   $m f_2$ | . . . . | 4435.135 | 3076.938 | 2258.479 |
| $d_2 f_2$   $\lambda$ | $10025.4^{2)}$ | 8015.710 | 7228.526 | 6824.646 |
| $d_2 f_2$   $\nu$ | 9972.0 | 12472.072 | 13830.272 | 14648.735 |
| $d_2 f_2$   $m f_2$ | 6935.2 | 4435.118 | 3076.918 | 2258.455 |

| m | 8 | 9 | 10 | 11 |
|---|---|---|---|---|
| $d_1 f_1$   $\lambda$ | 6628.654 | 6472.617 | 6365.518 | 6288.54 |
| $d_1 f_1$   $\nu$ | 15081.855 | 15445.435 | 15705.303 | 15897.55 |
| $d_1 f_1$   $m f_1$ | 1727.765 | 1364.185 | 1104.317 | 912.07 |
| $d_1 f_2$   $\lambda$ | . . . . | . . . . | . . . . | . . . . |
| $d_1 f_2$   $\nu$ | . . . . | . . . . | . . . . | . . . . |
| $d_1 f_2$   $m f_2$ | . . . . | . . . . | . . . . | . . . . |
| $d_2 f_2$   $\lambda$ | 6586.646 | 6431.966 | 6326.204 | 6250.20 |
| $d_2 f_2$   $\nu$ | 15179.489 | 15543.054 | 15802.900 | 15995.06 |
| $d_2 f_2$   $m f_2$ | 1727.701 | 1364.136 | 1104.290 | 912.13 |

| m | 12 |
|---|---|
| $\lambda$ | 6231.19 |
| $\nu$ | 16043.85 |
| $12 f_1$ | 765.77 |

[1]) Von Meißner ber. 10123.61 gibt $4 f_1 = 6934.431$.
[2]) Von Meißner ber. 10024.32 gibt $4 f_2 = 6934.19$.

Meißner findet den schwachen Begleiter der Hauptlinie nach kleinen $\lambda$ und deutet ihn als $3\,d_1 - m\,f_2$. Dann wird $m f_2 < m f_1$. Dies ist im Widerspruch mit der theoretischen Erwartung, welche beim Funken-Dublet 2348, 2335, 2304 des Bariums bestätigt ist. Auch sind die Werte des Terms $m f_2$ berechnet aus diesem Begleiter sämtlich größer als berechnet aus $3\,d_2 - m\,f_2$. Es könnte daher auch so sein, wie bei den starken Linien von Elementen hohen Atomgewichtes (Hg 5461), daß die Begleiter Satelliten noch unverstandener Art sind.

In seiner ersten Caesium-Arbeit (1916) findet Meißner in konstantem Abstand zu jeder der beiden Hauptlinien, die selber im Luftbogen nach Rot verbreitet sind, je eine nach Violett unscharfe Linie. Diese Linien sind wohl als Kombinationen mit einer Termfolge (m, x) aufzufassen, welche mit $m = 5$ beginnt (azimutale Zahl 5), und am stärksten an (4, f) als Grenze anschließt.  Die Linien sind:

| | $3\,d_1 - (m, x)$ | | Hiermit |
| | 5 | 6 | im Einklang ist |
|---|---|---|---|
| | | | $4\,f_{1,2} - (5, x)$ |
| $d_1$   $\lambda$ | 8053.15 | 7270.32 | |
| $d_1$   $\nu$ | 12414.08 | 13750.75 | |
|     $m\,x$ | 4395.54 | 3058.87 | $\nu$    39398.5 |
|     $\lambda$ | | | $\lambda$    2537.5 |
| $d_2$   $\lambda$ | 7990.41 | 7219.39 | $(5, x)$   4396.8 |
| $d_2$   $\nu$ | 12511.55 | 13847.77 | |
|     $m\,x$ | 4395.66 | 3059.44 | |

Eine weitere Termfolge (m, y), 6 quantig, mit $m = 6$ beginnend, schließt an (5, x) als Grenze an.  Beobachtet ist:

$$(5, x) - (6, y)$$
$$\lambda \quad 7{,}425\,\mu$$
$$\nu \quad 1346.4$$
$$(6, y) = 3049.2$$
$$N_\infty / 6^2 = 3048.3$$

Mit wachsender azimutaler Quantenzahl nähern sich die Termwerte gleicher Nummer dem Werte des Wasserstoffterms:

| $n_{az} =$ | 1 | 2 | 3 | 4 | 5 | 6 | |
|---|---|---|---|---|---|---|---|
| | (6, s) | (6, p) | 6d | 6f | 6x | 6y | $N_\infty/6^2$ |
| | 2276.7 | 2656 | 3583.6 | 3077 | 3059 | 3049 | 3048.3 |
| | | | 3595.2 | | | | |

Die erste Bahn der y-Folge ist also fast Wasserstoffbahn, die sechste der s-Folge weit davon entfernt.

**Cäsium.  Kombinationen.**

| | $\nu$ | | $\lambda_{\text{beob}}$ |
| | berechnet | beobacht. | |
|---|---|---|---|
| $2\,s - 3\,p_1$ | 3409.95 | 3409.93 | 29318.3 |
| $3\,s - 3\,p_2$ | 3228.88 | 3228.81 | 30962.9 |
| $3\,p_1 - 3\,s$ | 2370.28 | 2368.9 | 42202.3 |
| $3\,p_2 - 3\,s$ | 2551.35 | 2551.58 | 39180.1 |
| $3\,s - 4\,p_1$ | 1471.79 | 1468.6 | $6.807\,\mu$ |
| $3\,s - 4\,p_2$ | 1391.57 | 1390.2 | $7.193\,\mu$ |
| $3\,d_1 - 3\,p_1$ | 7348.05 | 7347.8 | 13605.2 |
| $3\,d_2 - 3\,p_2$ | 7264.88 | 7264.85 | 13761.2 |

# Kupfer.

Literatur:

H. Kayser und C. Runge, Ann. d. Phys. 1892, Bd. 46, p. 225.
H. M. Randall, Ann. d. Phys. 1910, Bd. 33, p. 739.

## Dubletsystem.  Hauptserie.

Grenze:  $= 1\,s = 62\,305.86$.

| m | 2 | 3 |
|---|---|---|
| $\lambda$ | 3247.65 | (2024.42) |
| $\nu$ | 30782.76 | (49381.36) |
| $m\,p_1$ | 31523.10 | (12924.50) |
| $\lambda$ | 3274.06 | (2025.88) |
| $\nu$ | 30534.63 | (49346.02) |
| $m\,p_2$ | 31771.23 | (12959.84) |

## II. Nebenserie.

Grenzen:  $2\,p_1 = 31523.10$;  $2\,p_2 = 31771.23$.

| m | | 1 | 2 | 3 | 4 | 5 |
|---|---|---|---|---|---|---|
| | $\lambda$ | 3247.65 | 8093.4 | 4531.04 | 3861.88 | 3599.20 |
| $p_1\,s$ | $\nu$ | 30782.76 | 12352.42 | 22063.95 | 25886.95 | 27776.23 |
| | $m\,s$ | 62305.86 | 19170.68 | 9459.15 | 5636.15 | 3746.87 |
| | $\lambda$ | 3274.06 | 7934.0 | 4480.59 | 3825.13 | . . . . |
| $p_2\,s$ | $\nu$ | 30534.63 | 12600.57 | 22312.36 | 26135.66 | . . . . |
| | $m\,s$ | 62305.86 | 19170.66 | 9458.87 | 5635.57 | . . . . |
| | $m\,s$ | 62305.86 | 19170.67 | 9459.01 | 5635.86 | 3746.87 |

## Kupfer.  I. Nebenserie.

Grenzen:  $2 p_1 = 31\,523.10$;   $2 p_2 = 31\,771.23$.

| m | 3 | 4 | 5 |
|---|---|---|---|
| $p_1 d_2$   $\lambda$ | 5 220.25 | 4 063.50 | 3 688.60 |
| $p_1 d_2$   $\nu$ | 19 150.92 | 24 602.55 | 27 103.06 |
| $m d_2$ | 12 372.18 | 6 920.55 | 4 420.04 |
| $p_1 d_1$   $\lambda$ | 5 218.45 | 4 062.94 | . . . . |
| $p_1 d_1$   $\nu$ | 19 157.53 | 24 605.94 | . . . . |
| $m d_1$ | 12 365.57 | 6 917.16 | . . . . |
| $p_2 d_2$   $\lambda$ | 5 153.33 | 4 022.83 | 3 654.60 |
| $p_2 d_2$   $\nu$ | 19 399.62 | 24 851.26 | 27 355.22 |
| $m d_2$ | 12 371.61 | 6 919.97 | 4 416.01 |
| $m d_2$ | 12 371.90 | 6 920.26 | 4 418.03 |

## Bergmannserie.

Grenzen:  $3 d_2 = 12\,371.90$;   $3 d_1 = 12\,365.57$.

| m | 4 | 5 | 6 |
|---|---|---|---|
| $d_2 f$   $\lambda$ | 18 194.7 | . . . . | . . . . |
| $d_2 f$   $\nu$ | 5 494.63 | . . . . | . . . . |
| $m f$ | 6 877.27 | 4 399.24 | 3 058.78 |
| $d_1 f$   $\lambda$ | 13 229.5 | . . . . | . . . . |
| $d_1 f$   $\nu$ | 5 484.14 | . . . . | . . . . |
| $m f$ | 6 881.43 | . . . . | . . . . |

## Kombinationen.

| | $\nu$ berechnet | $\nu$ beobachtet | $\lambda_{\text{beob}}$ |
|---|---|---|---|
| $3 p_1 - 2 s$ | 6 246.12 | 6 245.00 | 16 008.5 |
| $3 p_1 - 4 d_1$ | 6 004.24 | 6 003.17 | 16 653.4 |
| $2 p_1 - 4 f$ | 24 891.88 | 24 894.22 | 4 015.8 |
| $2 p_2 - 4 f$ | 24 643.75 | 24 643.17 | 4 056.8 |
| $2 p_1 - 5 f$ | 28 464.32 | 28 464.32 | 3 512.19 |
| $2 p_2 - 5 f$ | 27 371.99 | 27 371.99 | 3 652.36 |
| $x - 4 f$ | 42 181.48 | 42 182.17 | 2 369.91 |
| $x - 5 f$ | 44 661.59 | 44 658.81 | 2 238.52 |
| $x - 2 p_1$ | 17 537.73 | 17 537.89 | 5 700.39 [1] |
| $x - 2 p_2$ | 17 289.60 | 17 289.43 | 5 782.30 [2] |
| $x - 3 p_1$ | 36 136.33 | 36 135.65 | 2 766.56 |
| $x - 3 p_2$ | 36 100.99 | 36 100.99 | 2 768.94 |
| $x - 3 d$ | 36 695.26 | 36 699.67 | 2 724.04 |

$$x = 49\,063.83.$$

[1] Zeeman-Typ $d_2 p_1$.   [2] $d_2 p_2$.

# Silber.

Literatur:

H. Kayser und C. Runge, Ann. d. Phys. 1892, Bd. 46, p. 225.
W. Ritz, Ann. d. Phys. Bd. 12, p. 264.
J. M. Eder und E. Valenta, Wien. Akad. 1896, Bd. 63, p. 189.
H. Kayser, Handb. d. Spektr. 1910, Bd. 5, p. 75.
P. Lewis, Astrophys. Journal 1895, Bd. 2, p. 1 und 106.
H. M. Randall, Ann. d. Phys. 1910, Bd. 33, p. 739.

## Dubletsystem, Hauptserie.

Grenze: $1\,s = 61\,093.48$.

| m | 2 | 3 |
|---|---|---|
| $\lambda$ | 3 280.80 | (2 061.28) |
| $\nu$ | 30 471.83 | (48 498.34) |
| $m\,p_1$ | 30 621.65 | (12 595.14) |
| $\lambda$ | 3 383.00 | (2 069.97) |
| $\nu$ | 29 551.27 | (48 294.86) |
| $m\,p_2$ | 31 542.21 | (12 798.62) |

## II. Nebenserie.

Grenzen: $2\,p_1 = 30\,621.65$;   $2\,p_2 = 31\,542.21$.

| m | 1 | 2 | 3 | 4 | 5 |
|---|---|---|---|---|---|
| $\lambda$ | 3 280.80 | 8 274.04 | 4 668.70 | 3 981.87 | 3 710.11 |
| $\nu$ | 30 471.83 | 12 082.74 | 21 413.37 | 25 106.89 | 26 945.9 |
| $m\,s$ | 61 093.48 | 18 538.91 | 9 208.28 | 5 514.76 | 3 675.75 |
| $\lambda$ | 3 383.00 | 7 688.4 | 4 476.29 | 3 841.3 | . . . . |
| $\nu$ | 29 551.27 | 13 003.09 | 22 333.79 | 26 025.67 | . . . . |
| $m\,s$ | 61 093.48 | 18 539.12 | 9 208.42 | 5 516.54 | . . . . |
| $m\,s$ | 61 093.48 | 18 539.02 | 9 208.35 | 5 515.65 | 3 675.75 |

## Silber. I. Nebenserie.

Grenzen: $2\,p_1 = 30621.65$; $\quad 2\,p_2 = 31542.21$.

| m | | 3 | 4 | 5 | 6 |
|---|---|---|---|---|---|
| | $\lambda$ | 5471.72 | 4212.76 | . . . . | . . . . |
| $p_1\,d_2$ | $\nu$ | 18270.81 | 23730.87 | . . . . | . . . . |
| | $m\,d_2$ | 12350.84 | 6890.78 | . . . . | . . . . |
| | $\lambda$ | 5465.66 | 4210.87 | 3810.86 | 3624.0 |
| $p_1\,d_1$ | $\nu$ | 18291.07 | 23741.52 | 26235.01 | 27586.13 |
| | $m\,d_1$ | 12330.58 | 6880.13 | 4386.64 | 3035.52 |
| | $\lambda$ | 5209.25 | 4055.46 | 3682.45 | . . . . |
| $p_2\,d_2$ | $\nu$ | 19191.39 | 24651.31 | 27148.31 | . . . . |
| | $m\,d_2$ | 12350.82 | 6890.90 | 4393.9 | . . . . |
| | $m\,d_2$ | 12350.83 | 6890.84 | 4393.9 | 3035.52 |

## Bergmannserie.

Grenzen: $3\,d_2 = 12350.83$; $\quad 3\,d_1 = 12330.58$.

| m | | 4 | 5 |
|---|---|---|---|
| | $\lambda$ | 18382.3 | 12551.0 |
| $d_1\,f$ | $\nu$ | 5438.55 | 7965.35 |
| | $m\,f$ | 6892.03 | 4385.48 |
| | $\lambda$ | 18307.9 | . . . . |
| $d_2\,f$ | $\nu$ | 5460.655 | . . . . |
| | $m\,f$ | 6890.175 | . . . . |
| | $m\,f$ | 6891.10 | . . . . |

## Kombinationen.

| | $\nu$ berechnet | $\nu$ beobachtet | $\lambda_{beob}$ |
|---|---|---|---|
| $2\,p_1 - 4\,f$ | 23730.55 | 23730.87 | 4212.76 |
| $2\,p_2 - 4\,f$ | 24651.11 | 24651.31 | 4055.46 |
| $2\,p_1 - 5\,f$ | 26236.17 | 26235.01 | 3810.86 |
| $2\,p_2 - 5\,f$ | 27156.78 | 27148.31 | 3682.45 |
| | oder | 27153.11 | 3681.8 |
| $3\,p_1 - 2\,s$ | 5943.88 | 5943.88 | 16819.5 |
| $3\,p_2 - 2\,s$ | 5740.40 | 5740.40 | 17415.7 |
| $2\,p_1 - 3\,p_1$ | 18026.51 | 18026.55 | 5545.86 |
| $2\,p_2 - 3\,p_1$ | 18947.07 | 18947.145 | 5276.4 |
| $2\,p_2 - 3\,p_2$ | 18743.59 | 18744.28 | 5333.50 |
| $4\,\Delta p - N/5^2$ | 2504.1 | 2504.3 | 39920.0 |

# Beryllium.

Die Grundglieder des Seriensystems sind erkannt von S. Popow[1]) nach den Zeeman-Effekten. Verfeinerte Versuche mit Vakuumbogen von E. Back (unveröffentlicht) bestätigen die Angaben Popows und ergeben die Schwingungsdifferenzen der Gebilde. Absolute Werte der $\lambda$ nach H. A. Rowland und R. R. Tatnall[2]). Schwingungsdifferenzen der Gebilde nach Back.

2348.696 ist $1S - 2P$ Grundglied der H.S. und II. N.S. einfacher Linien. Zeeman-Effekt normales Triplet wie auch von

$$4572.869 \quad \left( \begin{matrix} 2P - 2S? \\ - 3D? \end{matrix} \right)$$

| | $\lambda_{\text{Luft}}$ | $\nu$ | $\Delta\nu$ | |
|---|---|---|---|---|
| $1s - 2p_2$ | 3131.194 | 31927.60 | 6.61 | Grundglied des Funken-Dublet-Syst. |
| $1s - 2p_1$ | 3130.546 | 31934.21 | | am Zeeman-Effekt erkannt. |
| $2p_1 - 2s$ | 3321.487 | 30098.52 | 2.36 | Grundglied des Triplet-Systems. |
| $2p_2 - 2s$ | 3321.226 | 30100.88 | 0.67 | Linien getrennt. Gebilde am Zeeman- |
| $2p_3 - 2s$ | 3321.153 | 30101.55 | | Effekt erkannt. |
| $2p_1 - 3d$ | 2494.720 | 40072.81 | 2.32 | Triplet-Linien getrennt. Serien-Zu- |
| $2p_2 - 3d$ | 2494.575 | 40075.13 | 0.69 | ordnung vermutet. |
| $2p_3 - 3d$ | 2494.532 | 40075.82 | | |

Die $p_i p_j'$-Gruppe der 3/2 normalen magnet. Aufspaltung.

| Intn. | $\lambda_{\text{L}}$ | $\nu$ | | |
|---|---|---|---|---|
| 6 | 2650.879 | 37712.34 | | |
| 3 | 2650.812 | 13.29 | angenommen. | |
| 6 | 2650.748 | 14.21[1]) | 2650.736 | 37714.37 |
| 5 | 2650.721 | 14.59[1]) | 2650.713 | 37714.70 |
| 4 | 2650.665 | 15.39 | | |
| 6 | 2650.570 | 16.73 | | |

[1]) Spurenweise getrennt. Nimmt man statt dieser die nebenstehenden Werte, welche noch möglich sind. so folgt das Schema der $p_i p_j'$-Gruppe in Übereinstimmung mit obigen Triplets und mit Mg, Ca, Al.

---

[1]) S. Popow. Verhandlungen der Schweizer Naturforschenden Gesellschaft 1913, II, p. 150.

[2]) H. A. Rowland und R. R. Tatnall, Astrophys. Journ. 1, 1895., p. 14.

**Beryllium.** Schema $p_i p_j'$.

| | | | | | |
|---|---|---|---|---|---|
| $p_1'$ | (6) 37714.37 | 2.36 | (6) 37716.73 | | |
| | 2.03 | | 2.03 | | |
| $p_2'$ | (6) 37712.34 | 2.36 | (5) 37714.70 | 0.69 | (4) 37715.39 |
| | | | 1.41 | | |
| $p_3'$ | | | (3) 37713.29 | | |
| | $2 p_1$ | | $2 p_2$ | | $2 p_3$ |

$\Delta p_{3,2}$ ist auffallend klein im Vergleich zu $\Delta p_{2,1}$. Die $p_3$-Komponente ist auffallend schwach im Vergleich zu den $p_2$- und $p_1$-Komponenten. (Entartung der $2 p_i$-Triplets bei geringer Schwingungsdifferenz.)

# Kalzium.

### Literatur:


H. Kayser und C. Runge, Ann. d. Phys. 1891, Bd. 43, p. 385.
F. Paschen, Ann. d. Phys. 1909, Bd. 29, p. 625.
E. Lorenser, Diss. Tübingen 1913.
F. A. Saunders, Astrophys. Journal 1905, Bd. 21, p. 195.
W. Ritz, Phys. Zeitschr. 1908, Bd. 9, p. 521.
F. A. Saunders, Astrophys. Journal 1910, Bd. 32, p. 167.
Th. Lymann, Astrophys. Journal 1912, Bd. 35, p. 352.
F. A. Saunders, Astrophys. Journal 1909, Bd. 29, p. 243. — 1910. Bd. 32, p. 167.
F. A. Saunders, Astrophys. Journal 1920, Bd. 52, p. 385.
Crew and Mc. Cauley, Astrophys. Journal 1914, Bd. 39, p. 29.


## Bogenspektrum.
## Tripletsystem.  Hauptserie.

Grenze: $2 s = 17765.12$[1]).

| m | 2 | 3 | 4 | 5 |
|---|---|---|---|---|
| $\lambda$ | 6162.18 | 19856.3 | . . . . | . . . . |
| $\nu$ | 16223.58 | 5034.8 | . . . . | . . . . |
| $m p_1$ | 33988.70 | 12730.3 | 6777.8 | 4342.7 |
| $\lambda$ | 6122.22 | 19935.2 | . . . . | . . . . |
| $\nu$ | 16329.49 | 5014.9 | . . . . | . . . . |
| $m p_2$ | 34094.61 | 12750.2 | 6785.6 | . . . . |
| $\lambda$ | 6102.72 | 19946.2 | . . . . | . . . . |
| $\nu$ | 16381.66 | 5012.6 | . . . . | . . . . |
| $m p_3$ | 34146.78 | 12752.5 | 6789.6 | . . . . |

$m = 4,5$ nicht beobachtet, von Saunders nach Kombinationen erschlossen.

## Kalzium.  II. Nebenserie

im intern. System nach Saunders. (Saunders hat die Grenzen aus der Fundamentalserie berechnet, deren Terme sich den Wasserstofftermen am meisten annähern.)

Grenzen:  $2p_1 = 33988.7$;   $2p_2 = 34094.6$;   $2p_3 = 34146.9$.

| m | | 2 | 3 | 4 | 5 | 6 |
|---|---|---|---|---|---|---|
| | $\lambda$ | 6162.18 | 3973.72 | 3487.61 | 3286.06 | 3180.52 |
| $p_1 s$ | $\nu$ | 16223.58 | 25158.37 | 28664.88 | 30422.96 | 31432.50 |
| | $m s$ | 17765.12 | 8830.33 | 5323.82 | 3565.74 | 2556.20 |
| | $\lambda$ | 6122.22 | 3957.05 | 3474.77 | 3274.66 | 3169.85 |
| $p_2 s$ | $\nu$ | 16329.49 | 25264.33 | 28770.78 | 30528.94 | 31538.28 |
| | $m s$ | 17765.11 | 8830.27 | 5323.82 | 3565.66 | 2556.22 |
| | $\lambda$ | 6102.72 | 3948.90 | 3468.48 | 3269.09 | 3164.62 |
| $p_3 s$ | $\nu$ | 16381.66 | 25316.46 | 28823.01 | 30580.95 | 31590.39 |
| | $m s$ | 17765.24 | 8830.44 | 5323.89 | 3565.95 | 2556.51 |
| | $m s$ | 17765.16 | 8830.35 | 5323.84 | 3565.78 | 556.31 |

| m | | 7 | 8 | 9 | 10 | 11 |
|---|---|---|---|---|---|---|
| | $\lambda$ | 3117.66 | 3076.99 | 3049.01 | 3028.97 | 3014.01 |
| $p_1 s$ | $\nu$ | 32066.29 | 32490.00 | 32788.18 | 33005.15 | 33168.93 |
| | $m s$ | 1922.41 | 1498.70 | 1200.52 | 983.55 | 819.77 |
| | $\lambda$ | 3107.39 | 3067.01 | 3039.21 | 3019.37 | . . . . . |
| $p_2 s$ | $\nu$ | 32172.23 | 32595.80 | 32893.88 | 33110.06 | . . . . . |
| | $m s$ | 1922.37 | 1498.80 | 1200.72 | 984.54 | . . . . . |
| | $\lambda$ | 3102.36 | 3062.05 | 3034.52 | . . . . . | . . . . . |
| $p_3 s$ | $\nu$ | 32224.38 | 32648.59 | 32944.80 | . . . . . | . . . . . |
| | $m s$ | 1922.52 | 1498.60 | 1202.10 | . . . . . | . . . . . |
| | $m s$ | 1922.13 | 1498.60 | 1201.11 | 984.05 | 819.77 |

Die hier berechneten Terme weichen nur unbedeutend von den Saunderschen ab.

# Kalzium.  I. Nebenserie
nach Saunders im internat. System.

$$2\,p_1 = 33\,988.7; \quad 2\,p_2 = 34\,094.6; \quad 2_3 = 34\,146.9.$$

| | m | 3 | 4 | 5 | 6 | 7 | 8 | 9 | 10 |
|---|---|---|---|---|---|---|---|---|---|
| $p_1 d_3$ | $\lambda$ | 19917.3 | 4456.61 | 3644.99 | 3362.28 | . . . . | . . . . | . . . . | . . . . |
| | $\nu$ | 5019.5 | 22432.39 | 27427.24 | 29733.33 | . . . . | . . . . | . . . . | . . . . |
| | $m\,d_3$ | 28969.2 | 11556.31 | 6561.46 | 4255.37 | . . . . | . . . . | . . . . | . . . . |
| $p_1 d_2$ | $\lambda$ | 19864.3 | 4455.88 | 3644.76 | 3362.13 | 3226.13 | 3151.28 | 3109.51 | 3081.55 |
| | $\nu$ | 5032.8 | 22436.06 | 27428.97 | 29734.66 | 30988.15 | 31724.17 | 32150.31 | 32441.93 |
| | $m\,d_2$ | 28955.9 | 11552.64 | 6559.53 | 4254.04 | 3000.55 | 2264.53 | 1838.39 | 1546.77 |
| $p_1 d_1$ | $\lambda$ | 19777.1 | 4454.77 | 3644.40 | 3361.92 | 3225.88 | 3150.75 | 3108.58 | 3080.82 |
| | $\nu$ | 5055.0 | 22441.65 | 27431.68 | 29736.50 | 30990.56 | 31729.51 | 32159.93 | 32449.62 |
| | $m\,d_1$ | 28933.7 | 11547.05 | 6557.02 | 4252.20 | 2998.14 | 2259.19 | 1828.77 | 1539.08 |
| $p_2 d_3$ | $\lambda$ | 19506.8 | 4435.67 | 3630.97 | 3350.36 | 3215.33 | 3141.16 | 3100.22 | 3071.97 |
| | $\nu$ | 5125.1 | 22538.31 | 27533.19 | 29839.17 | 31092.20 | 31826.35 | 32246.62 | 32543.19 |
| | $m\,d_3$ | 28969.5 | 11556.29 | 6561.41 | 4255.43 | 3002.40 | 2268.25 | 1847.98 | 1551.41 |
| $p_2 d_2$ | $\lambda$ | 19452.6 | 4434.95 | 3630.97 | 3350.20 | 3215.15 | 3140.78 | 3099.34 | 3071.58 |
| | $\nu$ | 5139.5 | 22541.96 | 27532.19 | 29840.59 | 31093.95 | 31830.20 | 32255.77 | 32547.32 |
| | $m\,d_2$ | 28955.1 | 11552.64 | 6559.75 | 4254.01 | 3000.65 | 2264.40 | 1838.83 | 1547.28 |
| $p_3 d_3$ | $\lambda$ | 19310.3 | 4425.43 | 3624.11 | 3344.51 | 3209.93 | 3136.00 | 3095.29 | 3067.01 |
| | $\nu$ | 5177.3 | 22590.44 | 27585.30 | 29891.34 | 31144.50 | 31878.70 | 32297.97 | 32595.80 |
| | $m\,d_3$ | 28969.6 | 11556.46 | 6561.60 | 4255.56 | 3002.40 | 2268.20 | 1848.93 | 1551.10 |
| | $m\,d_3$ | 28969.1 | 11556.4 | 6561.4 | 4255.5 | 3002.4 | 2268.2 | 1848.9 | 1551.2 |
| | $m\,d_2$ | 28955.2 | 11552.6 | 6559.7 | 4254.0 | 3000.6 | 2264.5 | 1838.7 | 1547.0 |
| | $m\,d_1$ | 28933.5 | 11547.0 | 6556.9 | 4252.2 | 2998.2 | 2259.3 | 1828.8 | 1539.1 |

| | m | 11 | 12 | 13 | 14 | 15 | 16 | 17 |
|---|---|---|---|---|---|---|---|---|
| $p_1 d_3$ | $\lambda$ | . . . . | . . . . | . . . . | . . . . | . . . . | . . . . | . . . . |
| | $\nu$ | . . . . | . . . . | . . . . | . . . . | . . . . | . . . . | . . . . |
| | $m\,d_3$ | . . . . | . . . . | . . . . | . . . . | . . . . | . . . . | . . . . |
| $p_1 d_2$ | $\lambda$ | 3055.55 | . . . . | . . . . | . . . . | . . . . | . . . . | . . . . |
| | $\nu$ | 32718.02 | . . . . | . . . . | . . . . | . . . . | . . . . | . . . . |
| | $m\,d_2$ | 1270.68 | . . . . | . . . . | . . . . | . . . . | . . . . | . . . . |
| $p_1 d_1$ | $\lambda$ | 3055.32 | 3034.52 | 3018.55 | 3006.22 | 2996.67 | 2988.98 | 2982.89 |
| | $\nu$ | 32720.48 | 32944.69 | 33119.05 | 33254.85 | 33360.8 | 33447.7 | 33515.2 |
| | $m\,d_1$ | 1268.22 | 1044.01 | 869.65 | 733.85 | 627.9 | 541.0 | 473.5 |
| $p_2 d_3$ | $\lambda$ | . . . . | . . . . | . . . . | . . . . | . . . . | . . . . | . . . . |
| | $\nu$ | . . . . | . . . . | . . . . | . . . . | . . . . | . . . . | . . . . |
| | $m\,d_3$ | . . . . | . . . . | . . . . | . . . . | . . . . | . . . . | . . . . |
| $p_2 d_2$ | $\lambda$ | 3045.75 | 3024.93 | . . . . | 2996.67 | . . . . | . . . . | . . . . |
| | $\nu$ | 32823.26 | 33049.22 | . . . . | 33360.80 | . . . . | . . . . | . . . . |
| | $m\,d_2$ | 1271.34 | 1045.38 | . . . . | 733.80 | . . . . | . . . . | . . . . |
| $p_3 d_3$ | $\lambda$ | 3041.05 | 3020.15 | . . . . | . . . . | . . . . | . . . . | . . . . |
| | $\nu$ | 32873.97 | 33101.51 | . . . . | . . . . | . . . . | . . . . | . . . . |
| | $m\,d_3$ | 1272.93 | 1045.39 | . . . . | . . . . | . . . . | . . . . | . . . . |
| | $m\,d_3$ | 1272.7 | . . . . | . . . . | . . . . | . . . . | . . . . | . . . . |
| | $m\,d_2$ | 1270.7 | . . . . | . . . . | . . . . | . . . . | . . . . | . . . . |
| | $m\,d_1$ | 1268.2 | 1045.4 | 869.6 | 733.8 | 627.9 | 541.0 | 473.5 |

Von $m = 9$ an folgt die Termreihe nicht mehr der Wasserstofftermreihe.

## Kalzium. Bergmannserie.

Im internat. System nach Saunders (1920): $3\,d_1 = 28933.5$; $3\,d_2 = 28955.1$·
$3\,d_3 = 28968.8$.

| m | 4 | 5 | 6 | 7 | 8 |
|---|---|---|---|---|---|
| $\lambda$ | { 4585.92 / 4585.87 } | 4098.55 | 3875.81 | 3753.37 | 3678.24 |
| $d_1 f$ $\nu$ | { 21799.88 / 21800.13 } | 24392.14 | 25793.87 | 26635.27 | 27179.30 |
| $mf$ | { 7133.62 / 7133.33 } | 4541.36 | 3139.63 | 2298.23 | 1754.20 |
| $\lambda$ | 4581.41 | 4094.94 | 3872.55 | 3750.35 | 3675.31 |
| $d_2 f$ $\nu$ | 21821.33 | 24413.64 | 25815.58 | 26656.79 | 27200.96 |
| $mf$ | 7133.77 | 4541.46 | 3139.52 | 2298.31 | 1754.14 |
| $\lambda$ | 4578.57 | 4092.65 | 3870.51 | 3748.37 | 3673.45 |
| $d_3 f$ $\nu$ | 21834.87 | 24427.30 | 25829.18 | 26670.86 | 27214.74 |
| $mf$ | 7133.93 | 4541.50 | 3139.62 | 2297.94 | 1754.06 |
| $mf$ | 7133.7 | 4541.5 | 3139.6 | 2298.1 | 1754.1 |

| m | 9 | 10 | 11 | 12 | 13 |
|---|---|---|---|---|---|
| $\lambda$ | 3628.60 | 3594.08 | 3568.91 | 3550.03 | 3535.55 |
| $d_1 f$ $\nu$ | 27551.17 | 27815.79 | 28011.91 | 28160.92 | 28673.5 |
| $mf$ | 1382.33 | 1117.71 | 921.59 | 772.58 | 660.0 |
| $\lambda$ | 3625.69 | 3591.26 | 3566.12 | 3547.38 | |
| $d_2 f$ $\nu$ | 27573.28 | 27837.63 | 28033.82 | 28181.96 | |
| $mf$ | 1381.82 | 1117.47 | 921.28 | 773.14 | |
| $\lambda$ | 3624.11 | 3589.49 | 3564.35 | 3545.58 | |
| $d_3 f$ $\nu$ | 27585.30 | 27851.36 | 28047.73 | 28196.26 | |
| $mf$ | 1383.50 | 1117.44 | 921.07 | 772.54 | |
| $mf$ | 1382.3 | 1117.6 | 921.3 | 773 | 660 |

## Triplet $3\,d_i - 3\,p_j'$.[1]

Wellenlängen nach Paschen.

Angegeben: $\nu$, $\lambda_{\text{vac Rowl.}}$ und Intensität.

| $3\,d_1$ | | $3\,d_2$ | | $3\,d_3$ | |
|---|---|---|---|---|---|
| | | | | 4<br>5263.86<br>18997.46<br>1.96 | $3\,p_3'$ |
| | | 6<br>5267.17<br>18985.52<br>4.76 | 13.90 | 3<br>5263.32<br>18999.42<br>4.76 | $3\,p_2'$ |
| 8<br>5271.88<br>18968.56 | 21.72 | 3<br>5265.85<br>18990.28 | 13.90 | 1<br>5262.02<br>19004.18 | $3\,p_1'$ |

[1] S. Popow, Ann. d. Phys. 1914, Bd. 45, p. 147.

Die p′-Termfolge ist noch nicht bekannt. Da die d-Terme bekannt sind, so folgen für die Terme $3p_i'$ die Werte:

$$3p_1' = 9963.85$$
$$3p_2' = 9968.58$$
$$3p_3' = 9970.54$$

Als Kombinationen der $3p_i'$-Terme gibt Popow an (l. c. p. 173):

| | $\nu_{\text{ber Rowl.}}$ | $\lambda_{\text{Luft ber}}$ | $\lambda_{\text{beob Paschen}}$ |
|---|---|---|---|
| $2s — 3p_1'$ | 7800.4 | 12816.4 | |
| $2s — 3p_2'$ | 7796.7 | 12824.1 | 12819.1 |
| $2s — 3p_3'$ | 7793.7 | 12827.4 | 12825.6 |

Saunders bezweifelt dieses. Aber nach Vakuum-Aufnahmen der Zeeman-Effekte kann kein Zweifel an der Gruppe $3d_i — 3p_j'$ und an den Schlüssen Popows bestehen.

## Kalzium. 3/2 a-Tripletgruppen[1]).

Wellenlängen nach den Angaben von Rydberg.
Angegeben: $\nu$, $\lambda_{\text{vac Rowl.}}$ und Intensität.

$$2p_i — mp_j'.$$

| 2p_1 | | 2p_2 | | 2p_3 | |
|---|---|---|---|---|---|
| | | 15 | | | $mp_3'$ |
| | | 4309.10 | | | |
| | | 23206.70 | | | |
| | | 47.33 | | | |
| 15 | | 15 | | 15 | $mp_2'$ |
| 4319.99 | | 4300.33 | | 4290.69 | |
| 23148.19 | ˙105.84 | 23254.03 | 52.24 | 23306.27 | |
| 86.71 | | 86.79 | | | |
| 20 | | 15 | | | $mp_1'$ |
| 4303.87 | | 4284.34 | | | |
| 23234.90 | 105.92 | 23340.82 | | | |

$mp_1' = 10752.54;$    $mp_2' = 10839.27;$    $mp_3 = 10886.89.$

[1]) R. Götze, Ann. d. Phys. 1921, Bd. 66, p. 291.

## Kalzium. $2\,p_i - n\,p_j'$.

| | | | | | | |
|---|---|---|---|---|---|---|
| | | 3 | | | | $n\,p_3'$ |
| | | 3001.32 | | | | |
| | | 33313.13 | | | | |
| | | 13.54 | | | | |
| 3 | | I | | 3 | | $n\,p_2'$ |
| 3010.16 | | 3000.60 | | 2995.92 | | |
| 33220.83 | 105.84 | 33326.67 | 52.06 | 33378.73 | | |
| 25.73 | | 25.90 | | | | |
| 5 | | 2 | | | | $n\,p_1'$ |
| 3007.83 | | 2998.27 | | | | |
| 33246.56 | 106.01 | 33352.57 | | | | |
| $2\,p_1$ | | $2\,p_2$ | | $2\,p_3$ | | |

$$n\,p_1' = 740.83; \qquad n\,p_2' = 766.69; \qquad n\,p_3' = 780.26.$$

## Die schiefsymmetrische Tripletgruppe[1]).

Angegeben: $\nu$, $\lambda_{\text{vac Rowl.}}$ und Intensität.

$$3\,d_i - m\,d_j'.$$

| | | | | | | |
|---|---|---|---|---|---|---|
| | | 8 | | 16 | | $m\,d_3'$ |
| | | 5604.59 | | 5600.21 | | |
| | | 17842.51 | 13.97 | 17856.48 | | |
| | | 26.86 | | 26.79 | | |
| 8 | | 15 | | 8 | | $m\,d_2'$ |
| 5603.04 | | 5596.17 | | 5591.82 | | |
| 17847.45 | 21.92 | 17869.37 | 13.90 | 17883.27 | | |
| 40.10 | . | 39.96 | | | | |
| 20 | | 8 | | | | $m\,d_1'$ |
| 5590.48 | | 5583.68 | | | | |
| 17887.55 | 21.78 | 17909.33 | | | | |
| $3\,d_1$ | | $3\,d_2$ | | $3\,d_3$ | | |

$$m\,d_1' = 11045.0; \qquad m\,d_2' = 11085.0; \qquad m\,d_3' = 11111.8.$$

Die d'-Termfolge ist noch unbekannt.

---

[1]) R. Götze, l. c. p. 285.

## Kalzium. Triplet $3d_i - 3p_j$.

Angegeben: $\lambda_{\text{Luft Rowl.}}$

| $3d_1$ | | $3d_2$ | | $3d_3$ | |
|---|---|---|---|---|---|
| | | | | 6 166.75 | 3 p₃ |
| | | | | 16 211.56 | |
| | | | | 7.20 | |
| | | 6 169.36 | | 6 164.02 | 3 p₂ |
| | | 16 204.72 | 14.04 | 16 218.76 | |
| | | 20.41 | | 20.24 | |
| 6 169.87 | | 6 161.60 | | 6 156.31 | 3 p₁ |
| 16 203.39 | 21.74 | 16 225.13 | 13.97 | 16 239.10 | |

## Triplet $3d_i - 4p_j$.[1]

Angegeben: $\lambda_{\text{Luft Intn}}$, $\nu_{\text{Intn}}$ nach Messungen von Crew und Mac Canley[2].

| $3d_1$ | | $3d_2$ | | $3d_3$ | |
|---|---|---|---|---|---|
| | | | | 4 507.42 | 4 p₃ |
| | | | | 22 179.44 | |
| | | | | 3.94 | |
| | | 4 509.45 | | 4 506.62 | 4 p₂ |
| | | 22 169.46 | 14.92 | 22 183.38 | |
| | | 7.86 | | 7.98 | |
| 4 512.28 | | 4 509.11 | | 4 505.00 | 4 p₁ |
| 22 155.55 | 21.77 | 22 177.32 | 14.04 | 22 191.36 | |

Aus diesen beiden Gruppen folgen die Terme $3p_i$ und $4p_i$.

## Kombinationen. (Rowl.-System.)

| | $\nu$ | | $\lambda_{\text{beob}}$ |
|---|---|---|---|
| | berechnet | beobachtet | |
| $3p_1 - 5d_2$ | 6 170.40 | 6 171.28 | 16 200.0 |
| $3p_2 - 5d_2$ | 6 190.35 | 6 185.71 | 16 162.2 |
| $3p_3 - 5d_2$ | 6 193.11 | 6 192.37 | 16 144.8 |
| $4d_1 - 4f$ | 4413.1 | 4412.67 | 22 855.9 |
| $4d_2 - 4f$ | 4418.7 | 4418.78 | 22 624.6 |
| $4d_3 - 4f$ | 4422.5 | 4421.63 | 22 610.0 |
| $2s - 3p_1'$ | 7 800.64 | 7 798.76 | 12 819.1 |

[1] F. A. Saunders, l. c. 1920, p. 272.
[2] Crew and Mc. Cauley, Astrophys. Journ. 39, 29. 1914.

**System einfacher Linien.** (Internat. System nach Saunders.)

**Kalzium. Hauptserie.**

Grenze: $1S = 49304.8$.

| m | 1 | 2 | 3 | 4 | 5 | 6 |
|---|---|---|---|---|---|---|
| $\lambda$ | 4226.73 | 2721.65 | 2398.58 | 2275.49 | 2200.78 | 2150.78 |
| $\nu$ | 23652.4 | 36731.7 | 41678.9 | 43933.4 | 45425.2 | 46480.2 |
| mP | 25652.4 | 12573.1 | 7625.9 | 5371.4 | 3879.6 | 2824.6 |
| | 7 | 8 | 9 | 10 | 11 | |
| $\lambda$ | 2118.68 | 2097.49 | 2082.73 | 2073.04 | 2064.77 | |
| $\nu$ | 47184.5 | 47666.6 | 47998.9 | 48233.2 | 48416.3 | |
| mP | 2120.3 | 1638.2 | 1305.9 | 1071.6 | 888.5 | |

Die Terme dieser Serie folgen den Wasserstofftermen nur dann, wenn das erste Glied die Nummer 1 bekommt. Die Abweichungen von den Wasserstofftermen sind beträchtlich; Die ersten Glieder sind wohl wie allgemein 2, 3, 4 ... zu numerieren.

## II. Nebenserie.

$2P = 25652.4$.

| m | 1 | 2 | 3 | 4 | 5 |
|---|---|---|---|---|---|
| $\lambda$ | 4226.73 | 10345.0 | 5512.98 | 4847.29 | 4496.16 |
| $\nu$ | 23652.4 | 9664.2 | 18134.0 | 20624.4 | 22235.1 |
| mS | 49304.8 | 15988.2 | 7518.4 | 5028.0 | 3417.3 |
| | 7 | 7 | 8 | 9 | |
| $\lambda$ | 4312.31 | 4203.22 | 4132.64 | 4084.5 | |
| $\nu$ | 23183.0 | 23784.7 | 24190.9 | 24476.4 | |
| mS | 2469.4 | 1867.7 | 1461.5 | 1176.0 | |

## I. Nebenserie.

$2P = 25652.4$.

| m | 3 | 4 | 5 | 6 | 7 |
|---|---|---|---|---|---|
| $\lambda$ | $(5.55\mu)$ | 7326.10 | 5188.85 | 4685.26 | 4412.30 |
| $\nu$ | 1802.9 | 13646.1 | 19266.9 | 21337.7 | 22657.7 |
| mD | 27455.3 | 12006.3 | 6385.5 | 4314.7 | 2994.7 |

# Kalzium. Fundamentalserie.

$$3D = 27455.3.$$

| m | 4 | 5 | 6 | 7 |
|---|---|---|---|---|
| $\lambda$ | 4878.13 | 4355.10 | 4108.55 | 3972.58 |
| $\nu$ | 20494.0 | 22955.3 | 24332.7 | 25165.6 |
| mF | 6961.3 | 4500.0 | 3122.6 | 2289.7 |
| | 8 | 9 | 10 | 11 |
| $\lambda$ | 3889.14 | 3833.96 | 3795.62 | 3767.42 |
| $\nu$ | 25705.5 | 26075.5 | 26339.0 | 26536.0 |
| mF | 1749.8 | 1379.8 | 1116.3 | 919.3 |

Serie 3D — mP.

| m | 2 | 3 | 4 | 5 | 6 | 7 | 8 |
|---|---|---|---|---|---|---|---|
| $\lambda$ | 6717.69 | 5041.61 | 4526.94 | 4240.46 | 4058.91 | 3946.05 | 3871.54 |
| $\nu_{beob}$ | 14882.04 | 19829.51 | 22083.88 | 23575.84 | 24630.36 | 25334.80 | 25822.31 |
| $\nu_{ber}$ | 14882.2 | 19829.4 | 22083.9 | 23575.7 | 24630.7 | 25335.0 | 25817.1 |

Serie 1S — mD.

| m | 3 | 4 | 5 | 6 |
|---|---|---|---|---|
| $\lambda$ | 4575.43 | 2680.36 | 2329.33 | 2221.91 |
| $\nu_{beob}$ | 21849.85 | 37297.56 | 42917.90 | 44992.55 |
| $\nu_{ber}$ | 21849.5 | 37298.5 | 42919.3 | 44990.1 |

Serie 1P — mP.

| m | 2 | 3 | 4 | |
|---|---|---|---|---|
| $\lambda$ | 7645.25 | Durch Bande | 4929.25 | Vgl. die Bemerkung zur Hauptserie. |
| $\nu_{beob}$ | 13076.48 | verdeckt | 20281.51 | |
| $\nu_{ber}$ | 13079.3 | 18026.5 | 20281.0 | |

Serie 2S — mP.

| m | 2 | 3 | |
|---|---|---|---|
| $\lambda$ | 29300[1]) | 11960 | Die Serie ist unsicher. |
| $\nu_{beob}$ | 3412 | 8359 | [1]) Saunders gibt $\lambda$ nicht an, sondern nur $\nu$ und sagt, die Linien seien von Randall beobachtet. |
| $\nu_{ber}$ | 3415 | 8362 | |

## Kalzium. Serie $1S - mS$.

| m | 2 | 3 | 4 | 5 |
|---|---|---|---|---|
| $\lambda$ | . . . . | 2 392.22 | 2 257.40 | 2 177.8 |
| $\nu_{beob}$ | . . . . | 41 789.77 | 44 285.41 | 45 903.6 |
| $\nu_{ber}$ | 33 316.6 | 41 786.4 | 44 276.8 | 45 887.5 |

### Serie $3D - mS$.

| | 3 |
|---|---|
| $\lambda$ | 5 014.9 |
| $\nu_{beob}$ | 19 935.2 |
| $\nu_{ber}$ | 19 936.9 |

## Kombinationen zwischen Triplet- und Einzelliniensystem
### (intern. System nach Saunders).

### Serie $1S - mp_2$.

| m | 2 | 3 |
|---|---|---|
| $\lambda$ | 6 572.78 | 2 734.84 |
| $\nu_{beob}$ | 15 210.14 | 36 554.65 |
| $\nu_{ber}$ | 15 210.2 | 36 554.5 |

### Serie $2p_2 - mS$.

| m | 2 | 3 |
|---|---|---|
| $\lambda$ | . . . . | 3 761.72 |
| $\nu_{beob}$ | . . . . | 26 576.16 |
| $\nu_{ber}$ | 18 106.4 | 26 576.2 |

Von $3D - mp_i$ hat Saunders unsichere Andeutungen.

# Kalzium. Funkenspektrum. Dubletsystem.

## II. Nebenserie. (Rowl.-System).

Grenzen: $2p_1 = 70305.7$;  $2p_2 = 70528.7$[1]).

| m | 2 | 3 | 4 | 5 | 6 |
|---|---|---|---|---|---|
| $p_1 s$   $\lambda$ | 3933.83 | 3737.08 | 2208.95 | 1851.3 | 1698.9 |
| $\nu$ | 25413.5 | 26751.4 | 45256.6 | 54016.0 | 58861.0 |
| ms | 95719.2 | 43554.3 | 25049.1 | 16289.7 | 11444.7 |
| $p_2 s$   $\lambda$ | 3968.63 | 3706.18 | 2198.03 | 1843.8 | 1692.4 |
| $\nu$ | 25190.6 | 26974.5 | 45481.4 | 54236.0 | 59087.0 |
| ms | 95719.3 | 43554.2 | 25047.3 | 16292.7 | 11441.7 |
| ms | 95719.3 | 43554.3 | 25048.2 | 16291.2 | 11443.2 |

## I. Nebenserie.

Grenzen: $2p_1 = 70305.7$;  $2p_2 = 70528.7$.

| m | 3 | 4 | 5 | 6 | 7 |
|---|---|---|---|---|---|
| $p_1 d_2$   $\lambda$ | 8498.35 | 3184.4 | . . . . | . . . . | . . . . |
| $\nu$ | 11763.8 | 31423.8 | . . . . | . . . . | . . . . |
| $m d_2$ | 82069.5 | 38881.9 | . . . . | . . . . | . . . . |
| $p_1 d_1$   $\lambda$ | 8542.47 | 3179.45 | 2113.01 | 1815.8 | 1680.5 |
| $\nu$ | 11703.0 | 31443.0 | 47311.2 | 55096.0 | 59506.0 |
| $m d_1$ | 82008.7 | 38862.7 | 22994.5 | 15209.7 | 10799.7 |
| $p_2 d_2$   $\lambda$ | 8662.5 | 3158.98 | 2103.47 | 1807.0 | 1674.1 |
| $\nu$ | 11540.9 | 31646.8 | 47525.8 | 55316.0 | 59733.0 |
| $m d_2$ | 82069.6 | 38881.9 | 23002.9 | 15212.7 | 10795.7 |
| $m d_2$ | 82069.5 | 38881.9 | 23002.9 | 15212.7 | 10795.7 |
| $m d_1$ | 82008.7 | 38862.7 | 22994.5 | 15209.7 | 10799.7 |

---

[1]) E. Fues, Ann. d. Phys. 63, 1920, p. 23.

## Kalzium.  Bergmannserie.

Grenzen:  $3\,d_1 = 82\,008.7$;   $3\,d_2 = 82\,069.5$.

| m | | 4 | 5 | 6 | 7 |
|---|---|---|---|---|---|
| $d_7 f$ | $\lambda$ | 1 840.2 | 1 551.1 | 1 434.3 | 1 370.6 |
| | $\nu$ | 54 341.0 | 64 304.0 | 69 720.0 | 72 960.0 |
| | m f | 27 667.7 | 17 704.7 | 12 288.7 | 9 048.7 |
| $d_2 f$ | $\lambda$ | 1 838.0 | 1 553.5 | 1 433.1 | 1 369.1 |
| | $\nu$ | 54 406.0 | 64 370.0 | 69 778.0 | 73 040.0 |
| | m f | 27 663.5 | 17 699.5 | 12 291.5 | 9 029.5 |
| | m f | 27 665.6 | 17 702.2 | 12 290.1 | 9 039.1 |

# Strontium.

Literatur:

H. Kayser und C. Runge, Ann. d. Phys. 1891, Bd. 43, p. 385.
H. Lehmann, Ann. d. Phys. 1902, Bd. 8, p. 643.
H. M. Randall, Ann. d. Phys. 1910, Bd. 33, p. 739.
A. Fowler, Astrophys. Journal 1905, Bd. 21, p. 81.
E. Lorenser, Diss. Tübingen 1913.
W. Ritz, Phys. Zeitschr. 1908, Bd. 9, p. 521.
H. M. Randall, Ann. d. Phys. 1910, Bd. 33, p. 739.
F. A. Saunders, Astrophys. Journal. 1905, Bd. 21, p. 195. — 1910, Bd. 32, p. 153.

## Tripletsystem.  II. Nebenserie.

Grenzen:  $2\,p_1 = 31\,025.94$;   $2\,p_2 = 31\,420.38$;   $2\,p_3 = 31\,607.43$.

| m | 2 | 3 | 4 | 5 | 6 |
|---|---|---|---|---|---|
| $\lambda$ | 7 070.7 | 4 438.22 | 3 865.59 | 3 628.62 | 3 504.70 |
| $\nu$ | 14 139.03 | 22 525.36 | 25 862.11 | 27 551.02 | 28 525.14 |
| m s | 16 886.91 | 8 500.58 | 5 163.83 | 3 474.92 | 2 500.80 |
| $\lambda$ | 6 878.8 | 4 361.87 | 3 807.51 | 3 577.45 | 3 456.78 |
| $\nu$ | 14 533.47 | 22 919.64 | 26 256.64 | 27 945.14 | 28 920.62 |
| m s | 16 886.91 | 8 500.74 | 5 163.74 | 3 475.24 | 2 499.76 |
| $\lambda$ | 6 791.4 | 4 326.90 | 3 780.58 | . . . . | 3 434.95 |
| $\nu$ | 14 720.52 | 23 106.48 | 26 443.62 | . . . . | 29 104.37 |
| m s | 16 886.91 | 8 500.95 | 5 164.81 | . . . . | 2 503.06 |
| m s | 16 886.91 | 8 500.76 | 5 164.13 | 3 475.09 | 2 501.21 |

## Strontium.  I. Nebenserie.

Grenzen:  $2 p_1 = 31025.94$;  $2 p_2 = 31420.38$;  $2 p_3 = 31607.43$.

| m | | 3 | 4 | 5 | 6 | 7 | 8 | 9 |
|---|---|---|---|---|---|---|---|---|
| $p_1 d_3$ | $\lambda$ | (30666.36) | 4971.85 | 4033.25 | . . . . | . . . . | . . . . | . . . . |
| | $\nu$ | (3260.03) | 20107.74 | 24787.08 | . . . . | . . . . | . . . . | . . . . |
| | $m d_3$ | (27765.91) | 10918.20 | 6238.86 | . . . . | . . . . | . . . . | . . . . |
| $p_1 d_2$ | $\lambda$ | 30110.7 | 4968.11 | 4032.51 | . . . . | . . . . | . . . . | . . . . |
| | $\nu$ | 3320.12 | 20122.9 | 24791.5 | . . . . | . . . . | . . . . | . . . . |
| | $m d_2$ | 27705.82 | 10903.04 | 6234.44 | . . . . | . . . . | . . . . | . . . . |
| $p_1 d_1$ | $\lambda$ | 29225.9 | 4962.45 | 4030.45 | 3705.88 | 3547.92 | 3457.70 | 3400.39 |
| | $\nu$ | 3420.705 | 20145.8 | 24804.1 | 26976.65 | 28177.66 | 28912.93 | 29400.18 |
| | $m d_1$ | 27605.236 | 10880.14 | 6221.84 | 4049.29 | 2848.28 | 2113.01 | 1625.76 |
| $p_2 d_3$ | $\lambda$ | 27356.2 | 4876.35 | 3970.15 | 3653.90 | . . . . | . . . . | . . . . |
| | $\nu$ | 3654.50 | 20501.55 | 25181.05 | 27360.3 | . . . . | . . . . | . . . . |
| | $m d_3$ | 27765.88 | 10918.83 | 6239.33 | 4060.08 | . . . . | . . . . | . . . . |
| $p_2 d_2$ | $\lambda$ | 26915.4 | 4872.66 | 3969.42 | 3653.22 | 3499.40 | 3411.62 | . . . . |
| | $\nu$ | 3714.35 | 20517.1 | 25185.68 | 27364.80 | 28568.33 | 29303.43 | . . . . |
| | $m d_2$ | 27706.03 | 10903.28 | 6234.70 | 4055.58 | 2852.05 | 2116.95 | . . . . |
| $p_3 d_3$ | $\lambda$ | 26024.5 | 4832.23 | 3940.91 | 3629.15 | 3477.33 | 3390.09 | . . . . |
| | $\nu$ | 3841.50 | 20688.73 | 25367.83 | 27546.99 | 28749.68 | 29489.48 | . . . . |
| | $m d_3$ | 27765.93 | 10918.70 | 6239.60 | 4060.44 | 2857.75 | 2117.95 | . . . . |
| | $m d_3$ | 27765.91 | 10918.58 | 6239.26 | 4060.26 | 2857.75 | 2117.45 | . . . . |
| | $m d_2$ | 27705.92 | 10903.16 | 6234.57 | 4055.58 | 2852.05 | 2116.95 | . . . . |
| | $m d_1$ | 27605.24 | 10880.14 | 6221.84 | 4049.29 | 2848.28 | 2113.01 | 1625.76 |

## Bergmannserie.

Grenzen:  $3 d_1 = 27605.24$;  $3 d_2 = 27705.92$;  $3 d_3 = 27765.91$.

| m | | 4 | 5 | 6 | 7 | 8 |
|---|---|---|---|---|---|---|
| | $\lambda$ | 4892.20 | 4338.00 | 4087.67 | 3950.96 | 3867.3 |
| | $\nu$ | 20435.10 | 23045.78 | 24457.11 | 25303.32 | 25850.68 |
| | $m f$ | 7170.14 | 4559.46 | 3148.13 | 2301.92 | 1754.56 |
| | $\lambda$ | 4868.92 | 4319.39 | 4071.01 | 3935.33 | . . . . |
| | $\nu$ | 20532.83 | 23145.04 | 24557.17 | 25403.86 | . . . . |
| | $m f$ | 7173.09 | 4560.88 | 3148.75 | 2302.06 | . . . . |
| | $\lambda$ | 4855.27 | 4308.49 | 4061.21 | 3926.27 | . . . . |
| | $\nu$ | 20590.54 | 23203.63 | 24616.41 | 25462.46 | . . . . |
| | $m f$ | 7175.37 | 4562.28 | 3149.50 | 2303.45 | . . . . |
| | $m f$ | 7172.87 | 4560.87 | 3148.79 | 2302.48 | 1754.56 |

**Strontium.** Triplet $3d_i - 3p_j$[1] (Popow).

$\lambda_{\mathrm{Luft}}$ nach Messungen von Kayser und Runge.

Angegeben: $\nu$, $\lambda_{\mathrm{vac}}$ und Intensität.

| $3\,d_1$ | | $3\,d_2$ | | $3\,d_3$ | |
|---|---|---|---|---|---|
| | | | | 5<br>5 226.78<br>19 132.23<br>10.70 | $3\,p_3$ |
| | | 6<br>5 240.19<br>19 083.59<br>33.39 | 59.34 | 4<br>5 223.86<br>19 142.93<br>33.78 | $3\,p_2$ |
| 9<br>5 258.56<br>19 016.61 | 100.37 | 4<br>5 230.95<br>19 116.98 | 59.73 | —<br>5 214.66<br>19 176.71 | $3\,p_1$ |

Da die d-Terme bekannt sind, so folgen für die p-Terme die Werte:

$$3\,p_1 = 8588.59$$
$$3\,p_2 = 8622\ 66$$
$$3\,p_3 = 8633.68$$

Randall[2]) gibt die Kombinationen an:

| | | |
|---|---|---|
| $2\,s - 3\,p_1$ | $\lambda = 20\,262.7$ | $\nu = 4933.85$ |
| $3\,d_1 - 3\,p_1$ | $\lambda = 6386.74$ | $\nu = 15\,653.18$ |

und findet daraus $3\,p_1 = 11\,953.4$.

Dieser Wert stimmt nicht mit dem aus obiger Gruppe folgenden und auch nicht mit einem aus den $3/2\,a$-Tripletgruppen folgenden Werte überein. Lorenser[3]) gibt die ganze Gruppe $3\,d_i - 3\,p_j$, zu welcher die Randallsche Linie 6386.74 gehört:

---


[1]) S. Popow, l. c. p. 157/58.
[2]) H. M. Randall, Ann. d. Phys. 1910, Bd. 33, p. 745.
[3]) E. Lorenser, Diss. Tübingen, 1913.

## Strontium. Triplet $3d_i - 3p_j$ (Lorenser).

Angegeben: $\nu$, $\lambda_{\text{Luft}}$.

| $3d_1$ | | $3d_2$ | | $3d_3$ | |
|---|---|---|---|---|---|
| | | | | 6364.19<br>15708.60<br>44.94 | $3p_3$ |
| | | 6370.18<br>15693.90<br>59.64 | 60.64 | 6346.06<br>15753.54<br>61.46 | $3p_2$ |
| 6386.76<br>15653.15 | 100.39 | 6346.06<br>15753.54 | 61.46 | 6321.4<br>15815.00 | $3p_1$ |

$3p_1 = 11953.06$;  $3p_2 = 12012.02$;  $3p_3 = 12057.31$.

## Schiefsymmetrische Tripletgruppe. $3d_i - md_j'.$[1])

Angegeben: $\nu$, $\lambda_{\text{vac}}$ und Intensität.

| $3d_1$ | | $3d_2$ | | $3d_3$ | |
|---|---|---|---|---|---|
| | | 8<br>5541.79<br>18044.70<br>117.37 | 59.66 | 10<br>5523.53<br>18104.36<br>117.65 | $md_3'$ |
| 8<br>5536.52<br>18061.89<br>177.46 | 100.18 | 15<br>5505.98<br>18162.07<br>177.90 | 59.95 | 8<br>5487.87<br>18222.01 | $md_2'$ |
| 20<br>5482.65<br>18239.35 | 100.62 | 8<br>5452.57<br>18339.97 | | | $md_1'$ |

$md_1' = 9365.92$;  $md_2' = 9543.70$;  $md_3' = 9661.38$.

[1]) J. R. Rydberg und R. Götze, l. c. p. 286.

**Strontium.** $3/2\,a = $ Tripletgruppen.

$$2\,p_i - m\,p_j'{}^{1)}.$$

| 2 p₁ | | 2 p₂ | | 2 p₃ | |
|---|---|---|---|---|---|
| | | 15<br>4833.54<br>20688.77<br>206.46 | | | $m\,p_3'$ |
| 15<br>4877.82<br>20500.97<br>274.63 | 394.26 | 15<br>4785.78<br>20895.23<br>274.48 | 186.83 | 15<br>4743.37<br>21082.06 | $m\,p_2'$ |
| 20<br>4813.34<br>20775.60 | 394.11 | 15<br>4723.73<br>21169.71 | | | $m\,p_1'$ |
| $2\,p_1$ | | $2\,p_2$ | | $2\,p_3$ | |

$$m\,p_1' = 10250.50; \quad m\,p_2 = 10525.16; \quad m\,p_3' = 10731.61.$$

$$2\,p_i - n\,p_j'.$$

Angegeben ist: $\lambda_{\text{vac Rowl.}}$, $\nu_{\text{Rowl.}}$ und Intensität.

| 2 p₁ | | 2 p₂ | | 2 p₃ | |
|---|---|---|---|---|---|
| | | 8<br>3331.09<br>30020.20<br>70.73 | | | $n\,p_3'$ |
| 10<br>3367.38<br>29696.68<br>133.68 | 394.25 | 8<br>3323.26<br>30090.93<br>133.61 | 186.96 | 8<br>3302.74<br>30277.89 | $n\,p_2'$ |
| 8<br>3352.29<br>29830.36 | 394.18 | 5<br>3308.57<br>30224.54 | | | $n\,p_1'$ |
| $2\,p_1$ | | $2\,p_2$ | | $2\,p_3$ | |

$$n\,p_1' = 1195.70; \quad n\,p_2' = 1329.42; \quad n\,p_3' = 1400.18.$$

[1] J. R. Rydberg und R. Götze, l. c. p. 291.

## Strontium. System einfacher Linien.
## Hauptserie. (S.L. 1 nach Saunders.)

Grenze: $1S = 45924.31$ [1]).

| m | 2 | 3 | 4 | 5 | 6 |
|---|---|---|---|---|---|
| $\lambda$ | 4607.52 | 2931.98 | 2569.60 | 2428.16 | 2354.40 |
| $\nu$ | 21697.66 | 34096.87 | 38905.21 | 41171.21 | 42460.81 |
| mP | 24226.65 | 11827.44 | 7019.10 | 4753.10 | 3463.50 |
| m | 7 | 8 | 9 | 10 | 11 |
| $\lambda$ | 2307.5 | 2275.5 | 2253.5 | 2237.4 | 2226.0 |
| $\nu$ | 43324.81 | 43933.01 | 44362.01 | 44681.11 | 44909.91 |
| mP | 2600.5 | 1991.3 | 1562.3 | 1243.2 | 1014.4 |

Serie $3D - mP$. (S.L. 2 nach Saunders.)

Grenze: $3D = 25786.0$.

| m | 3 | 4 | 5 | 6 | 7 | 8 |
|---|---|---|---|---|---|---|
| $\lambda$ | 7167.7 | 5330.0 | 4755.59 | 4480.73 | 4313.38 | 4202.95 |
| $\nu$ | 13947.6 | 18756.6 | 21022.1 | 22311.7 | 23177.3 | 23786.3 |
| mP | 11838.4 | 7029.4 | 4763.9 | 3474.3 | 2608.7 | 1999.7 |

Serie $3D - mF$. (S.L. 3 nach Saunders.)

Grenze: $3D = 25786.0$.

| m | 3 | 4 | 5 | 6 |
|---|---|---|---|---|
| $\lambda$ | 5156.37 | 4678.39 | 4406.29 | 4253.7 |
| $\nu$ | 19388.2 | 21369.0 | 22688.6 | 23503.0 |
| mF | 6397.8 | 4417.0 | 3097.4 | 2283.0 |

## Kombination.

$1S - 2p_2$   $\nu_{ber} = 14502.93$   $\lambda_{ber} = 6892.81$   $\lambda_{beob} = 6892.86$.

---

[1]) E. Lorenser, Beiträge zur Kenntnis der Bogenspektren der Erdalkalien. Diss. Tüb. 1913.

## Strontium. Funkenspektrum. Dubletsystem.

### II. Nebenserie.

Grenzen: $2 p_1 = 64339.0$;   $2 p_2 = 65139.0$[1]).

| m | 2 | 3 | 4 | 5 |
|---|---|---|---|---|
| $p_1 s$  $\lambda$ | 4077.88 | 4305.60 | 2471.71 | 2053.3 |
| $p_1 s$  $\nu$ | 24515.7 | 23219.2 | 40445.9 | 48687.0 |
| m s | 88854.7 | 41119.8 | 23893.1 | 15652.0 |
| $p_2 s$  $\lambda$ | 4215.66 | 4161.95 | 24223.67 | 2020.5 |
| $p_2 s$  $\nu$ | 23715.7 | 24020.6 | 41247.4 | 49477.0 |
| m s | 88854.7 | 41118.4 | 23891.6 | 15662.0 |
| m s | 88854.7 | 41119.1 | 23892.3 | 1557.0 |

### I. Nebenserie.

Grenzen: $2 p_1 = 64339.0$;   $2 p_2 = 65139.0$.

| m | 3 | 4 | 5 | 6 | 7 |
|---|---|---|---|---|---|
| $p_1 d_2$  $\lambda$ | 10038.3 | 3475.01 | 2324.60 | . . . . | . . . . |
| $p_1 d_2$  $\nu$ | 9959.2 | 28768.8 | 43005.2 | . . . . | . . . . |
| $m d_2$ | 74298.2 | 35570.2 | 21333.8 | . . . . | . . . . |
| $p_1 d_1$  $\lambda$ | 10328.3 | 3464.58 | 2322.47 | 1995.7 | 1847.0 |
| $p_1 d_1$  $\nu$ | 9679.5 | 28855.4 | 43044.6 | 50092.0 | 54142.0 |
| $m d_1$ | 74018.5 | 35483.6 | 21294.4 | 14247.0 | 10197.0 |
| $p_2 d_2$  $\lambda$ | 10915.0 | 3380.89 | 2282.14 | 1965.2 | 1820.0 |
| $p_2 d_2$  $\nu$ | 9159.2 | 29569.7 | 43805.14 | 50869.0 | 54945.0 |
| $m d_2$ | 74298.2 | 35569.3 | 21333.9 | 14270.0 | 10194.0 |
| $m d_2$ | 74298.2 | 35569.8 | 21333.9 | 14270.0 | 10194.0 |

### Bergmannserie.

Grenzen: $3 d_1 = 74018.5$;   $3 d_2 = 74298.2$.

| m | 4 | 5 | 6 |
|---|---|---|---|
| $d_1 f$  $\lambda$ | 2166.11 | 1778.8 | 1620.7 |
| $d_1 f$  $\nu$ | 46151.6 | 56217.0 | 61702.0 |
| m f | 27866.9 | 17801.5 | 12316.5 |
| $d_2 f$  $\lambda$ | 2152.82 | 1769.8 | 1613.3 |
| $d_2 f$  $\nu$ | 46436.4 | 56503.0 | 61985.0 |
| $d_2 f$  m f | 27861.8 | 17795.2 | 12313.2 |
| m f | 27865 | 17798.0 | 12315.0 |

---

[1]) E. Fues, l. c. p. 24.

# Barium.

Literatur:

F. A. Saunders, Astrophys. Journal 1908, Bd. 28, p. 223. — 1920, Bd. 51, Nr. 1, S. 23.

F. A. Saunders, Phys. Review. 1909, Bd. 28, p. 152.

S. Popow, Ann. d. Phys. 1914, Bd. 45, S. 147 ff.

W. Ritz, Phys. Zeitschrift 1908, p. 521.

W. Ritz, Astrophys. Journal 1909, Bd. 29, p. 243.

F. A. Saunders, Astrophys. Journal 1910, 32, p. 164.

E. Lorenser, Diss. Tübingen 1913.

H. Hermann, Diss. Tübingen 1904.

F. Exner & E. Haschek, Wellenlängentabellen, Leipzig 1904.

H. M. Randall, Ann. d. Physik 1910, Bd. 33, p. 739.

H. Kayser, Handbuch d. Spektr. 1910, Bd. 5, p. 139.

## Bogenspektrum[1]).   Tripletsystem.

### Hauptserie (intern. System).

Grenze: $2s = 15\,869.3$.

| m. | 2 | 3 | 4 |
|---|---|---|---|
| $\lambda$ | 7 195.26 | . . . . | 10 326.0 |
| $\nu$ | 13 894.3 | (4582.9) | 9 682.4 |
| $m\,p_3$ | 29 763.6 | 11 286.4 | 6 186.9 |
| $\lambda$ | 7 392.44 | 21 477.2 | 10 272.3 |
| $\nu$ | 13 523.7 | 4 655.2 | 9 732.0 |
| $m p_2$ | 29 393.0 | 11 214.2 | 6 137.9 |
| $\lambda$ | 7 905.80 | 20 712.0 | 10 189.1 |
| $r$ | 12 645.5 | 4 827.0 | 9 812.1 |
| $m p_1$ | 28 514.8 | 11 042.3 | 6 057.2 |

[1]) Das gesamte Bogenspektrum ist nach Saunders (l. c. 1920) im intern. System wiedergegeben.

## Barium.  II. Nebenserie (intern. System).

Grenzen:  $2p_1 = 28514.8$;  $2p_2 = 29392.8$;  $2p_3 = 29763.3$.

| m | | 2 | 3 | 4 | 5 | 6 |
|---|---|---|---|---|---|---|
| $p_1 s$ | $\lambda$ | 7905.80 | 4902.90 | 4239.56 | 3975.32 | 3828.93 |
| | $\nu$ | 12645.5 | 20390.5 | 23580.9 | 25148.3 | 26110.3 |
| | ms | 15869.3 | 8124.3 | 4933.9 | 3366.5 | 2404.5 |
| $p_2 s$ | $\lambda$ | 7392.44 | 4700.45 | 4087.31 | 3841.15 | 3704.23 |
| | $\nu$ | 13523.7 | 21268.7 | 24459.3 | 26026.6 | 26988.5 |
| | ms | 15869.1 | 8124.1 | 4933.5 | 3366.2 | 2404.3 |
| $p_3 s$ | $\lambda$ | 7195.26 | 4619.98 | 4026.30 | 3787.23 | · · · · |
| | $\nu$ | 13894.3 | 21639.2 | 24829.7 | 26397.1 | · · · · |
| | ms | 15869.0 | 8123.1 | 4933.6 | 3366.2 | · · · |
| | ms | 15869.3 | 8124.3 | 4934.0 | 3366.5 | 2404.5 |

## I. Nebenserie (intern. System).

Grenzen:  $2p_1 = 28514.8$;  $2p_2 = 29392.8$;  $2p_3 = 29763.3$.

| m | | 3 | 4 | 5 | 6 | 7 | 8 | 9 |
|---|---|---|---|---|---|---|---|---|
| $p_1 d_3$ | $\lambda$ | 22313.4[1]) | 5818.91 | · · · · · | · · · · · | · · · · · | · · · · · | · · · · · |
| | $\nu$ | 4480.6 | 17180.7 | · · · · · | · · · · · | · · · · · | · · · · · | · · · · · |
| | $m d_3$ | 32995.4 | 11334.1 | · · · · · | · · · · · | · · · · · | · · · · · | · · · · · |
| $p_1 d_2$ | $\lambda$ | 23255.3 | 5800.30 | 4493.66 | 4087.31 | 3898.58 | 3789.72 | 3721.17 |
| | $\nu$ | 4299.0 | 17235.8 | 22247.6 | 24459.3 | 25643.3 | 26379.89 | 26865.7 |
| | $m d_2$ | 32813.8 | 11279.0 | 6267.2 | 4055.5 | 2871.5 | 2134.91 | 1649.1 |
| $p_1 d_1$ | $\lambda$ | 25515.7 | 5777.70 | 4489.00 | 4084.87 | 3894.34 | 3788.18 | 3720.85 |
| | $\nu$ | 3918.2 | 17303.2 | 22270.6 | 24473.8 | 25671.0 | 26390.6 | 26868.0 |
| | $m d_1$ | 32433.0 | 11211.6 | 6244.2 | 4041.0 | 2843.8 | 2124.2 | 1646.8 |
| $p_2 d_3$ | $\lambda$ | 27751.1 | 5535.93 | 4332.96 | 3947.51 | 3771.93 | 3667.93 | · · · |
| | $\nu$ | 3602.6 | 18058.9 | 23072.6 | 25325.4 | 26504.1 | 27255.7 | · · · · |
| | $m d_3$ | 32995.4 | 11333.9 | 6320.2 | 4067.4 | 2888.7 | 2137.1 | · · · · |
| $p_2 d_2$ | $\lambda$ | 29223.9 | 5519.12 | 4323.63 | 3945.61 | 3769.48 | 3667.60 | 3603.40 |
| | $\nu$ | 3421.1 | 18113.9 | 23125.4 | 25337.6 | 26521.5 | 27258.1 | 27743.7 |
| | $m d_2$ | 32813.9 | 11278.9 | 6267.4 | 4055.2 | 2871.3 | 2134.7 | 1649.1 |
| $p_3 d_3$ | $\lambda$ | 30933.8 | 5425.55 | 4264.43 | 3890.57 | 3719.92 | · · · · · | · · · · · |
| | $\nu$ | 3231.9 | 18429.6 | 23443.3 | 25696.0 | 26874.7 | · · · · · | · · · · · |
| | $m d_1$ | 32995.2 | 11333.7 | 6320.0 | 4067.3 | 2888.6 | · · · · | · · · · |
| | $m d_3$ | 32995.6 | 11333.9 | 6320.1[2]) | 4067.5 | 2888.7 | 2137.1 | · · · · |
| | $m d_2$ | 32814.1 | 11279.0 | 6267.3 | 4055.4 | 2871.4 | 2134.8 | 1649.1 |
| | $m d_1$ | 32433.0 | 11211.6 | 6244.2 | 4041.0 | 2843.8 | 2124.2 | 1646.8 |

[1]) H. M. Randall, Astroph. Journ. 1915, Bd. 42, p. 201.

[2]) $5d_3 - 5d_2 = 52.8$  $5d_2 - 5d_1 = 23.1$ ist abnormal. Nach den Zeeman-Typen ist 4264.43 richtig $p_3 d_3$, folglich auch 4332.96 $p_2 d_3$. Die anderen Linien m = 5 sind zweifelhaft.

## Barium.  Bergmannserie (intern. System).[1]

Grenzen:  $3d_1 = 32433.0$;  $3d_2 = 32814.1$;  $3d_3 = 32995.6$.

| | m | 4 | 5 | 6 | 7 | 8 | 9 |
|---|---|---|---|---|---|---|---|
| | $\lambda$ | 3997.92[1]) | 3596.33 | 3421.48 | · · · · | · · · · | · · · · |
| $d_1 f_3$ | $\nu$ | 25006.1 | 27798.3 | 29218.9 | · · · · | · · · · | · · · · |
| | $mf_3$ | 7426.9 | 4634.7 | 3214.1 | · · · · | · · · · | · · · · |
| | $\lambda$ | 3995.66 | 3593.20 | 3421.01 | 3323.06 | 3262.24 | 3222.28 |
| $d_1 f_2$ | $\nu$ | 25020.2 | 27822.7 | 29222.9 | 30084.3 | 30645.2 | 31025.1 |
| | $mf_2$ | 7412.8 | 4610.3 | 3210.1 | 2348.7 | 1787.8 | 1407.9 |
| | $\lambda$ | 3993.40 | 3597.67 | 3420.32 | 3322.80 | 3261.96 | 3221.63 |
| $d_1 f_1$ | $\nu$ | 25034.4 | 27927.7 | 29228.8 | 30086.7 | 30647.8 | 31031.4 |
| | $mf_1$ | 7398.6 | 4505.3 | 3204.2 | 2346.3 | 1785.2 | 1401.6 |
| | $\lambda$ | 3937.88 | 3547.70 | 3377.39 | 3281.77 | 3222.44 | 3183.96 |
| $d_2 f_3$ | $\nu$ | 25387.3 | 28179.5 | 29600.3 | 30462.8 | 31023.6 | 31398.6 |
| | $mf_3$ | 7426.8 | 4634.6 | 3213.8 | 2351.3 | 1790.5 | 1415.5 |
| | $\lambda$ | 3935.72 | 3544.60 | 3376.98 | 3281.50 | 3222.19 | 3183.16 |
| $d_2 f_2$ | $\nu$ | 25401.2 | 28203.6 | 29603.9 | 30465.3 | 31026.0 | 31406.4 |
| | $mf_2$ | 7412.9 | 4610.5 | 3210.2 | 2348.8 | 1788.1 | 1407.7 |
| | $\lambda$ | 3909.92 | 3524.97 | 3356.80 | 3262.30 | 3203.70 | 3165.60 |
| $d_3 f_3$ | $\nu$ | 25568.8 | 28361.1 | 29781.9 | 30644.6 | 31205.0 | 31580.6 |
| | $mf_3$ | 7426.8 | 4634.5 | 3213.7 | 2351.0 | 1790.6 | 1415.0 |
| | $mf_3$ | 7426.8 | 4634.6 | 3213.8 | 2351.0 | 1790.5 | 1415.4 |
| | $mf_2$ | 7412.8 | 4610.4 | 3210.1 | 2348.7 | 1788.0 | 1407.8 |
| | $mf_1$ | 7398.6 | 4505.3 | 3204.2 | 2346.3 | 1785.2 | 1415.0 |

| | m | 10 | 11 | 12 | 13 | 14 | 15 |
|---|---|---|---|---|---|---|---|
| | $\lambda$ | · · · · | · · · · | · · · · | · · · · | · · · · | · · · · |
| $d_1 f_3$ | $\nu$ | · · · · | · · · · | · · · · | · · · · | · · · · | · · · · |
| | $mf_3$ | · · · · | · · · · | · · · · | · · · · | · · · · | · · · · |
| | $\lambda$ | 3193.97 | 3173.72 | · · · · | · · · · | · · · · | · · · · |
| $d_1 f_2$ | $\nu$ | 31300.2 | 31499.7 | · · · · | · · · · | · · · · | · · · · |
| | $mf_2$ | 1132.8 | 933.3 | · · · · | · · · · | · · · · | · · · · |
| | $\lambda$ | 3193.92 | 3173.69 | 3158.54 | 3146.90 | 3137.80 | 3130.6 |
| $d_1 f_1$ | $\nu$ | 31300.8 | 31500.0 | 31651.1 | 31768.3 | 31860.6 | 31934.0 |
| | $mf_1$ | 1132.2 | 933.0 | 781.9 | 664.7 | 572.4 | 499.0 |
| | $\lambda$ | 3155.67 | · · · · | · · · · | · · · · | · · · · | · · · · |
| $d_2 f_3$ | $\nu$ | 31680.1 | · · · · | · · · · | · · · · | · · · · | · · · · |
| | $mf_3$ | 1134.0 | · · · · | · · · · | · · · · | · · · · | · · · · |
| | $\lambda$ | 3155.34 | 3135.72 | 3121.02 | 3109.63 | · · · · | · · · · |
| $d_2 f_2$ | $\nu$ | 31683.4 | 31881.5 | 32031.6 | 32148.9 | · · · · | · · · · |
| | $mf_2$ | 1130.7 | 932.6 | 782.6 | 665.2 | · · · · | · · · · |
| | $\lambda$ | 3137.70 | 3117.94 | · · · · | · · · · | · · · · | · · · · |
| $d_3 f_3$ | $\nu$ | 31861.4 | 32063.4 | · · · · | · · · · | · · · · | · · · · |
| | $mf_3$ | 1134.2 | 932.2 | · · · · | · · · · | · · · · | · · · · |
| | $mf_3$ | 1134.2 | 932.2 | · · · · | · · · · | · · · · | · · · · |
| | $mf_2$ | 1132.8 | 932.9 | 782.6 | 665.2 | · · · · | · · · · |
| | $mf_1$ | 1132.2 | 933.0 | 781.9 | 664.7 | 572.4 | 499.0 |

[1]) Von Popow gef. (l. c. p. 155).

---

[1]) Von Lorenser schon unvollständig angegeben.

## Barium. Triplet $3d_i - 3p_j'$.[1]

Angeg. $\lambda_{\text{vac Rowl}}$, $\nu$ und Intensität der Linien im Funken.

| $3d_1$ | | $3d_2$ | | $3d_3$ | |
|---|---|---|---|---|---|
| | | | | 10<br>6021.35<br>16607.57<br>62.01 | $3p_3'$ |
| | | 12<br>6064.99<br>16488.08<br>252.32 | 181.50 | 8<br>5998.95<br>16669.58<br>252.35 | $3p_2'$ |
| 15<br>6112.67<br>16359.46 | 380.94 | 8<br>5973.57<br>16740.40 | 181.53 | berechnet<br>5909.49<br>16921.93 | $3p_1'$ |
| $3d_1$ | | $3d_2$ | | $3d_3$ | |

$3p_1' = 16073.6$;   $3p_2' = 16326.0$;   $3p_3' = 16388.0$.

## Schiefsymmetrische Tripletgruppe $3d_i - md_j'$.[2]

Angeg. $\nu$, $\lambda_{\text{vac Rowl}}$ und Intensität.

| $3d_1$ | | $3d_2$ | | $3d_3$ | |
|---|---|---|---|---|---|
| | | 8<br>6677.33<br>14976.04<br>339.52 | 181.54 | 10<br>6597.36<br>15157.58<br>339.59 | $md_3'$ |
| 8<br>6695.91<br>14934.49<br>448.35 | 381.07 | 15<br>6529.31<br>15315.56<br>448.28 | 181.61 | 8<br>6452.79<br>15497.17 | $md_2'$ |
| 20<br>6500.75<br>15382.84 | 381.00 | 8<br>6343.63<br>15763.84 | | | $md_1'$ |
| $3d_1$ | | $3d_2$ | | $3d_3$ | |

$md_1' = 17050.2$;   $md_2' = 17498.4$;   $md_3' = 17838.0$.

[1] S. Popow, l. c. p. 154/55.
[2] S. Popow, l. c. p. 156. R. Götze, l. c. p. 285.

## Barium. Triplet $3d_i - 3p_j$.[1])

### Angeg. $\lambda_{vac\,intn}$ und $\nu$.

| | | | | |
|---|---|---|---|---|
| | | | 4606.4 | 3 p$_3$ |
| | | | 21709.0 | |
| | | | 72.4 | |
| | 4629.7 | | 4591.1 | 3 p$_2$ |
| | 21600.0 | 181.4 | 21781.4 | |
| | 171.5 | | | |
| 4675.0 | 4593.2 | | [ 4555 | 3 p$_1$ |
| 21390.5 | 381.0 | 21771.5 | [21953.] | |
| 3 d$_1$ | 3 d$_2$ | | 3 d$_3$ | |

### Kombination $4d_1 - 4f_1$.[1])

$\nu_{ber} = 3813.0$;   $\nu_{beob\,Randall} = 3812.6$;   $\lambda_{vac} = 26229$.

## System einfacher Linien (intn. System nach Saunders).

### Hauptserie.

Grenze:  $1S = 42029.4$.

| m | 2 | 3 | 4 | 5 | 6 | 7 | 8 |
|---|---|---|---|---|---|---|---|
| $\lambda$ | 5535.53 | 3071.59 | 2702.65 | 2596.68 | 2543.2 | 2500.2 | 2473.1 |
| $\nu$ | 18060.2 | 32547.2 | 36989.9 | 38499.5 | 39308 | 39985 | 40423 |
| mP | 23969.2 | 9482.2 | 5039.5 | 3529.9 | 2721 | 2044 | 1606 |

### I. Nebenserie.

Grenze:  $2P = 23969.2$.

| m | 3 | 4 | 5 | 6 | 7 | 8 |
|---|---|---|---|---|---|---|
| $\lambda$ | 15000.4 | 9831.7 | 6233.59 | 5267.03 | 4877.69 | 4663.60 |
| $\nu$ | 6664.9 | 10168.91 | 16037.69 | 18980.91 | 20495.96 | 21436.69 |
| mD | 30634.1 | 13800.3 | 7931.5 | 4988.3 | 3473.2 | 2532.5 |

Diese Serie gibt Saunders als wahrscheinlich an.

---

[1]) F. A. Saunders, l. c. 1920, p. 33.

## Barium. Fundamentalserie.

Grenze: $3D = 30634.1$.

| m | 4 | 5 | 6 |
|---|---|---|---|
| $\lambda$ | 5826.29 | 4080.93 | 3789.74 |
| $\nu$ | 17158.9 | 24497.4 | 26397.7 |
| mF | 13475.2 | 6136.7 | 4236.4 |

## II. Nebenserie.

$2P = 23969.2$.

| m | 1 | 2 |
|---|---|---|
| $\lambda$ | 5535.53 | 13207.3 |
| $\nu$ | 18060.2 | 7569.6 |
| mS | 42029.4 | 16399.6 |

### Serie $2S - mP$.

Grenze: $2S = 16400.0$.

| m | 3 | 4 | 5 |
|---|---|---|---|
| $\lambda$ | . . . . | 8799.70 | 7766.80 |
| $\nu$ | (6918.2) | 11360.9 | 12871.8 |
| mP | (9482) | 5039 | 3528 |

### Serie $3D - mP$.

Grenze: $30634.1$.

| m | 2 | 3 | 4 | 5 |
|---|---|---|---|---|
| $\lambda$ | 15000.4 | 4726.46 | 3905.98 | 3688.35 |
| $\nu$ | 6664.9 | 21151.7 | 25594.7 | 27104.5 |
| mP | 23969.2 | 9482.4 | 5039.4 | 3529.6 |

### Serie $1S - mF$.

Grenze: $42029.4$.

| m | 4 | 5 | 6 |
|---|---|---|---|
| $\lambda$ | 3501.12 | 2785.26 | 2646.50 |
| $\nu$ | 28554.3 | 35893.0 | 37774.8 |
| mF | 13475.1 | 6136.4 | 4254.6 |

Saunders gibt noch folgende Kombinationen an:

| | $\lambda_{beob}$ | $\nu_{beob}$ | $\nu_{ber}$ |
|---|---|---|---|
| $2P - 2S$ | 13207 | 7569.8 | 7568.8 |
| $2P - 4F$ | 9527.0 | 10493.6 | 10494.1 |
| $1S - 2S$ | 3900.37 | 25631.5 | 25629.0 |

**Barium.  Kombinationen zwischen Triplet- und Singletsystem.**

Serie $3d_2 - mP$.

Grenze:  $3d_2 = 32814.1$.

| m | 2 | 3 | 4 | 5 |
|---|---|---|---|---|
| $\lambda$ | 11304.20 | 4284.90 | 3599.40 | 3413.84 |
| $\nu$ | 8844.1 | 23331.2 | 27774.9 | 29284.3 |
| $mP$ | 23970.0 | 9482.9 | 5039.2 | 3529.8 |

Serie $1S - mp_2$.

| m | 2 | 3 |
|---|---|---|
| $\lambda_{beob}$ | 7911 | 3244.20 |
| $\nu_{beob}$ | 12636.6 | 30815.31 |
| $\nu_{ber}$ | . . . .[1] | 30815.2 |

[1] Aus dieser Linie wurde der Term $1S$ gewonnen und dem Singletsystem als Grenze der Hauptserie zugrunde gelegt.  $1S = 42029.4$.

**Funkenspektrum.**

**Dubletsystem.  II. Nebenserie.**

Grenzen:  $2p_1 = 58703.6$;  $2p_2 = 60394.6$.

| | m | 2 | 3 | 4 | 5 | 6 |
|---|---|---|---|---|---|---|
| | $\lambda$ | 4554.21 | 4900.13 | 2771.51 | 2286.2 | 2082.8 |
| $p_1s$ | $\nu$ | 21951.67 | 20402.0 | 36071.0 | 43727.3 | 47997.3 |
| | $ms$ | 80655.3 | 38301.6 | 22632.6 | 14976.3 | 10706.3 |
| | $\lambda$ | 4934.24 | 4525.19 | 2647.40 | 2201.07 | . . . . |
| $p_2s$ | $\nu$ | 20261.0 | 22092.41 | 37763.0 | 45418.6 | . . . . |
| | $ms$ | 80655.6 | 38302.2 | 22631.6 | 14976.0 | . . . . |
| | $ms$ | 80655.5 | 38301.9 | 22631.1 | 14976.2 | 10706.3 |

## Barium.  I. Nebenserie.

Grenzen (nach Fues):  $2p_1 = 58703.6$;  $2p_2 = 60394.6$.

| | | 3 | 4 | 5 | 6 | 7 |
|---|---|---|---|---|---|---|
| $p_1 d_2$ | $\lambda$ | 5855.51 vac | 4166.24 | 2641.51 | 2235.5 | . . . . . |
| | $\nu$ | 17077.93 | 23995.8 | 37845.9 | 44719.1 | . . . . . |
| | $m\,d_2$ | 75781.53 | 34707.8 | 20857.7 | 13984.5 | . . . . |
| $p_1 d_1$ | $\lambda$ | 6143.62 vac | 4130.88 | 2634.91 | 2232.8 | 2055.0 |
| | $\nu$ | 16277.05 | 24201.2 | 37940.8 | 44773.4 | 48646.7 |
| | $m\,d_1$ | 74980.65 | · 34502.4 | 20762.8 | 13930.2 | 10056.9 |
| $p_2 d_2$ | $\lambda$ | 6498.89 vac | 3891.97 | 2528.52 | 2154.02 | 1987.8 |
| | $\nu$ | 15387.24 | 25686.8 | 39541.3 | 46410.6 | 50290.9 |
| | $m\,d_2$ | 75781.84 | 34707.8 | 20853.3 | 13984.0 | 10103.7 |
| | $m\,d_2$ | 75781.69 | 34707.08 | 20855.5 | 13984.3 | 10103.7 |

Das Grundglied rührt von Popow her (l. c. p. 171); daran schließt sich die Fundamentalserie an.  Vorher galt als Grundglied nach Saunders:

| $\lambda$ | 10035.6 | 10652.4 | 12084.8 |
|---|---|---|---|
| $\nu$ | 9961.8 | 9385.1 | 8272.7 |

## Fundamentalserie[1]).

Grenzen:  $3d_1 = 74980.65$;  $3d_2 = 75781.69$.

| | | 4 | 5 | 6 |
|---|---|---|---|---|
| $d_1 f_2$ | $\lambda$ | 2348.36 vac | . . . . . | . . . . . |
| | $\nu$ | 42582.91 | . . . . . | . . . . . |
| | $m\,f_2$ | 32397.74 | . . . . . | . . . . . |
| $d_1 f_1$ | $\lambda$ | 2336.03 | 1869.2 | 1694.3 |
| | $\nu$ | 42807.67 | 53499.0 | 59021.0 |
| | $m\,f_1$ | 32172.98 | 21481.65 | 15959.65 |
| $d_2 f_2$ | $\lambda$ | 2304.99 | 1849.5 | 1677.9 |
| | $\nu$ | 43384.14 | 54068.0 | 59598.0 |
| | $m\,f_2$ | 32397.55 | 21713.69 | 16183.69 |
| | $4\,f_2$ | 32397.65 | . . . . . | . . . . . |

[1]) S. Popow, l. c. p. 172.

# Radium.

Literatur:

C. Runge, Ber. d. Berl. Akademie 1904, p. 418.

## Funkenspektrum. Dubletsystem. Hauptserie.

$$1s - 2p_i.$$

(Grenze: $1s = 80000$.[1])

| | | | | | |
|---|---|---|---|---|---|
| | $\lambda$ | 3814.58 | | $\lambda$ | 4682.36 |
| $sp_1$ | $\nu$ | 26215.2 | $sp_2$ | $\nu$ | 21356.8 |
| | $2p_1$ | 53784.8 | | $2p_2$ | 58643.2 |

## II. Nebenserie.

$$2p_i - ms.$$

Grenzen: $2p_1 = 53785.0$; $2p_2 = 58643.6$.

| | | 1 | 2 |
|---|---|---|---|
| | $\lambda$ | 3814.58 | 5813.85 |
| $p_1 s$ | $\nu$ | 26215.2 | 17200.3 |
| | $ms$ | 80000.2[1] | 36584.7 |
| | $\lambda$ | 4682.36 | 4533.33 |
| $p_2 s$ | $\nu$ | 21356.8 | 22058.9 |
| | $ms$ | 80000.4[1] | 36584.7 |

[1] Geschätzt von E. Fues, l. c. p. 17.

## I. Nebenserie.

Grenzen dieselben.

| | $\lambda$ | $\nu$ | |
|---|---|---|---|
| $2p_1 - 4d_2$ | 4436.49 | 22540.3 | $31244.7 = 4d_2$ |
| $2p_1 - 4d_1$ | 4340.83 | 23037.1 | $30747.9 = 4d_1$ |
| $2p_2 - 4d_2$ | 3649.75 | 27399.1 | $31244.5 = 4d_2$ |

Die Linie 4826.118 ist die Grundlinie der Haupt- und II. Nebenserie des Systems einfacher Linien des Bogenspektrum.

---

[1] Geschätzt von E. Fues l. c. p. 17.

# Magnesium.

Literatur:

H. Kayser und C. Runge, Ann. d. Phys. 1891, Bd. 43, p. 385.
F. Paschen, Ann. d. Phys. 1909, Bd. 29, p. 625. — 1909, Bd. 30, p. 746.
A. Fowler, Proc. Royal Society 1903, Bd. 71, p. 419.
F. A. Saunders, Phys. Review. 1905, Bd. 20, p. 117.
H. Hermann, Diss. Tübingen 1904.
G. D. Liveing u. J. Dewar, Phil. Transl. 1883, p. 174.
H. Kayser, Handb. d. Spektrosk. 1910, Bd. 5, p. 698.
Th. Lyman Astrophys. Journal 1912, Bd. 35, p. 352.
J. R. Rydberg, Ann. d. Phys. 1893, Bd. 50, p. 625.
E. Lorenser, Diss. Tübingen 1913.
A. Fowler, Proc. Roy. Soc. 1914, Bd. 90, p. 426.

## Magnesium. Bogenspektrum. Tripletsystem.
### Hauptserie.

Grenze: $2s = 20466.85$.

| m | 2 | 3 | 4 | 5 | 6 |
|---|---|---|---|---|---|
| $\lambda$ | 5 183.84 | 15 024.3 | 7 658.46 | 6 318.55 | 5 784.9 |
| $\nu$ | 19 285.44 | 6 654.11 | 13 053.93 | 15 822.11 | 17 281.6 |
| $m\,p_1$ | 39 752.29 | 13 812.74 | 7 402.92 | 4 644.74 | 3 185.25 |
| $\lambda$ | 5 172.87 | 15 032.7 | 7 658.46 | 6 319.08 | 5 784.9 |
| $\nu$ | 19 326.36 | 6 650.4 | 13 053.93 | 15 820.80 | 17 281.6 |
| $m\,p_2$ | 39 793.21 | 13 816.45 | 7 402.92 | 4 646.05 | 3 185.25 |
| $\lambda$ | 5 167.55 | 15 032.7 | 7 658.46 | 6 319.08 | 5 784.9 |
| $\nu$ | 19 346.25 | 6 650.4 | 13 053.93 | 15 820.80 | 17 281.6 |
| $m\,p_3$ | 39 813.10 | 13 816.45 | 7 402.92 | 4 646.05 | 3 185.25 |

### II. Nebenserie.

Grenzen: $2\,p_1 = 39752.29$; $\quad 2\,p_2 = 39793.21$; $\quad 2\,p_3 = 39813.10$.

| m | 2 | 3 | 4 | 5 | 6 | 7 |
|---|---|---|---|---|---|---|
| $\lambda$ | 5 183.84 | 3 336.83 | 2 942.21 | 2 781.53 [1] | 2 698.44 | 2 649.30 |
| $\nu$ | 19 285.44 | 29 960.21 | 33 978.47 | 35 941.23 | 37 047.88 | 37 734.99 |
| $m\,s$ | 20 466.85 | 9 792.08 | 5 773.82 | 3 811.06 | 2 704.41 | 2 017.30 |
| $\lambda$ | 5 172.87 | 3 332.28 | 2 938.67 | 2 778.36 [1] | 2 695.53 | 2 646.61 |
| $\nu$ | 19 326.36 | 30 001.11 | 34 019.39 | 35 982.22 | 37 087.86 | 37 773.34 |
| $m\,s$ | 20 466.85 | 9 792.10 | 5 773.82 | 3 810.99 | 2 705.35 | 2 019.87 |
| $\lambda$ | 5 167.55 | 3 330.08 | 2 936.99 | 2 776.80 [1] | 2 693.97 | 2 645.22 |
| $\nu$ | 19 346.25 | 30 020.92 | 34 038.85 | 36 002.43 | 37 109.33 | 37 793.18 |
| $m\,s$ | 20 466.85 | 9 792.18 | 5 774.25 | 3 810.91 | 2 703.77 | 2 019.92 |
| $m\,s$ | 20 466.85 | 9 792.12 | 5 773.96 | 3 810.91 | 2 704.51 | 2 019.03 |

[1] Beobachtet die Linien der Kombination $2\,p_1 - m\,p_1'$, von denen obige nicht getrennt sind.

## Magnesium. I. Nebenserie.

Grenzen: $2\,p_1 = 39752.29$; $\quad 2\,p_2 = 39793.21$; $\quad 2\,p_3 = 39813.10$.

| m | 3 | 4 | 5 | 6 | 7 | 8 | 9 |
|---|---|---|---|---|---|---|---|
| $p_1$ d $\lambda$ | 3838.44 | 3097.06 | 2852.22[1]) | 2736.84 | 2672.90 | 2633.13 | 2605.4 |
| $p_1$ d $\nu$ | 26045.06 | 32279.62 | 35050.45 | 36528.08 | 37401.77 | 37966.66 | 38370.92 |
| m d | 13707.23 | 7472.67 | 4701.84 | 3224.21 | 2350.52 | 1785.63 | 1381.37 |
| $p_2$ d $\lambda$ | 3832.46 | 3093.14 | 2848.53 | 2733.80 | 2669.84 | 2630.52 | . . . . |
| $p_2$ d $\nu$ | 26085.69 | 32320.52 | 35095.85 | 36568.69 | 37444.63 | 38004.32 | . . . . |
| m d | 13707.52 | 7472.69 | 4697.36 | 3224.52 | 2348.58 | 1788.89 | . . . . |
| $p_3$ d $\lambda$ | 3829.51 | 3091.18 | 2846.91 | 2732.35 | 2668.26 | . . . . | . . . . |
| $p_3$ d $\nu$ | 26105.77 | 32341.00 | 35115.81 | 36588.09 | 37466.79 | . . . . | . . . . |
| m d | 13707.33 | 7472.10 | 4697.29 | 3225.01 | 2346.31 | . . . . | . . . . |
| m d | 13707.36 | 7472.49 | 4698.83 | 3224.58 | 2248.47 | 1787.26 | 1381.37 |

[1]) Beob. 1 S — 2 P vgl. p. 101, nicht getrennt von $2\,p_1$ — 5 d.

## Bergmannserie.

Grenze: $3\,d = 13707.36$.

| m | 4 | 5 |
|---|---|---|
| $\lambda$ | 14877.1 | 10812.9 |
| $\nu$ | 6719.93 | 9245.73 |
| m f | 6987.43 | 4461.63 |

Die Termfolge (m, f) scheint auch kombiniert mit $2\,p_i$ in 4 von Saunders beobachteten Triplets. Stärkste Linien sind:

$$2\,p_i - m\,f.$$

| m = | 3 ? | 4 | 5 | 6 |
|---|---|---|---|---|
| $\lambda_{\text{beob}}$ | 3731.0 | 3051.0 | 2833.0 | 2729.0 |
| (m, f) | 12957.1 | 6985.6 | 4463.8 | 3119.4 |

## Magnesium. 3/2 a-Tripletgruppe.

$$2\,p_i - m\,p_j{}'.$$

Angeben: $\nu$, $\lambda_{\text{Luft}}$ und Intensität.

| | | | | | |
|---|---|---|---|---|---|
| | | (8) <br> 2781.521 <br> 35941.15 <br> 20.51 | | | $m\,p_3{}'$ |
| (8) <br> 2783.077 <br> 35921.06 <br> 40.60 | 40.60 | (10) <br> 2779.935 <br> 35961.66 <br> 40.61 | 20.12 | (8) <br> 2778.381 <br> 35981.78 | $m\,p_2{}'$ |
| (10) <br> 2779.935 <br> 35961.66 | 40.61 | (8) <br> 2776.798 <br> 36002.27 | | | $m\,p_1{}'$ |
| $2\,p_1$ | | $2\,p_2$ | | $2\,p_3$ | |

$$2\,p_1 = 39752.29; \quad 2\,p_2 = 39793.21; \quad 2\,p_3 = 39813.10.$$
$$m\,p_1{}' = 3790.78; \quad m\,p_2{}' = 3831.37; \quad m\,p_3{}' = 3852.16.$$

### Kombinationen.

| | $\nu$ berechnet | $\nu$ beobachtet | $\lambda_{\text{beob}}$ |
|---|---|---|---|
| $3\,p_1 - 4\,d$ | 6340.25 | 6340.15 | 15768.3 |
| $3\,p_2 - 4\,d$ | 6343.96 | 6343.85 | 15759.1 |
| $3\,p_1 - 5\,d$ | 9113.91 | 9113.53 | 10969.85 |
| $3\,p_2 - 5\,d$ | 9117.62 | 9119.05 | 10963.2 |
| $2\,p_1 - 3\,p_1$ | 25939.55 | 25938.11 | 3854.26 |
| $2\,p_2 - 3\,p_1$ | 25980.47 | 25978.68 | 3848.24 |
| $2\,p_3 - 3\,p_2$ | 26000.36 | 25999.8 | 3845.12 |
| $2\,p_1 - 3\,p_2$ | 25935.84 | 25935.30 | 3854.68 |
| $2\,p_2 - 3\,p_2$ | 25976.76 | 25974.03 | 3848.93 |

### System einfacher Linien.

### Hauptserie.  $1\,S - m\,P.$

Grenze: $1\,S = 61663.0.$

| m | 2 | 3 | 4 | 5 [1] | 6 [1] | 7 [1] | 8 |
|---|---|---|---|---|---|---|---|
| $\lambda$ | 2852.22 | 2026.56 [2] | 1828.13 [2] | 1748.09 | 1707.30 | 1683.64 | 1668.64 |
| $\nu$ | 35050.3 | 49344.7 | 54700.7 | 57206.4 | 58572.1 | 59395.3 | 59929.0 |
| $m\,P$ | 26612.7 | 12318.3 | 6962.3 | 4456.6 | 3090.9 | 2267.7 | 1734.0 |

[1] Berechnet.    [2] $\lambda_{\text{vac Rowl}}$ ber. aus Saunders Angaben: $\lambda_{\text{vac Intn}}$ 2026.48, 1828.06.

## Magnesium. Hauptserie. $2S - mP$.

Grenze: $2S = 18161.0$.

| m | 2 | 3 | 4 | 5[1] | 6[1] | 7[1] | 8[1] |
|---|---|---|---|---|---|---|---|
| $\lambda$ | 11828.8 | 17108.1 | 8929.35 | 7294.95 | 6633.86 | 6290.25 | 6085.89 |
| $\nu$ | 8451.7 | 5843.6 | 11196.0 | 13704.4 | 15070.1 | 15893.3 | 16427.0 |
| $mP$ | 26612.7 | 12317.4 | 6965.0 | 4456.6 | 3090.9 | 2267.7 | 1734.0 |

[1]) Berechnet.

## II. Nebenserie.

Grenze: $2P = 26612.7$.

| m | 1 | 2 | 3 | 4 | 5 |
|---|---|---|---|---|---|
| $\lambda$ | 2852.22 | 11828.8 | 5711.56 | 4730.38 | 4354.57 |
| $\nu$ | 35050.3 | 8451.7 | 17503.6 | 21134.2 | 22958.0 |
| $mS$ | 61663.0 | 18161.0 | 9109.1 | 5487.5 | 3654.7 |

## I. Nebenserie.

Grenze: $26612{,}7 = 2P$.

| m | 3 | 4 | 5 | 6 | 7 | 8 |
|---|---|---|---|---|---|---|
| $\lambda$ | 8806.96 | 5528.75 | 4703.33 | 4352.18 | 4167.59 | 4057.74 |
| $\nu$ | 11351.62 | 18082.3 | 21255.7 | 22970.65 | 23988.07 | 24637.45 |
| $mD$ | 15261.08 | 8530.4 | 5357.0 | 3642.05 | 2624.63 | 1975.25 |
| m | 9 | 10 | 11 | 12 | 13 | |
| $\lambda$ | 3986.99 | 3938.65 | 3904.10 | 3878.80 | 3859.39 | |
| $\nu$ | 25074.66 | 25382.39 | 25607.61 | 25774.00 | 25903.60 | |
| $mD$ | 1538.04 | 1230.31 | 1005.69 | 838.70 | 709.10 | |

## Serie $2P - mP$.

Grenze: $26612.7$.

| m | 3 | 4 | 5 | 6 | 7 | 8 |
|---|---|---|---|---|---|---|
| $\lambda$ | 6993.42[1]) | 5088.28[1]) | 4511.4 | 4251.0 | 4106.8 | 4018.0 |
| $\nu$ | | | 22160.0 | 23517.4 | 24343.3 | 24879.3 |
| $mP$ | | | 4452.7 | 3095.3 | 2269.4 | 1733.4 |

[1]) $\lambda$ berechnet; die übrigen (5 bis 8) von Fowler beobachtet, von Lorenser gedeutet.

## Magnesium. Kombinationen.

|  | $\nu$ | | $\lambda_{\text{beob}}$ |
|---|---|---|---|
|  | berechnet | beobachtet |  |
| ? $2p_1-6D$ | 36 110.30 | 36 109.43 | 2 768.57 |
| ? $2p_2-6D$ | 36 151.22 | 36 153.51 | 2 765.44 |
| $3D-4f$ | 8 273.65 | 8 273.69 | 12 083.2 |
| $3D-5f$ | 10 799.45 | 10 798.2 | 9 258.3 |
| $1S-2p_2$ | 21 869.95 | 21 869.45 | 4 571.33 |
| ? $2p_3-4P$ | 32 847.95 | 32 843.53 | 3 043.87 |

Resonanzlinien sind 2852 und 4571.

## Funkenspektrum[1]). Dubletsystem.

### II. Nebenserie[2]). (Intern. System) $np_i - ms$.

Grenzen: $2p_1 = 85\,504.1$; $2p_2 = 85\,595.6$; $3p_1 = 40\,614.6$; $3p_2 = 40\,645.3$; $4p_1 = 23\,795.4$; $4p_2 = 23\,809.7$.

| | m | 1 | 2 | 3 | 4 | 5 | 6 | 7 |
|---|---|---|---|---|---|---|---|---|
| $2p_1s$ | $\lambda$ | 2 795.523 | 2 936.496 | 1 753.6 | · · · · | · · · · | · · · · | · · · · |
| | $\nu$ | 35 761.16 | 34 044.41 | 57 025. | · · · · | · · · · | · · · · | · · · · |
| | ms | 121 265.26 | 51 459.69 | 28 479. | · · · · | · · · · | · · · · | · · · · |
| $2p_2s$ | $\lambda$ | 2 802.698 | 2 928.625 | 1 750.6 | · · · · | · · · · | · · · · | · · · · |
| | $\nu$ | 35 669.57 | 34 135.86 | 57 113 | · · · · | · · · · | · · · · | · · · · |
| | ms | 121 265.17 | 51 459.74 | 28 483 | · · · · | · · · · | · · · · | · · · · |
| $3p_1s$ | $\lambda$ | · · · · | · · · · | · · · · | 4 433.991 | 3 553.51 | 3 175.84 | 2 971.70 |
| | $\nu$ | · · · · | · · · · | · · · · | 22 546.85 | 28 133.35 | 31 478.81 | 33 641.15 |
| | ms | · · · · | · · · · | · · · · | 18 067.75 | 12 481.25 | 9 135.79 | 6 973.45 |
| $3p_2s$ | $\lambda$ | · · · · | · · · · | · · · · | 4 427.995 | 3 549.61 | 3 172.79 | 2 969.02 |
| | $\nu$ | · · · · | · · · · | · · · · | 22 577.34 | 28 164.25 | 31 509.0 | 33 671.51 |
| | ms | · · · · | · · · · | · · · · | 18 067.96 | 12 481.05 | 9 136.23 | 6 973.79 |
| $4p_1s$ | $\lambda$ | · · · · | 3 613.80 | · · · · | · · · · | · · · · | · · · · | · · · · |
| | $\nu$ | · · · · | 27 663.97 | · · · · | · · · · | · · · · | · · · · | · · · · |
| | ms | · · · · | 51 458.37 | · · · · | · · · · | · · · · | · · · · | · · · · |
| $4p_2s$ | $\lambda$ | · · · · | 3 615.64 | · · · · | · · · · | · · · · | · · · · | · · · · |
| | $\nu$ | · · · · | 27 649.90 | · · · · | · · · · | · · · · | · · · · | · · · · |
| | ms | · · · · | 51 459.60 | · · · · | · · · · | · · · · | · · · · | · · · · |
| | ms | 121 265.2 | 51 459.4 | 28 487.2 | 18 067.85 | 12 481.15 | 9 136.0 | 6 973.6 |

[1]) A. Fowler Phil. Trans. Roy. Soc. London 214A p. 225, 1914.
[2]) Grenzen ber. von E. Fues, Ann. d. Phys. 1920, 63, p. 1.

## Magnesium. Dubletsystem.

### I. Nebenserie. (Intern. System) $n\,p_i - m\,d$.

Grenzen: $2\,p_1 = 85\,504.1$; $\quad 2\,p_2 = 85\,595.6$; $\quad 3\,p_1 = 40\,614.6$;
$3\,p_2 = 40\,655.3$; $\quad 4\,p_1 = 23\,795.4$; $\quad 4\,p_2 = 23\,809.7$.

| m | | 3 | 4 | 5 | 6 | 7 | 8 |
|---|---|---|---|---|---|---|---|
| $2\,p_1\,d$ | $\lambda$ | 2 797.989 | 1 737.8 | . . . . | . . . . | . . . . | . . . . |
| | $\nu$ | 35 729.60 | 57 544 | . . . . | . . . . | . . . . | . . . . |
| | m d | 49 774.50 [1]) | 27 960 | . . . . | . . . . | . . . . | . . . . |
| $2\,p_2\,d$ | $\lambda$ | 2 790.768 | 1 735.0 | . . . . | . . . . | . . . . | . . . . |
| | $\nu$ | 35 822.26 | 57 637 | . . . . | . . . . | . . . . | . . . . |
| | m d | 49 773.34 [1]) | 27 959 | . . . . | . . . . | . . . . | . . . . |
| $3\,p_1\,d$ | $\lambda$ | . . . . | 7 896.37 | 4 390.585 | 3 538.86 | 3 168.98 | 2 967.87 |
| | $\nu$ | . . . . | 12 660.61 | 22 769.76 | 28 249.78 | 31 546.93 | 33 684.55 |
| | m d | . . . . | 27 953.99 | 17 844.84 | 12 364.82 | 9 067.67 | 6 930.05 |
| $3\,p_2\,d$ | $\lambda$ | . . . . | 7 877.13 | 4 384.643 | 3 535.04 | 3 165.94 | 2 965.19 |
| | $\nu$ | . . . . | 12 691.54 | 22 800.60 | 28 280.30 | 31 577.22 | 33 714.98 |
| | m d | . . . . | 27 953.76 | 17 844.70 | 12 365.00 | 9 068.08 | 6 930.32 |
| $4\,p_1\,d$ | $\lambda$ | 3 848.24 | . . . . | . . . . | . . . . | . . . . | . . . . |
| | $\nu$ | 25 978.68 | . . . . | . . . . | . . . . | . . . . | . . . . |
| | m d | 49 774.08 | . . . . | . . . . | . . . . | . . . . | . . . . |
| $4\,p_2\,d$ | $\lambda$ | 3 850.40 | . . . . | . . . . | . . . . | . . . . | . . . . |
| | $\nu$ | 25 964.11 | . . . . | . . . . | . . . . | . . . . | . . . . |
| | m d | 49 773.81 | . . . . | . . . . | . . . . | . . . . | . . . . |
| | m d | 49 773.93 | 27 953.88 | 17 844.77 | 12 364.91 | 9 067.87 | 6 930.19 |

[1]) nach Fowlers Fundamentalserie doppelt $\Delta\nu = 0.90$.

# Magnesium. Dubletsystem.

## Bergmannserie (intern. System).

Grenzen: $3\,d_1 = 49\,773.52$; $3\,d_2 = 49\,774.48$; $4\,d = 27\,953.9$.

| | m | 4 | 5 | 6 | 7 | 8 |
|---|---|---|---|---|---|---|
| | $\lambda$ | 4481.327 | 3104.805 | 2660.821 | 2449.573 | 2329.58 |
| $3\,d_1\,f$ | $\nu$ | 22308.68 | 32198.96 | 37572.66 | 40811.31 | 42913.30 |
| | mf | 27464.84 | 17574.56 | 12200.86 | 8962.21 | 6860.22 |
| | $\lambda$ | 4481.129 | 3104.713 | 2660.755 | . . . . | . . . . |
| $3\,d_2\,f$ | $\nu$ | 22309.67 | 32199.90 | 37573.62 | . . . . | . . . . |
| | mf | 27464.81 | 17574.58 | 12200.86 | . . . . | . . . . |
| | $\lambda$ | . . . . | . . . . | 6346.67 | 5264.14 | 4739.59 |
| $4\,df$ | $\nu$ | . . . . | . . . . | 15752.03 | 18991.26 | 21093.08 |
| | mf | . . . . | . . . . | 12201.87 | 8962.64 | 6860.82 |
| | mf | 27464.82 | 17574.57 | 12200.86 | 8962.42 | 6860.52 |

| | m | 9 | 10 | 11 | 12 |
|---|---|---|---|---|---|
| | $\lambda$ | 2253.87 | 2202.68 | 2166.28 | . . . . |
| $3\,d_1\,f$ | $\nu$ | 44354.65 | 45385.44 | 46147.81 | . . . . |
| | mf | 5418.97 | 4388.08 | 3625.71 | . . . . |
| | $\lambda$ | . . . . | . . . . | . . . . | . . . . |
| $3\,d_2\,f$ | $\nu$ | . . . . | . . . . | . . . . | . . . . |
| | mf | . . . . | . . . . | . . . . | . . . . |
| | $\lambda$ | 4436.48 | 4242.47 | 4109.54 | 4013.80 |
| $4\,df$ | $\nu$ | 22534.20 | 23564.68 | 24326.88 | 24907.16 |
| | mf | 5419.70 | 4389.22 | 3627.02 | 3046.74 |
| | mf | 5419.84 | 4388.65 | 3626.36 | 3046.74 |

## Überbergmannserie[1]) $4\,f - mf'$.

Grenze $4\,f = 27\,464.82$.

| m | 5 | 6 | 7 | 8 |
|---|---|---|---|---|
| $\lambda$ | . . . . | 6545.80 | 5401.05 | 4851.10 |
| $\nu$ | . . . . | 15272.82 | 18509.85 | 20608.23 |
| $mf'$ | . . . . | 12192.00 | 8954.97 | 6856.59 |
| m | 9 | 10 | 11 | 12 |
| $\lambda$ | 4534.26 | 4331.98 | 4193.44 | 4093.90 |
| $\nu$ | 22048.24 | 23077.79 | 23840.18 | 24419.84 |
| $mf'$ | 5416.58 | 4387.03 | 3624.64 | 3044.98 |

---

[1]) Nach D. S. Rogestwensky, Transact. Opt. Inst. Petrograd II, Nr. 9, 1921.

# Zink.

Literatur:

H. Kayser und C. Runge, Ann. d. Phys. 1891, Bd. 43, p. 385. — 1894, Bd. 52, p. 114.

F. Paschen, Ann. d. Phys. 1909, Bd. 29, p. 625. — 1909, Bd. 30, p. 747.

I. R. Rydberg, Ann. d. Phys. 1909, Bd. 29, p. 625.

F. Paschen, Ann. d. Phys. 1909, Bd. 30, p. 747. — 1911, Bd. 35, p. 860.

F. A. Saunders, Phys. Review 1905, Bd. 20, p. 117.

K. Wolff, Ann. d. Phys. 1913, Bd. 42, p. 825.

## Bogenspektrum. Tripletsystem.

### Hauptserie.

Grenze: $2s = 22090.20$.

| m | 2 | 3 | 4 | 5 | 6 | 7 |
|---|---|---|---|---|---|---|
| $\lambda$ | 4810.71 | 13054.89 | 6928.582 | 5712.218 | 5308.714 | 5068.711 |
| $\nu$ | 20781.25 | 7657.906 | 14429.05 | 17319.65 | 18831.82 | 19723.48 |
| $mp_1$ | 42871.45 | 14432.29 | 7661.15 | 4770.55 | 3258.38 | 2366.72 |
| $\lambda$ | 4722.34 | 13151.50 | 6938.733 | 5775.645 | 5310.311 | 5069.667 |
| $\nu$ | 21170.16 | 7601.649 | 14407.96 | 17309.36 | 18826.15 | 19719.75 |
| $mp_2$ | 43260.36 | 14488.50 | 7682.24 | 4780.84 | 3264.05 | 2370.45 |
| $\lambda$ | 4680.38 | 13197.79 | 6943.474 | 5777.240 | 5311.039 | 5070.16 |
| $\nu$ | 21359.94 | 7574.989 | 14398.12 | 17304.60 | 18823.57 | 19717.8 |
| $mp_3$ | 43450.14 | 14515.21 | 7692.08 | 4785.60 | 3266.63 | 2372.40 |

## II. Nebenserie.

Grenzen: $2p_1 = 42871.45$;   $2p_2 = 43260.36$;   $2p_3 = 43450.14$.

| m | 2 | 3 | 4 | 5 | 6 | 7 |
|---|---|---|---|---|---|---|
| $\lambda$ | 4810.71 | 3072.19 | 2712.60 | 2567.99 | 2493.67 | 2449.76 |
| $\nu$ | 20781.25 | 32540.86 | 36854.40 | 38929.59 | 40089.80 | 40808.33 |
| $ms$ | 20090.20 | 10330.59 | 6017.05 | 3941.86 | 2781.65 | 2063.12 |
| $\lambda$ | 4722.338 | 3035.93 | 2684.29 | 2542.60 | 2469.72 | 2427.05 |
| $\nu$ | 21170.16 | 32929.51 | 37243.12 | 39318.38 | 40478.69 | 41190.06 |
| $ms$ | 22090.20 | 10330.85 | 6017.24 | 3941.98 | 2781.67 | 2070.30 |
| $\lambda$ | 4680.38 | 3018.50 | 2670.67 | 2530.34 | 2457.72 | 2415.54 |
| $\nu$ | 21359.94 | 33119.71 | 37432.95 | 39508.36 | 40676.20 | 41386.45 |
| $ms$ | 22090.20 | 10330.43 | 6017.19 | 3941.78 | 2773.94 | 2063.69 |
| $ms$ | 22090.20 | 10330.62 | 6017.16 | 3941.87 | 2779.09 | 2065.70 |

## Zink.  I. Nebenserie.

Grenzen:  $2\,p_1 = 42\,871.45$;  $2\,p_2 = 43\,260.36$;  $2\,p_3 = 43\,450.14$.

| m | | 3 | 4 | 5 | 6 | 7 | 8 |
|---|---|---|---|---|---|---|---|
| $p_1\,d_3$ | $\lambda$ | 3 346.04 | . . . . . | . . . . . | . . . . | . . . . | . . . . |
| | $\nu$ | 29 877.68 | . . . . . | . . . . . | . . . . | . . . . | . . . . |
| | $m\,d_3$ | 12 993.77 | . . . . | . . . . | . . . . | . . . . | . . . . |
| $p_1\,d_2$ | $\lambda$ | 3 345.62 | 2 801.17 | . . . . | . . . . | . . . . | . . . . |
| | $\nu$ | 29 881.43 | 35 689.18 | . . . . | . . . . | . . . . | . . . . |
| | $m\,d_2$ | 12 990.02 | 7 182.27 | . . . . | . . . . | . . . . | . . . . |
| $p_1\,d_1$ | $\lambda$ | 3 345.13 | 2 801.00 | 2 608.65 | 2 516.00 | 2 463.47 | 2 430.74 |
| | $\nu$ | 29 885.81 | 35 691.34 | 38 322.99 | 39 734.10 | 40 581.29 | 41 127.55 |
| | $m\,d_1$ | 12 985.64 | 7 180.11 | 4 548.46 | 3 137.35 | 2 290.16 | 1 743.90 |
| $p_2\,d_3$ | $\lambda$ | 3 303.03 | 2 771.05 | . . . . | . . . . | . . . . | . . . . |
| | $\nu$ | 30 266.71 | 36 077.12 | . . . . | . . . . | . . . . | . . . . |
| | $m\,d_3$ | 12 993.65 | 7 183.24 | . . . . | . . . . | . . . . | . . . . |
| $p_2\,d_2$ | $\lambda$ | 3 302.67 | 2 770.94 | 2 582.57 | 2 491.67 | 2 439.94 | 2 407.98 |
| | $\nu$ | 30 270.10 | 36 078.55 | 38 709.88 | 40 121.97 | 40 972.52 | 41 516.34 |
| | $m\,d_2$ | 12 990.35 | 7 181.81 | 4 550.48 | 3 138.39 | 2 287.84 | 1 744.02 |
| $p_3\,d_3$ | $\lambda$ | 3 282.42 | 2 756.53 | 2 570.00 | 2 479.85 | . . . . | . . . . |
| | $\nu$ | 30 456.79 | 36 267.10 | 38 899.15 | 40 313.15 | . . . . | . . . . |
| | $m\,d_3$ | 12 993.35 | 7 183.04 | 4 550.99 | 3 136.99 | . . . . | . . . . |
| | $m\,d_3$ | 12 993.59 | 7 183.14 | 4 550.99 | 3 136.99 | . . . . | . . . . |
| | $m\,d_2$ | 12 990.19 | 7 182.04 | 4 550.48 | 3 138.39 | 2 287.84 | 1 744.02 |
| | $m\,d_1$ | 12 985.64 | 7 180.11 | 4 548.46 | 3 137.35 | 2 290.16 | 1 743.9 |

## Bergmannserie.

Grenzen:  $3\,d_1 = 12\,985.64$;  $3\,d_2 = 12\,990.19$;  $3\,d_3 = 12\,993.59$.

| m | | 4 | 5 |
|---|---|---|---|
| $d_1\,f$ | $\lambda$ | 16 498.6 | . . . . |
| | $\nu$ | 6 059.50 | . . . . |
| | $m\,f$ | 6 926.14 | . . . . |
| $d_2\,f$ | $\lambda$ | 16 490.3 | . . . . |
| | $\nu$ | 6 062.55 | . . . . |
| | $m\,f$ | 6 927.64 | . . . . |
| $d_3\,f$ | $\lambda$ | 16 483.7 | . . . . |
| | $\nu$ | 6 064.98 | . . . . |
| | $m\,f$ | 6 928.61 | . . . . |
| | $m\,f$ | 6 927.46 | (4 438.6) |

## Zink. System einfacher Linien[1]).

### Hauptserie
#### $1\,S - m\,P$.
Grenze: 75758.6.

|  | 2 | 3 | 4 | 5 | 6 | 7 | 8 |
|---|---|---|---|---|---|---|---|
| $\lambda_{vac}$ | 2139.33[1]) | 1589.64 | 1457.64 | 1404.18 | 1376.97 | 1361.6 | 1351.19 |
| $\nu$ | 46743.6 | 62907.4 | 68604.3 | 71215.75 | 72622.95 | 73466.5 | 74009.2 |
| $m\,P$ | 29015.0 | 12851.2 | 7154.3 | 4542.85 | 3135.65 | 2292.1 | 1749.4 |

bis $m = 6$ von Wolff beobachtet.     [1]) Resonanzlinie.

### Hauptserie. $2\,S - m\,P$.
Grenze: 19972.0

|  | 2 | 3 | 4 | 5 | 6 | 7 | 8 |
|---|---|---|---|---|---|---|---|
| $\lambda$ | 11055.4 | 14039.5 | 7799.62 | 6479.45 | 5937.89 | 5654.60 | 5486.19 |
| $\nu$ | 9042.95 | 7120.83 | 12817.75 | 15429.2 | 16836.4 | 17679.9 | 18222.6 |
| $m\,P$ | 29014.95 | 12851.17 | 7154.25 | 4542.8 | 3135.6 | 2292.1 | 1749.4 |

### II. Nebenserie.
Grenze: $2\,P = 29015.0$.

|  | 1 | 2 | 3 | 4 | 5 | 6 |
|---|---|---|---|---|---|---|
| $\lambda$ | 2138.67 | 11055.4 | 5182.175 | 4298.54 | 3966.0 | 3799.0 |
| $\nu$ | 46743.6 | 9042.95 | 19291.61 | 23257.2 | 25207.0 | 26316.0 |
| $m\,S$ | 75758.6 | 19972.0 | 9723.4 | 5757.8 | 3808.0 | 2699.0 |

### I. Nebenserie.
Grenze: $2\,P = 29015.0$.

|  | 3 | 4 | 5 | 6 |
|---|---|---|---|---|
| $\lambda$ | 6362.58 | 4630.06 | 4114 | 3880 |
| $\nu$ | 15712.62 | 21592.5 | 24301 | 25766 |
| $m\,D$ | 13302.4 | 7422.5 | 4714 | 3249 |

[1]) E. Fues (Ann. d. Phys. 1920, Bd. 63, p. 25) hat die Grenze der II. N.S. dieses Systems für Zn, Cd und Hg mit der erweiterten Ritzschen Formel neu berechnet und etwas größere Werte gefunden. Diese wurde hier nicht verwendet, weil sonst in den Kombinationen zwischen Triplet- und Singletsystem zwischen den berechneten und beobachteten Werten von $\nu$ eine nahezu konstante Abweichung immer in demselben Sinne auftritt.

## Zink.  Kombinationen.

| | $\nu$ | | $\lambda_{beob}$ |
|---|---|---|---|
| | berechnet | beobachtet | |
| $3\,D - 4\,f$ | 6375.00 | 6374.99 | 15682.1 |
| $2\,P - 3\,d_2$ | 16024.85 | 16025.87 | 6238.21 |
| $2\,P - 3\,d_3$ | 16021.4 | 16022.74 | 6239.43 |
| $2\,p_1 - 4\,f$ | 35943.99 | 35943.81 | 2781.33 |
| $2\,p_2 - 4\,f$ | 36332.90 | 36333.51 | 2751.49 |
| $2\,p_3 - 4\,f$ | 36522.68 | 36526.48 | 2736.96 |
| $2\,p_1 - 5\,f$ | 38432.85 | 38435.23 | 2601.03 |
| $2\,p_2 - 5\,f$ | 38821.76 | 38821.38 | 2575.15 |
| $2\,p_3 - 5\,f$ | 39011.54 | 39010.08 | 2562.70 |
| $2\,s - 3\,d_1$ | 9104.56 | 9105.48 | 10979.4 |
| $3\,p_1 - 4\,d_1$ | 7252.18 | 7252.42 | 13784.8 |
| $3\,p_1 - 4\,d_3$ | 7249.01 | 7248.43 | 13792.4 |
| $3\,p_2 - 3\,s$ | 4157.70 | 4157.63 | 24045.7 |
| $2\,p_1 - 3\,p_1$ | 28439.16 | 28439.47 | 3515.26 |
| $1\,S - 2\,p_2$ | 32498.24 | 32500.67 | 3075.99[1] |
| $1\,S - 3\,p_2$ | 61270.10 | 61270.38 | 1632.11 vac.[2] |
| $2\,p_2 - 2\,S$ | 23288.36 | 23287.22 | 4293.02 |

[1] Resonanzlinie.  [2] K. Wolff, l. c. p. 833.

## Funkenspektrum.

### II. Nebenserie

$$2\,p_i - m\,s.$$

Grenzen:  $2\,p_1 = 109650.0[1]$);  $2\,p_2 = 110522.5$;  $2\,p_2 - 2\,p_1 = 872.5$.

| m | | 1 | 2 |
|---|---|---|---|
| $sp_1$ | $\lambda_{vac}$ | 2026.19[2]) | 2558.03 |
| | $\nu$ | 49353.7 | 39081.3 |
| | $ms$ | 159003.7 | 70568.7 |
| $sp_2$ | $\nu_{vac}$ | 2062.57[2]) | 2502.11 |
| | $\nu$ | 48483.2 | 39954.6 |
| | $ms$ | 159005.7 | 70567.9 |

### I. Nebenserie

$$2\,p_i - m\,d_j$$

| m | $2\,p_1 - 3\,d_2$ | | $2\,p_1 - 3\,d_1$ | | $2\,p_2 - 3\,d_2$ |
|---|---|---|---|---|---|
| $\lambda$ | 2102.88[2]) | | 2100.53[2]) | | 2064.93[2]) |
| $\nu$ | 47553.8 | | 47607.0 | | 48427.8 |
| $3\,d_2$ | 62096.2 | $3\,d_1$ | 62043.0 | $3\,d_2$ | 62094.7 |

[1] von E. Fues geschätzt, l. c., p. 18.
[2] Wellenlängen nach F. A. Saunders, Astrophys. Journ. 1917, Bd. 43, p. 239. Die Glieder der II. u. I. N.S. nach Zeeman-Typen gefunden.

## Zink. Bergmann-Serie

$$3\,d_j - m\,f.$$

| m | $3\,d_1 - 4\,f$ | $3\,d_2 - 4\,f$ |
|---|---|---|
| $\lambda$ | 4924.16 | 4911.81 |
| $\nu$ | 20302.5 | 20353.5 |
| $4\,f$ | 41740.5 | 41741.2 |

$$\varDelta\,2\,p_i = 873.8 \text{ kommt vor bei}$$

| | | |
|---|---|---|
| $\lambda$ | 5894.65 | 6214.86 |
| $\nu$ | 16959.9 | 16086.1 |

# Cadmium.

Literatur:

H. Kayser und C. Runge, Ann. d. Phys. 1891, Bd. 43, p. 385. — 1894, Bd. 52, p. 114.

J. R. Rydberg, Ann. d. Phys. 1893, Bd. 50, p. 625.

F. Paschen, Ann. d. Phys. 1909, Bd. 29, p. 625. — 1909, Bd. 30, p. 747.

H. Kayser, Handbuch der Spektr. 1910, Bd. 5, p. 263.

F. Paschen, Ann. d. Phys. 1911, Bd. 35, p. 860.

F. A. Saunders, Phys. Review 1905, Bd. 20, p. 117.

K. Wolff, Ann. d. Phys. 1913, Bd. 42, p. 825.

F. Paschen, Ann. d. Phys. 1913, Bd. 42, p. 840.

## Tripletsystem. Hauptserie.

Grenze: $2\,s = 21.050.39.$

| m | 2 | 3 | 4 | 5 | 6 | 7 |
|---|---|---|---|---|---|---|
| $\lambda$ | 5086.06 | 13979.22 | 7346.10 | 6099.393 | 5598.989 | 5339.69 |
| $\nu$ | 19656.21 | 7171.551 | 13608.96 | 16390.62 | 17855.49 | 18722.56 |
| $m\,p_1$ | 40706.60 | 13898.84 | 7441.43 | 4659.77 | 3194.90 | 2327.83 |
| $\lambda$ | 4800.09 | 14327.99 | 7382.49 | 6111.729 | 5604.903 | 5339.692 |
| $\nu$ | 20827.26 | 6977.466 | 13541.91 | 16357.54 | 17836.66 | 18722.56 |
| $m\,p_2$ | 41877.65 | 14072.924 | 7508.48 | 4692.85 | 3213.73 | 2327.83 |
| $\lambda$ | 4678.37 | 14474.62 | 7396.58 | 6116.395 | 5607.068 | 5339.692 |
| $\nu$ | 21369.12 | 6906.787 | 13516.10 | 16345.06 | 17829.76 | 18722.56 |
| $m\,p_3$ | 42419.51 | 14143.603 | 7534.29 | 4705.33 | 3220.63 | 2327.83 |

## Cadmium.  II. Nebenserie.

Grenzen:  $2p_1 = 40706.60$;   $2p_2 = 41877.65$;   $2p_3 = 42419.51$.

| m | 2 | 3 | 4 | 5 | 6 | 7 | 8 |
|---|---|---|---|---|---|---|---|
| $\lambda$ | 5086.06 | 3252.63 | 2868.35 | 2712.65 | 2632.29 | 2582.86 | 2553.61 |
| $\nu$ | 19656.21 | 30735.75 | 34853.29 | 36853.72 | 37978.77 | 38705.33 | 39148.90 |
| ms | 21050.39 | 9970.85 | 5853.31 | 3852.88 | 2727.38 | 2001.27 | 1557.70 |
| $\lambda$ | 4800.09 | 3133.29 | 2775.09 | 2629.15 | 2553.61 | 2507.93 | . . . . |
| $\nu$ | 20827.26 | 31906.37 | 36024.61 | 38024.11 | 39148.90 | 39861.92 | . . . . |
| ms | 21050.39 | 9971.28 | 5853.04 | 3853.54 | 2728.75 | 2015.73 | . . . . |
| $\lambda$ | 4678.37 | 3081.03 | 2733.97 | 2592.14 | 2518.78 | 2474.15 | . . . . |
| $\nu$ | 21369.12 | 32447.52 | 36566.41 | 38567.00 | 39688.94 | 40406.00 | . . . . |
| ms | 21050.39 | 9971.99 | 5853.10 | 3852.51 | 2730.57 | 2013.51 | . . . . |
| ms | 21050.39 | 9971.37 | 5853.15 | 3852.98 | 2728.29 | 2010.10 | 1557.70 |

## I. Nebenserie.

Grenzen:  $2p_1 = 40706.60$;   $2p_2 = 41877.65$;   $2p_3 = 42419.51$.

| | m | 3 | 4 | 5 | 6 | 7 |
|---|---|---|---|---|---|---|
| $p_1 d_3$ | $\lambda$ | 3614.58 | 2982.01 | . . . . | . . . . | . . . . |
| | $\nu$ | 27658.08 | 33524.98 | . . . . | . . . . | . . . . |
| | $m d_3$ | 13048.52 | 7181.62 | . . . . | . . . . | . . . . |
| $p_1 d_2$ | $\lambda$ | 3613.04 | 2981.46 | 2764.29 | . . . . | . . . . |
| | $\nu$ | 27669.86 | 33531.17 | 36165.32 | . . . . | . . . . |
| | $m d_2$ | 13036.74 | 7175.43 | 4541.28 | . . . . | . . . . |
| $p_1 d_1$ | $\lambda$ | 3610.66 | 2980.75 | 2763.99 | 2660.45 | 2601.99 |
| | $\nu$ | 27688.10 | 33539.17 | 36169.24 | 35576.75 | 38421.05 |
| | $m d_1$ | 13018.50 | 7167.43 | 4537.36 | 3129.85 | 2285.55 |
| $p_2 d_3$ | $\lambda$ | 3467.76 | 2881.34 | . . . . | . . . . | . . . . |
| | $\nu$ | 28828.99 | 34696.20 | . . . . | . . . . | . . . . |
| | $m d_3$ | 13048.66 | 7181.45 | . . . . | . . . . | . . . . |
| $p_2 d_2$ | $\lambda$ | 3466.33 | 2880.88 | 2677.65 | 2580.33 | 2525.57 |
| | $\nu$ | 28840.88 | 34701.74 | 37335.44 | 38743.47 | 39583.42 |
| | $m d_2$ | 13036.77 | 7175.91 | 4542.21 | 3134.18 | 2294.23 |
| $p_3 d_3$ | $\lambda$ | 3403.74 | 2873.01 | 2639.63 | 2544.84 | . . . . |
| | $\nu$ | 29371.25 | 35238.32 | 37873.19 | 39283.70 | . . . . |
| | $m d_3$ | 13048.26 | 7181.19 | 4546.32 | 3135.81 | . . . . |
| | $m d_3$ | 13048.48 | 7181.42 | 4546.32 | 3135.81 | . . . . |
| | $m d_2$ | 13036.76 | 7175.67 | 4541.69 | 3134.18 | 2294.23 |
| | $m d_1$ | 13018.50 | 7167.43 | 4537.36 | 3129.85 | 2285.55 |

## Cadmium. Bergmannserie.

Grenzen: $3\,d_3 = 13048.48$; $\quad 3\,d_2 = 13036.76$; $\quad 3\,d_1 = 13018.50$.

| m | | 4 | 5 |
|---|---|---|---|
| $d_3\,f$ | $\lambda$ | 16401.5 | . . . . |
| | $\nu$ | 6095.35 | . . . . |
| | $mf$ | 6953.13 | . . . . |
| $d_2\,f$ | $\lambda$ | 16433.8 | 11630.8 |
| | $\nu$ | 6083.37 | 8595.57 |
| | $mf$ | 6953.39 | 4441.19 |
| $d_1\,f$ | $\lambda$ | 16482.2 | . . . . |
| | $\nu$ | 6065.51 | . . . . |
| | $mf$ | 6952.99 | . . . . |
| | $mf$ | 6953.17 | . . . . |

## Kombinationen.

| | $\nu$ ber. | $\nu$ beob. | $\lambda_{beob}$ |
|---|---|---|---|
| $3\,p_1 - 4\,d_1$ | 6731.41 | 6730.42 | 14852.9 |
| $3\,p_2 - 4\,d_1$ | 6905.49 | 6909.79 | 14474.62 |
| $3\,p_3 - 4\,d_1$ | 6976.17 | 6976.76 | 14329.60 |
| $3\,p_3 - 4\,d_3$ | 6962.18 | 6964.607 | 14354.45 |
| $2\,p_1 - 4\,f$ | 33753.43 | 33755.50 | 2961.64 |
| $2\,p_2 - 4\,f$ | 34924.48 | 34925.97 | 2862.36 |
| $2\,p_3 - 4\,f$ | 35466.34 | 35467.78 | 2818.66 |
| $2\,p_1 - 5\,f$ | 36265.49 | 36264.996 | 2756.69 |
| $2\,p_2 - 5\,f$ | 37436.46 | 37431.03 | 2670.81 |
| $2\,p_3 - 5\,f$ | 37978.32 | 37978.77 | 2632.29 |
| $2\,p_1 - 3\,p_1$ | 26807.76 | 26807.93 | 3729.21 |
| $2\,p_1 - 4\,p_1$ | 33265.17 | 33262.59 | 3005.53 |
| $2\,p_2 - 3\,p_2$ | 27804.73 | 27803.73 | 3595.64 |
| $2\,p_2 - 4\,p_1$ | 34436.22 | 34434.55 | 2903.24 |
| $2\,p_2 - 4\,p_2$ | 34364.06 | 34368.04 | 2908.85 |

## Cadmium. System einfacher Linien.

### Hauptserie.

$1S - mP.$

Grenze: 72532.76.

| m | 2 | 3 | 4 | 5 |
|---|---|---|---|---|
| $\lambda_{vac}$ | 2288.79[1]) | 1669.30 | 1526.73 | 1469.35 |
| $\nu$ | 43691.2 | 59905.3 | 65499.6 | 68057.4 |
| mP | 28841.56 | 12627.46 | 7033.16 | 4475.36 |
| | 6 | 7 | 8 | 9 |
| $\lambda_{vac}$ | 1440.15 | 1423.22 | 1412.46 | 1405.16 |
| $\nu$ | 69437.2 | 70263.4 | 70798.4 | 71166.3 |
| mP | 3095.56 | 2269.36 | 1734.36 | 1366.46 |

[1]) Resonanzlinie. Bis m = 7 beob. von Wolff.

### Hauptserie.

$2S - mP.$

Grenze: 19224.3.

| m | 2 | 3 | 4 | 5 |
|---|---|---|---|---|
| $\lambda$ | 10395.17 | 15154.78 | 8200.5 | 6778.34 |
| $\nu$ | 9617.26 | 6596.8 | 12191.1 | 14748.9 |
| mP | 28841.56 | 12627.5 | 7033.2 | 4475.4 |
| | 6 | 7 | 8 | 9 |
| $\lambda$ | 6198.43 | 5896 | 5716 | 5598.28 |
| $\nu$ | 16128.7 | 16955 | 17490 | 17857.8 |
| mP | 3095.6 | 2269.3 | 1734.3 | 1366.5 |

### II. Nebenserie.

Grenze: $2P = 28841.56.$

| m | 1 | 2 | 3 | 4 | 5 | 6 | 7 |
|---|---|---|---|---|---|---|---|
| $\lambda$ | 2288.10 | 10395.17 | 5154.85 | 4306.98 | 3981.92 | 3819 | 3723 |
| $\nu$ | 43691.2 | 9617.26 | 19393.9 | 23211.60 | 25106.4 | 26177.3 | 26852.9 |
| mS | 72532.76 | 19224.3 | 9447.7 | 5630.0 | 3735.2 | 2664.3 | 1988.7 |

## Cadmium. I. Nebenserie.

Grenze: $2P = 28\,841.56$.

| m | 3 | 4 | 5 | 6 |
|---|---|---|---|---|
| $\lambda$ | 6438.71 | 4662.69 | 4141 | 3905 |
| $\nu$ | 15526.84 | 21440.9 | 24142 | 25601 |
| $mD$ | 13314.72 | 7400.7 | 4699.6 | 3241.6 |

## Kombinationen.

| | $\nu_{\mathrm{ber}}$ | $\nu_{\mathrm{beob}}$ | $\lambda_{\mathrm{beob}}$ |
|---|---|---|---|
| $3D-4f$ | 6361.63 | 6362.25 | 15713.50 |
| $3D-5f$ | 8873.69 | 8872.01 | 11268.36 |
| $2p_1-3D$ | 27391.80 | 27391.63 | 3649.74 |
| $2p_2-3D$ | 28562.58 | 28562.70 | 3500.09 |
| $4f-N/5^2$ | 2566.17 | 2557.7 | 39086.9 |
| $2P-3d_2$ | 15804.84 | 15804.98 | 6325.40 |
| $2P-3d_3$ | 15793.12 | 15793.05 | 6330.18 |
| $2P-4d_2$ | 21665.93 | 21665.6 | 4614.35 |
| $2P-4d_3$ | 21660.18 | 21659.9 | 4615.57 |
| $2P-5d_2$ | 24299.9 | 24296.44 | 4114.7 |
| $2P-5d_3$ | 24295.28 | 24296.44 | 4114.7 |
| $2s-4P$ | 14017.19 | 14016.73 | 7132.4 |
| $2s-5P$ | 16574.99 | 16574.81 | 6031.61 |
| $2s-6P$ | 17954.79 | 17954.87 | 5568 |
| $2s-7P$ | 18781.09 | 18777.76 | 5324 |
| $2P-3s$ | 18870.19 | 18870.52 | 5297.82 |
| $2p_2-1S$ | 30655.20 | 30655.19 | 3261.17[1] |
| $2p_2-2S$ | 22653.35 | 22652.93 | 4413.23 |
| $2p_2-3S$ | 32429.35 | 32428.89 | 3082.80 |
| $1S-3p_2$ | 58459.84 | 58462.10 | 1710.51 vac |
| $1S-4p_2$ | 65024.38 | 65026.69 | 1537.83 vac |
| $1S-2s$ | 51482.37 | $\begin{cases} 51453.03 \\ 51551.17 \end{cases}$ | $\begin{matrix} 1942.9\,? \\ 1939.2 \end{matrix}$ |

[1] Resonanzlinie.

# Cadmium. Funkenspektrum. Dubletsystem.

## II. Nebenserie.

Grenzen: $2p_1 = 103\,880.0$; $2p_2 = 106\,364.0$.[1]

|  |  | 1 | 2 |
|---|---|---|---|
| $p_1$ s | $\lambda$ | 2144.45 | 2748.68 |
| | $\nu$ | 46617.6 | 36370.51 |
| | ms | 150497.4 | 67509.49 |
| $p_2$ s | $\lambda$ | 2265.13 | 2573.12 |
| | $\nu$ | 44133.5 | 38851.88 |
| | ms | 150497.5 | 67512.12 |
| | ms | 150497.5 | 67510.8 |

## I. Nebenserie.

Grenzen: $2p_1 = 103\,880.0$; $2p_2 = 106\,364.0$.

| | | 3 | |
|---|---|---|---|
| $p_1\,d_2$ | $\lambda$ | 2321.23 | $2p_2 - 2p_1 = 2484.0$. |
| | $\nu$ | 43067.62 | |
| | $m\,d_2$ | 60812.38 | Diese Schwingungsdifferenz weist auch noch das Paar auf: |
| $p_1\,d_1$ | $\lambda$ | 2312.95 | nach Zeeman-Typ |
| | $\nu$ | 43221.75 | |
| | $m\,d_1$ | 60658.25 | $2p_1 - m\,d_2$ $\lambda = 3535.82$ $\nu = 28274.07$ |
| $p_2\,d_2$ | $\lambda$ | 2194.67 | $2p_2 - m\,d_2$ $\lambda = 3250.3$ $\nu = 30757.68$   Diff. $= 2483.61$ |
| | $\nu$ | 45551.03 | |
| | $m\,d_2$ | 60812.97 | Diese Serien-Anordnung ist aus den Zeeman-Typen erschlossen. |
| | $m\,d_2$ | 60812.68 | |

---

[1]) Geschätzt von E. Fues, l. c. p. 18.

# Quecksilber.


Literatur:

H. Kayser und C. Runge, Ann. d. Phys. 1891, Bd. 43, p. 385. — 1894, Bd. 52, p. 115.

J. R. Rydberg, Ann. d. Phys. 1893, Bd. 50, p. 625.

C. Runge und F. Paschen, Ann. d. Phys. 1901, Bd. 5, p. 725.

C. Runge und F. Paschen, Astrophys. Journal 1901, Bd. 14, p. 49.

J. M. Eder und E. Valenta, Ann. d. Phys. 1895, Bd. 55, p. 489.

Stiles, Astropyhs. Journal 1909, Bd. 30, p. 48.

S. R. Milner, Phil. Mag. 1910, p. 640.

F. Paschen, Ann. d. Phys. 1908, Bd. 27, p. 537. — 1909, Bd. 29, p. 625; Bd. 30, p. 745.

H. Hermann, Diss. Tübingen 1904.

H. Kayser, Handb. d. Spektr. 1910, Bd. 5, p. 521.

F. Paschen, Ann. d. Phys. 1911, Bd. 35, p. 860.

G. Wiedmann, Ann. d. Phys. 1912, Bd. 38, p. 1041.

K. Wolff, Ann. d. Phys. 1913, Bd. 42, p. 825.

F. Paschen, Ann. d. Phys. 1913, Bd. 42, p. 840.

Theo Volk, Wellenlängen-Normalen im Ultrarot von Quecksilber, Zink, Kadmium. Diss. Tübingen 1913.


Landé[1]) gibt geradeso wie beim Neonspektrum die quantenmäßige Übersicht über das Quecksilberspektrum.

$$n = \text{azimutale Quantenzahl,}$$
$$k = \text{innere Quantenzahl.}$$

Erlaubt sind die Übergänge $n - n' = \pm 1$ und $k = k' = \pm 1$ oder $0$ unter Ausschluß von $k = k' = 0$.

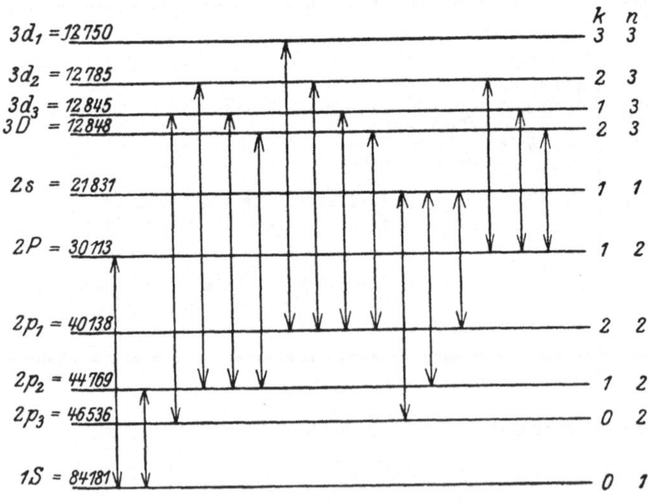


[1]) A. Landé, Phys. Zeitschr. 1921, Nr. 15. p. 421.

Die von $1\,S$ ausgehenden zwei Pfeile sind die beiden Absorptionslinien $\lambda = 2537$ und $\lambda = 1849$. Sie sind Resonanzlinien, da von $2\,p_2$ und von $2\,P$ nur der ganze Zurücksprung nach $1\,S$ möglich ist. $1\,S \cdot h \cdot c$ ist die Ionisierungsenergie des neutralen Hg-Atoms.

Die gleiche Übersicht gilt für Mg, Zn und Cd.

Die Anordnung des Hg-Spektrums durch H. Dingle, Proc. Roy. Soc. 1921, vol. 100, p. 167 würde hiermit nicht im Einklang sein. Sie berücksichtigt nicht die Sonderstellung des Einfachliniensystems in physikalischer Hinsicht (Druck), die Zeeman-Effekte und die Analogie mit den Spektren von Mg, Zn, Cd.

Die Zahlen sind intn. ÅE. nach Stiles, Dingle und Volk.

### Quecksilber. Tripletsystem. Hauptserie.

Grenze: $2\,s = 21\,830.8$.

| m | 2 | 3 | 4 | 5 | 6 |
|---|---|---|---|---|---|
| $\lambda$ | 5 460.74 | 11 287.15 | 6 907.35 | 5 803.55 | 5 354.05 |
| $\nu$ | 18 307.5 | 8 857.3 | 14 473.0 | 17 226.1 | 18 672.4 |
| $m\,p_1$ | 40 138.3 | 12 973.5 | 7 357.8 | 4 604.7 | 3 158.4 |
| $\lambda$ | 4 358.34 | 13 672.99 | 7 082.01 | 5 859.32 | 5 384.70 |
| $\nu$ | 22 938.1 | 7 311.7 | 14 116.4 | 17 052.1 | 18 566.1 |
| $m\,p_2$ | 44 768.9 | 14 519.1 | 7 714.6 | 4 768.7 | 3 264.7 |
| $\lambda$ | 4 046.56 | 13 950.49 | 7 092.20 | 5 872.12 | 5 389.01 |
| $\nu$ | 24 705.4 | 7 166.3 | 14 096.2 | 17 025.0 | 18 551.2 |
| $m\,p_3$ | 46 536.2 | 14 664.5 | 7 734.4 | 4 805.8 | 3 279.6 |

| m | 7 | 8 | 9 | 10 |
|---|---|---|---|---|
| $\lambda$ | 5 120.65 | 4 980.82 | 4 890.27 | 4 827.1 |
| $\nu$ | 19 523.4 | 20 071.5 | 20 443.1 | 20 710.7 |
| $m\,p_1$ | 2 307.4 | 1 759.3 | 1 387.7 | 1 120.1 |
| $\lambda$ | 5 138.09 | 4 991.5 | 4 896.9 | 4 832.2 |
| $\nu$ | 19 457.1 | 20 028.5 | 20 415.4 | 20 688.8 |
| $m\,p_2$ | 2 373.7 | 1 802.3 | 1 415.4 | 1 142.0 |
| $\lambda$ | 5 140.10 | . . . . | . . . . | . . . . |
| $\nu$ | 19 449.5 | . . . . | . . . . | . . . . |
| $m\,p_3$ | 2 381.3 | . . . . | . . . . | . . . . |

| m | 11 | 12 | 13 | 14 |
|---|---|---|---|---|
| $\lambda$ | 4 782.1 | 4 748.1 | 4 722.8 | 4 701.8 |
| $\nu$ | 20 905.6 | 21 055.2 | 21 168.0 | 21 262.5 |
| $m\,p_1$ | 925.2 | 775.6 | 662.8 | 568.3 |

| m | 15 | 16 | 17 | 18 |
|---|---|---|---|---|
| $\lambda$ | 4 685.3 | 4 672.7 | 4 662.4 | 4 653.4 |
| $\nu$ | 21 337.3 | 21 394.8 | 21 442.3 | 21 483.8 |
| $m\,p_1$ | 493.5 | 436.0 | 388.5 | 347.0 |

## Quecksilber. II. Nebenserie.

Grenzen: $2\,p_1 = 40\,138.3$; $2\,p_2 = 44\,768.9$; $2\,p_3 = 46\,536.2$.

| m | 2 | 3 | 4 | 5 | 6 |
|---|---|---|---|---|---|
| $\lambda$ | 5 460.74 | 3 341.48 | 2 925.41 | 2 759.70 | 2 674.99 |
| $p_1$ s $\nu$ | 18 307.5 | 29 918.3 | 34 173.4 | 36 225.3 | 37 372.5 |
| m s | 21 830.8 | 10 220.0 | 5 964.9 | 3 913.0 | 2 765.8 |
| $\lambda$ | 4 358.34 | 2 893.60 | 2 576.29 | 2 446.90 | 2 379.99 |
| $p_2$ s $\nu$ | 22 938.1 | 34 549.1 | 38 804.1 | 40 856.1 | 42 004.6 |
| m s | 21 830.8 | 10 219.8 | 5 964.8 | 3 912.8 | 2 764.3 |
| $\lambda$ | 4 046.56 | 2 752.78 | 2 464.06 | 2 345.43 | . . . . |
| $p_3$ s $\nu$ | 24 705.4 | 36 316.4 | 40 571.5 | 42 623.5 | . . . . |
| m s | 21 830.8 | 10 219.8 | 5 964.7 | 3 912.7 | . . . . |

| m | 7 | 8 | 9 | 10 |
|---|---|---|---|---|
| $\lambda$ | 2 625.24 | 2 593.41 | 2 571.75 | 2 556.30 |
| $p_1$ s $\nu$ | 38 080.7 | 38 548.0 | 38 872.7 | 39 107.6 |
| m s | 2 057.6 | 1 590.3 | 1 265.6 | 1 030.7 |
| $\lambda$ | 2 340.60 | . . . . | . . . . | . . . . |
| $p_2$ s $\nu$ | 42 711.5 | . . . . | . . . . | . . . . |
| m s | 2 057.4 | . . . . | . . . . | . . . . |
| $\lambda$ | . . . . | . . . . | . . . . | . . . . |
| $\nu$ | . . . . | . . . . | . . . . | . . . . |
| m s | . . . . | . . . . | . . . . | . . . . |

| m | 11 | 12 | 13 | 14 |
|---|---|---|---|---|
| $\lambda$ | 2 544.87 | fällt | 2 529.53 | 2 524.11 |
| $p_1$ s $\nu$ | 39 283.2 | auf | 39 521.5 | 39 606.3 |
| m s | 855.1 | 2 536.52 | 616.8 | 532.0 |

| m | 15 | 16 | |
|---|---|---|---|
| $\lambda$ | 2 519.79 | 2 516.32 | |
| $p_1$ s $\nu$ | 39 674.2 | 39 728.9 | stärkste Linie $2\,p_1 - $ m s |
| m s | 464.1 | 409.4 | |

## Quecksilber. I. Nebenserie.

Grenzen: $2p_1 = 40138.3$; $2p_2 = 44768.9$; $2p_3 = 46536.2$.

| m | | 3 | 4 | 5 | 6 | 7 | 8 | 9 | 10 |
|---|---|---|---|---|---|---|---|---|---|
| $p_1 d_3$ | $\lambda$ | 3662.88 | 3025.62 | 2805.42 | ····· | ····· | ····· | ····· | ····· |
| | $\nu$ | 27293.2 | 33041.6 | 35634.9 | ····· | ····· | ····· | ····· | ····· |
| | $m d_3$ | 12845.1 | 7096.7 | 4503.4 | ····· | ····· | ····· | ····· | ····· |
| $p_1 d_2$ | $\lambda$ | 3654.83 | 3023.47 | 2804.46 | 2699.50 | 2639.93 | ····· | ····· | ····· |
| | $\nu$ | 27353.3 | 33065.0 | 35647.1 | 37033.1 | 37868.7 | ····· | ····· | ····· |
| | $m d_2$ | 12785.0 | 7073.3 | 4491.2 | 3105.2 | 2269.6 | ····· | ····· | ····· |
| $p_1 d_1$ | $\lambda$ | 3650.15 | 3021.50 | 2803.48 | 2698.85 | 2639.93 | 2603.15 | 2578.44 | 2561.18 |
| | $\nu$ | 27388.4 | 33086.6 | 35659.6 | 37042.0 | 37868.7 | 38403.8 | 38771.9 | 39033.1 |
| | $m d_1$ | 12749.9 | 7051.7 | 4478.7 | 3096.3 | 2269.6 | 1734.5 | 1366.4 | 1105.2 |
| $p_2 d_3$ | $\lambda$ | 3131.55 | 2653.68 | 2482.72 | 2399.74 | ····· | ····· | ····· | ····· |
| | $\nu$ | 31923.9 | 37672.5 | 40266.6 | 41658.9 | ····· | ····· | ····· | ····· |
| | $m d_3$ | 12845.0 | 7096.4 | 4502.3 | 3110.0 | ····· | ····· | ····· | ····· |
| $p_2 d_2$ | $\lambda$ | 3125.66 | 2652.04 | 2482.01 | 2399.38 | 2358.48 | 2323.30 | ····· | ····· |
| | $\nu$ | 31984.0 | 37695.8 | 40278.1 | 41665.2 | 42495.8 | 43029.5 | ····· | ····· |
| | $m d_2$ | 12784.9 | 7073.1 | 4490.3 | 3103.7 | 2273.1 | 1739.4 | ····· | ····· |
| $p_3 d_3$ | $\lambda$ | 2967.28 | 2534.77 | 2378.34 | 2302.09 | 2258.87 | ····· | ····· | ····· |
| | $\nu$ | 33691.2 | 39439.8 | 42033.8 | 43425.9 | 44256.8 | ····· | ····· | ····· |
| | $m d_3$ | 12845.0 | 7096.4 | 4502.4 | 3110.3 | 2279.4 | ····· | ····· | ····· |
| | $m d_3$ | 12845.0 | 7096.5 | 4502.7 | 3110.2 | 2279.4 | ····· | ····· | ····· |
| | $m d_2$ | 12785.0 | 7073.2 | 4491.0 | 3104.5 | 2273.1 | 1739.4 | ····· | ····· |
| | $m d_1$ | 12749.9 | 7051.7 | 4478.7 | 3096.3 | 2269.6 | 1734.5 | 1366.4 | 1105.2 |

| | | 11 | 12 | 13 | 14 | 15 | 16 | 17 | 18 | 19 | 20 | 21 |
|---|---|---|---|---|---|---|---|---|---|---|---|---|
| $p_1 d_1$ | $\lambda$ | 2548.55 | 2539.00 | 2531.69 | 2525.84 | 2521.32 | 2517.45 | 2514.26 | 2511.64 | 2509.47 | 2507.47 | 2505.87 |
| | $\nu$ | 39226.6 | 39374.1 | 39487.8 | 39579.2 | 39651.5 | 39711.1 | 39761.4 | 39802.9 | 39837.3 | 39869.1 | 39894.5 |
| | $m d_1$ | 911.7 | 764.2 | 650.5 | 559.1 | 486.8 | 427.2 | 376.9 | 335.4 | 301.0 | 269.2 | 243.8 |

## Quecksilber. Bergmann-Serie.

Grenzen: $3d_1 = 12749.9$; $3d_2 = 12785.0$; $3d_3 = 12845.0$

|  |  | 4 | 5 |
|---|---|---|---|
| | $\lambda$ | $17202.1$[4]) | $12020.24$ |
| $d_1\,f_1$ | $\nu$ | $5811.7$ | $8317.1$ |
| | $mf_1$ | $6937.2$ | $4432.8$ |
| | $\lambda$ | $17109.6$[1]) | . . . . |
| $d_2\,f_2$ | $\nu$ | $5843.1$ | . . . . |
| | $mf_2$ | $6941.9$ | . . . . |
| | $\lambda$ | $16942.3$[3]) | $11887.66$[2]) |
| $d_3\,f_3$ | $\nu$ | $5900.8$ | $8409.8$ |
| | $mf_3$ | $6944.2$ | $4435.2$ |

$\lambda$ nach V o l k, Diss. Tübingen 1913.

[1]) Zugl. $3d_2 - 4F$.   [2]) Doppelt $5.5$ Å E, auch $3D - 5f$.   [3]) Zugl. $3p_1 - 4d_2$.   [4]) Auch $3P - 4d_2$.

## Kombinationen Triplet-System.

| | $\nu$ ber. | $\nu$ beob. | $\lambda$ beob | |
|---|---|---|---|---|
| $2p_1 - 3p_1$ | $27164.8$ | $27166.09$ | $3680.01$ | |
| $2p_1 - 4p_1$ | $32780.5$ | $32773.0$ | $3050.40$ | |
| $2p_1 - 5p_1$ | $35533.6$ | $(35570.0)$ | $(2810.51)$ | |
| $2p_1 - 6p_1$ | $36979.9$ | $36978.3$ | $2703.50$ | |
| $2p_1 - 7p_1$ | $37830.9$ | $37832.2$ | $2642.48$ | |
| $2p_1 - 8p_1$ | $38379.0$ | $38380.5$ | $2604.73$ | |
| $2p_1 - 9p_1$ | $38750.6$ | $38754.6$ | $2579.58$ | |
| $2p_1 - 10p_1$ | $39018.2$ | $39020.3$ | $2652.02$ | |
| $2p_1 - 4p_3$ | $32403.9$ | $32402.7$ | $3085.26$ | theoret. falsch |
| $2p_2 - 3p_1$ | $31795.4$ | $31791.9$ | $3144.55$ | |
| $2p_2 - 3p_2$ | $30249.8$ | $30247.8$ | $3305.08$ | |
| $2p_2 - 4p_1$ | $37411.1$ | $37405.4$ | $2672.62$ | ? |
| $3p_1 - 4d_1$ | $5921.8$ | $5908.2\,d$ | $16921.0\,d$ | |
| $3p_1 - 4d_2$ | $5900.3$ | $5900.8$ | $16942.3$ | zugl. $3d_3 - 4f_3$ |
| $3p_2 - 4d_2$ | $7446.0$ | $7441.5\,s$ | $13434.6$ | |
| $3p_3 - 4d_3$ | $7568.1$ | $7566.9$ | $13211.9$ | |
| $3p_1 - 3s$ | $2753.6$ | $2757$ | $36261$ | |
| $3p_2 - 3s$ | $4299.1$ | $4299.3$ | $23253.5$ | |
| $3p_3 - 3s$ | $4444.6$ | $4443.4$ | $22499.3$ | |
| | | | | $mf_1$ |
| $2p_1 - 4f_2$ | . . . . | $33201.4$ | $3011.05$ | $6936.9$ |
| $2p_2 - 4f_3$ | . . . . | $37830.5$ | $2642.60$ | $6938.4$ |
| $2p_3 - 4f$ | . . . . | $39596.9$ | $2524.71$ | $6939.3$ |
| $2p_1 - 5f_2$ | . . . . | $35706.1$ | $2799.83$ | $4432.2$ |
| $2p_2 - 5f_3$ | . . . . | $40332.6$ | $2478.66$ | $4436.3$ |
| $2p_3 - 5f$ | . . . . | $42110.2$ | $2374.02$ | $4426.0$ |
| $2p_1 - 6f_2$ | . . . . | $37063.5$ | $2697.29$ | $3074.8$ |
| $2p_1 - 7f_2$ | . . . . | $37884.2$ | $2638.85$ | $2254.1$ |
| $2p_1 - 8f_2$ | . . . . | $38415.1$ | $2602.38$ | $1723.2$ |
| $4f - N/5^2$ | $2550$ | $2543$ | $39320$ | . . . . |

## Quecksilber. System einfacher Linien.
## Hauptserie.

$$2\,S - m\,P.$$

Grenze: $2\,S = 20253.0$.

| | 2 | 3 | 4 | 5 | 6 | 7 |
|---|---|---|---|---|---|---|
| $\lambda$ | 10139.75 | 13570.6 | 6716.45 | 6234.35 | 5803.55 | 5549.28 |
| $\nu$ | 9859.52 | 7366.9 | 14884.8 | 16035.8 | 17226.1 | 18015.4 |
| $m\,P$ | 30112.5 | 12886.1 | 5368.2 | 4217.2 | 3026.9 | 2237.6 |

| | 8 | 9 | 10 | 11 | 12 | |
|---|---|---|---|---|---|---|
| $\lambda$ | 5393.50 | 5290.1 | 5218.9 | 5165.8 | 5128.9 | |
| $\nu$ | 18535.8 | 18897.9 | 19155.7 | 19352.2 | 19492.0 | |
| $m\,P$ | 1717.2 | 1355.1 | 1097.3 | 900.8 | 761.0 | |

## Hauptserie.

$$1\,S = m\,P.$$

Grenze: $1\,S = 84181.5$; von $m = 4$ an ber.

| m | 2 | 3 | 4 | 5 | 6 | 7 | 8 |
|---|---|---|---|---|---|---|---|
| $\lambda$ | 1849.50 | 1402.72 | 1268.82 | 1250.56 | 1232.22 | 1220.35 | 1212.65 |
| $\nu$ | 54068.7 | 71292.6 | 78813.3 | 79954.3 | 81154.6 | 81943.9 | 82464.3 |
| $m\,P$ | 30112.8 | 12888.9 | 5368.2 | 4217.2 | 3026.9 | 2237.6 | 1717.2 |

## II. Nebenserie.

$$2\,P = m\,S.$$

Grenze: $2\,P = 30112.5$.

| m | 1 | 2 | 3 | 4 | 5 |
|---|---|---|---|---|---|
| $\lambda$ | 1849.50 | 10139.75 | 4916.04 | 4108.08 | 3801.67 |
| $\nu$ | 54068.7 | 9859.52 | 20335.9 | 24335.4 | 26296.8 |
| $m\,S$ | 84181.2 | 20253.0 | 9776.6 | 5777.1 | 3815.7 |

## I. Nebenserie.

$$2\,P - m\,D.$$

Grenze: $2\,P = 30112.5$.

| m | 3 | 4 | 5 | 6 |
|---|---|---|---|---|
| $\lambda$ | 5790.66 | 4347.60 | 3906.40 | 3704.22 |
| $\nu$ | 17264.5 | 22995.3 | 25591.8 | 26988.6 |
| $m\,D$ | 12848.0 | 7117.2 | 4520.7 | 3123.9 |

| m | 7 | 8 | 9 | 10 |
|---|---|---|---|---|
| $\lambda$ | 3592.97 | 3524.27 | 3478.98 | 3447.22 |
| $\nu$ | 27824.4 | 28366.7 | 28736.4 | 29001.0 |
| $m\,D$ | 2288.1 | 1745.8 | 1376.1 | 1111.5 |

$3\,P - 4\,D$ ber. 5770.4, beob. 5767.9, $\lambda = 17332.7$ (Volk).

# Quecksilber.

## Kombinationen zwischen Triplets und einfachen Linien.

### $2\,p_2 - m\,S.$

Grenze: $2\,p_2 = 44\,768.9.$

| m | 1 | 2 | 3 | 4 | 5 |
|---|---|---|---|---|---|
| $\lambda$ | 2 536.52 | 4 077.83 | 2 856.94 | 2 563.90 | 2 441.03 |
| $\nu_{\text{beob}}$ | 39 412.6 | 24 515.9 | 34 992.4 | 38 991.7 | 40 954.4 |
| $\nu_{\text{ber}}$ | 39 412.6 | 24 515 9 | 34 992.3 | 38 991.8 | 40 953.2 |

### Grundserie $1\,S - m\,p_2.$

Grenze: $1\,S = 84\,181.5.$

| m | 2 | 3 |
|---|---|---|
| $\lambda$ | 2 536.52 | 1 435.57 |
| $\nu_{\text{beob}}$ | 39 412.6 | 69 658.8 |
| $\nu_{\text{ber}}$ | 39 412.6 | 69 662.4 |

### $2\,P - m\,s.$

Grenze: $2\,P = 30\,112.5.$

| m | 2 | 3 | 4 | 5 |
|---|---|---|---|---|
| $\nu$ | 12 071.63 | 5 025.56 | 4 140.03 | 3 815.84 |
| $\nu_{\text{beob}}$ | 8 281.7 | 19 892.7 | 24 147.9 | 26 199.3 |
| $\lambda_{\text{ber}}$ | 8 281.7 | 19 892.7 | 24 147.7 | 26 199.6 |

### $2\,s - m\,P.$

Grenze: $2\,s = 21\,830.8.$

| m | 2 | 3 | 4 | 5 | 6 |
|---|---|---|---|---|---|
| $\lambda$ | 12 071.63 | . . . . | 6 072.63 | 5 675.86 | 5 316.69 |
| $\nu_{\text{beob}}$ | 8 281.7 | . . . . | 16 462.9 | 17 614.5 | 18 803.6 |
| $\nu_{\text{ber}}$ | 8 281.7 | 8 943.2 | 16 462.6 | 17 613.6 | 18 803.9 |

| m | 7 | 8 | 9 | 10 |
|---|---|---|---|---|
| $\lambda$ | 5 102.42 | 4 970.13 | 4 883.1 | 4 822.3 |
| $\nu_{\text{beob}}$ | 19 593.1 | 20 114.7 | 20 474.5 | 20 731.3 |
| $\nu_{\text{ber}}$ | 19 593.2 | 20 113.6 | 20 475.7 | 20 733.5 |

## Quecksilber. $2p_i - mD$.

Grenzen: $2p_1 = 40138.3$; $2p_2 = 44768.9$; $2p_3 = 46536.2$.

| | m | 3 | 4 | 5 | 6 | 7 | 8 | 9 |
|---|---|---|---|---|---|---|---|---|
| $p_1$ | $\lambda$ | 3663.28 | 3027.48 | 2806.84 | 2700.92 | 2641.11 | 2603.84 | 2578.91 |
| | $\nu_{beob}$ | 27290.2 | 33021.2 | 35616.9 | 37013.6 | 37851.8 | 38393.6 | 38764.8 |
| | $\nu_{ber}$ | 27290.3 | 33021.1 | 35617.6 | 37014.4 | 37850.2 | 38392.5 | 38762.2 |
| $p_2$ | $\lambda$ | 3131.84 | 2655.13 | 2483.83 | 2400.52 | . . . . | . . . . | . . . . |
| | $\nu_{beob}$ | 31921.0 | 37652.0 | 40248.6 | 41645.4 | . . . . | . . . . | . . . . |
| | $\nu_{ber}$ | 31920.9 | 37651.7 | 40248.2 | 41645.0 | . . . . | . . . . | . . . . |
| $p_3$ | $\lambda$ | 2967.52 | (2536.09)[1] | 2379.46 | . . . . | . . . . | . . . . | . . . . |
| | $\nu_{beob}$ | 33688.5 | . . . . | 42013.8 | . . . . | . . . . | . . . . | . . . . |
| | $\nu_{ber}$ | 33688.2 | 39419.0 | 42015.5 | 43412.3 | . . . . | . . . . | . . . . |

[1] Fällt in die starke Linie.

| | $3p_1 - 4D$ | $3P - 4d_2$[1] |
|---|---|---|
| $\lambda$ | 17072.67 | 17202.10 |
| $\nu_{beob}$ | 5855.74 | 5811.69 |
| $\nu_{ber}$ | 5856.3 | 5812.8 |

[1] Auch $3d_1 - 4f_1$.

## $2P - md_i$.

Grenze: $2P = 30112.5$ (i = 2.3).

| | m | 3 | 4 | 5 | 6 | 7 | 8 | 9 |
|---|---|---|---|---|---|---|---|---|
| $-d_3$ | $\lambda$ | 5789.69 | 4343.64 | 3903.64 | 3702.36 | 3591.48 | . . . . | . . . . |
| | $\nu_{beob}$ | 17267.4 | 23015.7 | 25609.9 | 27002.3 | 27835.9 | . . . . | . . . . |
| | $\nu_{ber}$ | 17267.4 | 23016.0 | 25609.8 | 27002.3 | 27833.1 | . . . . | . . . . |
| $-d_2$ | $\lambda$ | 5769.60 | 4339.23 | 3901.90 | 3701.44 | 3590.95 | 3523.0 | 3477.85 |
| | $\nu_{beob}$ | 17327.5 | 23039.1 | 25621.3 | 27008.8 | 27840.0 | 28377.2 | 28745.5 |
| | $\nu_{ber}$ | 17327.5 | 23039.3 | 25621.5 | 27008.0 | 27839.4 | 28373.1 | 28745.0 |

### $3D - mf_2$.

| m | 4 | 5 |
|---|---|---|
| $\lambda$ | 16921.0 | 11887.7[1] |
| $\nu_{beob}$ | 5908.2 | 8409.8 |
| $(mf_2)$ | 6939.8 | 4438.3 |

[1] Doppelt, auch $3d_3 - 5f_3$.

### $2P - mf_3$.

| m | 4 | 5 |
|---|---|---|
| $\lambda$ | 4313.3 | 3893.89 |
| $\nu_{beob}$ | 23177.7 | 25674.2 |
| $mf_3$ | 6934.8 | 4438.3 |

### Quecksilber.  Funkenspektrum.

Rydbergs Dublet.

|  | $2\,p_1 - 2\,s$[1]) | $2\,p_2 - 2\,s$[1]) |
|---|---|---|
| $\lambda$ | 2 847.83 | 2 224.82 |
| $\nu$ | 35 104.16 | 44 933.44 |

[1]) nach Zeeman-Effekt.

## Kohlenstoff.

$\left.\begin{array}{l}\lambda\,2837.2\ \ p_2\,s\\ \lambda\,2836.3\ \ p_1\,s\end{array}\right\}$ ist das Grund-Dublet der Haupt- und II. Nebenserie.

$\lambda\,2478.3$ PS ist die Grundlinie der Haupt- und II. Nebenserie einfacher Linien.

## Bor.

Nach S. Popow[1]) ist:

$\left.\begin{array}{l}\lambda\ 2497.821\ \ p_1\,s\\ \lambda\ 2496.867\ \ p_2\,s\end{array}\right\}$ das Grunddublet der Haupt- und II. Nebenserie.

## Aluminium.

Literatur:

H. Kayser und C. Runge, Annalen d. Phys. 1893, Bd. 48, p. 126.
F. Paschen, Annalen d. Phys. 1909, Bd. 29, p. 625. — 1910, Bd. 33, p. 717.
H. Kayser, Handb. d. Spektr. 1910, Bd. 5, p. 94.
S. Popow, Annalen d. Phys. 1914, Bd. 45, p. 147.

### Dubletsystem.  Hauptserie.

Grenze: $2\,s = 22932.57$

| m | 2 | 3 | 4 | 5 | 6 |
|---|---|---|---|---|---|
| $\lambda$ | 3 961.68 | 13 125.36 | 6 696.269 | 5 557.283 | 5 105.32 |
| $\nu$ | 25 234.87 | 7 616.79 | 14 929.63 | 17 989.49 | 19 582.04 |
| $m\,p_1$ | 48 167.44 | 15 315.78 | 8 002.94 | 4 943.08 | 3 350.53 |
| $\lambda$ | 3 944.16 | 13 151.65 | 6 698.936 | 5 558.167 | 5 105.82 |
| $\nu$ | 25 346.94 | 7 601.57 | 14 923.68 | 17 986.61 | 19 580.12 |
| $m\,p_2$ | 48 279.51 | 15 331.00 | 8 008.89 | 4 945.96 | 3 352.45 |

[1]) S. Popow, Archives des sciences phys. et nat., t. 36, 1913, p. 11.

## Aluminium.  II. Nebenserie.

Grenzen:  $2p_1 = 48\,167.44$;  $2p_2 = 48\,279.51$.

| m | | 2 | 3 | 4 | 5 | 6 |
|---|---|---|---|---|---|---|
| $p_1 s$ | $\lambda$ | 3961.68 | 2660.49 | 2378.52 | 2263.83 | 2204.73 |
| | $\nu$ | 25234.87 | 37576.18 | 42030.41 | 44159.66 | 45343.25 |
| | $ms$ | 22932.57 | 10591.26 | 6137.03 | 4007.78 | 2824.19 |
| $p_2 s$ | $\lambda$ | 3944.16 | 2652.56 | 2372.21 | 2258.27 | 2199.71 |
| | $\nu$ | 25346.94 | 37688.63 | 42142.35 | 44268.35 | 45446.60 |
| | $ms$ | 22932.57 | 10590.88 | 6137.16 | 4011.16 | 2832.91 |
| | $ms$ | 22932.57 | 10591.07 | 6137.10 | 4009.47 | 2828.55 |

## I. Nebenserie.

Grenzen:  $2p_1 = 48\,167.44$;  $2p_2 = 48\,279.51$.

| m | | 3 | 4 | 5 | 6 | 7 |
|---|---|---|---|---|---|---|
| $p_1 d_2$ | $\lambda$ | 3092.96 | 2575.49 | 2373.45 | . . . . | . . . . |
| | $\nu$ | 33322.42 | 38816.26 | 42120.34 | . . . . | . . . . |
| | $md_2$ | 15845.02 | 9351.18 | 6047.10 | . . . . | . . . . |
| $p_1 d_1$ | $\lambda$ | 3092.83 | 2575.20 | 2373.23 | 2269.20 | 2210.15 |
| | $\nu$ | 32323.74 | 38820.63 | 42124.24 | 44055.19 | 45232.09 |
| | $md_1$ | 15843.70 | 9346.81 | 6043.20 | 4112.25 | 2935.25 |
| $p_2 d_2$ | $\lambda$ | 3082.27 | 2568.08 | 2367.16 | 2263.52 | 2204.73 |
| | $\nu$ | 32434.47 | 38928.23 | 42232.23 | 44165.71 | 45343.25 |
| | $md_2$ | 15845.04 | 9351.28 | 6047.28 | 4113.8 | 2936.26 |
| | $md_2$ | 15844.99 | 9351.23 | 6047.19 | 4113.8 | 2936.26 |

| m | | 8 | 9 | 10 | 11 |
|---|---|---|---|---|---|
| $p_1 d_2$ | $\lambda$ | . . . . | . . . . | . . . . | . . . . |
| | $\nu$ | . . . . | . . . . | . . . . | . . . . |
| | $md_2$ | . . . . | . . . . | . . . . | . . . . |
| $p_1 d_1$ | $\lambda$ | 2174.13 | 2150.69 | 2134.81 | 2123.44 |
| | $\nu$ | 45981.45 | 46482.44 | 46828.10 | 47078.98 |
| | $md_1$ | 2185.99 | 1685.00 | 1339.34 | 1088.46 |
| $p_1 d_2$ | $\lambda$ | 2168.87 | 2145.48 | 2129.52 | 2118.58 |
| | $\nu$ | 46092.93 | 46595.28 | 46944.61 | 47186.95 |
| | $md_2$ | 2186.58 | 1684.23 | 1334.90 | 1092.56 |

## Bergmannserie.

Grenze:  $3d_2 = 15\,844.99$.

| m | 4 | 5 | 6 |
|---|---|---|---|
| $\lambda$ | 11255.5 | 8775.10 | 7836.85[1]) |
| $\nu$ | 8882.19 | 11393.09 | 12756.29 |
| $mf$ | 6962.80 | 4451.90 | 3088.70 |

[1]) K. W. Meißner, Ann. d. Phys. 1916, Bd. 50, p. 726.

## Aluminium. Kombinationen.

| | $\nu$ berechnet | $\nu$ beobachtet | $\lambda_{beob}$ |
|---|---|---|---|
| $3p_1 - 3s$ | 4724.71 | 4723.23 | 21166.3 |
| $3p_2 - 3s$ | 4739.93 | 4738.47 | 21098.2 |
| $3p_1 - 4d_1$ | 5968.97 | 5967.76 | 16752.2 |
| $3p_2 - 4d_2$ | 5979.72 | 5979.07 | 16720.5 |
| $2p_1 - 4f$ | 41204.64 | 41204.15 | 2426.22 |
| $2p_2 - 4f$ | 41316.71 | 41316.34 | 2419.64 |
| $2p_1 - 5p_1$ | 43224.36 | 43229.22 | 2312.56 |
| $2p_1 - 5p_1$ | 44816.91 | 44803.87 | 2331.27 |
| $2p_2 - 6p_2$ | 44927.06 | 44914.75 | 2225.77 |
| $4f - N/5^2$ | 2575.8 | 2556.3 | 39108.6 |

### Funkenspektrum.

## Triplet $2p_i - 3d_j$.

(Wellenlängen aus Spark Spectra of the Alkali Eearths in the Schumann region, by Th. Lyman, Astrophys. Journal 1912, Bd. 35, p. 341.)

| Intensität | $\lambda$ | $\nu = 10^8\,\lambda^{-1}$ |
|---|---|---|
| 10 | 1725.0 | 57971 |
| 9 | 1721.2 | 58099 |
| 9 | 1719.3 | 58163 |

## 3/2 a-Tripletgruppe. $mp_i - np_j'$.

Angegeben: $\lambda_{vac}$ nach Paschen, $\nu$ und die Intensität.

| $mp_1$ | | $mp_2$ | | $mp_3$ | |
|---|---|---|---|---|---|
| | | 4<br>1765.7<br>56635.8<br>60.7 | | | $np_3'$ |
| 4<br>1767.6<br>56573.9<br>119.8 | 122.6 | 6<br>1763.77<br>56696.5<br>121.7 | 60.7 | 4<br>1761.9<br>56757.2 | $np_2'$ |
| 8<br>1763.87<br>56693.7 | 124.5 | 5<br>1760.0<br>56818.2 | | | $np_1'$ |

---

[1] Popow, loc. cit. p. 166.

# Skandium.

### Triplet $3d_i - 2p_j$.[1]

Messungen von Exner und Haschek[2].

Angegeben: $\lambda_{vac}$ Mittelwerte der Messungen im Bogen und Funken,
$\nu = 10^8\,\lambda^{-1}$ und die Intensität der Linien im Funken.

| $3d_1$ | | $3d_2$ | | $3d_3$ | |
|---|---|---|---|---|---|
| | | | | 4 | $2p_3$ |
| | | | | 2 564.04 | |
| | | | | 39 000.80 | |
| | | | | 112.88 | |
| | | 6 | | 4 | $2p_2$ |
| | | 2 561.11 | | 2 556.65 | |
| | | 39 045.57 | 68.11 | 39 113.68 | |
| | | 231.42 | | 230.37 | |
| 8 | | 4 | | — | $2p_1$ |
| 2 553.22 | | 2 546.02 | | 2 541.68 | |
| 39 166.23 | 110.76 | 39 276.99 | 67.06 | 39 344.05 | |
| $3d_1$ | | $3d_2$ | | $3d_3$ | |

# Yttrium.

### Triplet $3d_i - 2p_j$.[3]

Wellenlängen aus Messungen des Bogenspektrums des Yttrium von H. Kayser,
Abhandl. d. Berl. Ak. 1903.

Angegeben: $\nu$, $\lambda_{vac}$ und Intensität der Funkenlinien im Magnetfeld nach Popow.

| $3d_1$ | | $3d_2$ | | $3d_3$ | |
|---|---|---|---|---|---|
| | | | | 20 | $2p_3$ |
| | | | | 4 423.982 | |
| | | | | 22 604.07 | |
| | | | | 331.20 | |
| | | 25 | | 15 | $2p_2$ |
| | | 4 399.411 | | 4 360.095 | |
| | | 22 730.31 | 204.36 | 22 935.27 | |
| | | 871.22 | | 870.90 | |
| 30 | | 10 | | 3 | $2p_1$ |
| 4 310.964 | | 4 237.012 | | 4 200.592 | |
| 23 196.67 | 404.86 | 23 601.53 | 204.64 | 23 806.17 | |
| $3d_1$ | | $3d_2$ | | $3d_3$ | |

---

[1] S. Popow, Ann. d. Phys. 1914, Bd. 45, p. 165.

[2] F. Exner und E. Haschek, Die Spektren der Elemente bei normalem Druck, Bd. II und III.

[3] S. Popow, Ann. d. Phys. 1914, Bd. 45, p. 163/165.

## Yttrium. Triplet $3d_i - 3p_j$.[1]

Die Angaben sind die gleichen.

|  |  |  |  |  | 20 | $3p_3$ |
|  |  |  |  |  | 3 204.350 |  |
|  |  |  |  |  | 31 207.57 |  |
|  |  |  |  |  | 75.27 |  |
|  |  | 25 |  | 15 | $3p_2$ |  |
|  |  | 3 217.712 |  | 3 196.641 |  |  |
|  |  | 31 077.98 | 204.86 | 31 282.84 |  |  |
|  |  | 159.47 |  | 159.46 |  |  |
| 30 |  | 15 |  | 8 | $3p_1$ |  |
| 3 243.318 |  | 3 201.286 |  | 3 180.429 |  |  |
| 30 832.61 | 404.84 | 31 237.45 | 204.85 | 31 442.30 |  |  |
| $3d_1$ |  | $3d_2$ |  | $3d_3$ |  |  |

# Lanthan.

## Triplet $3d_i - 3p_j$.[2]

Angegeben: $\lambda_{vac}$, $\nu$ und Intensität der Funkenlinien im Magnetfeld.

|  |  |  |  |  | 15 | $3p_3$ |
|  |  |  |  |  | 3 345.645 |  |
|  |  |  |  |  | 29 889.59 |  |
|  |  |  |  |  | 375.19 |  |
|  |  | 20 |  | 12 | $3p_2$ |  |
|  |  | 3 381.996 |  | 3 304.171 |  |  |
|  |  | 29 568.35 | 696.43 | 30 264.78 |  |  |
|  |  | 1 043.44 |  | 1 043.63 |  |  |
| 25 |  | 12 |  | 6 | $3p_1$ |  |
| 3 338.560 |  | 3 366.715 |  | 3 194.030 |  |  |
| 29 953.03 | 658.76 | 30 611.79 | 696.62 | 31 308.41 |  |  |
| $3d_1$ |  | $3d_2$ |  | $3d_3$ |  |  |

[1] S. Popow, Ann. d. Phys. 1914, Bd. 45, p. 163/165.
[2] S. Popow, Ann. d. Phys. 1914, Bd. 45, p. 174.

# Neoytterbium.[1]

| Intensität[2] | $\lambda_{\text{vac}}$ | $\nu = 10^8\,\lambda^{-1}$ |
|---|---|---|
| 20 | 3695.341 | 27061.10 |
| 30 | 3290.417 | 30391.29 |
| 30 | 3988.149 | . . . . |

Die zwei ersten Linien bilden das Grunddublet der H.S. und der II. N.S., die dritte Linie ist das Grundglied des Systems einfacher Linien (H.S. und II. N.S.).

# Gallium.

Literatur:

F. Paschen und K. Meißner, Ann. d. Phys. 1914, Bd. 43, p. 1223.

## Dubletsystem.  Hauptserie.

Grenze: $2\,\text{s} = 23591.0$.

| m | 2 | 3 | 4 | 5 |
|---|---|---|---|---|
| $\lambda$ | 4172.22 | (11940.0) | 6397.10 | 5354.00 |
| $\nu$ | 23961.4 | (8373.0) | 15627.8 | 18672.5 |
| $m\,p_1$ | 47552.4 | (15218.0) | 7963.2 | 4918.5 |
| $\lambda$ | 4033.18 | (12096.0) | 6413.48 | 5360.0 |
| $\nu$ | 24787.5 | (8265.0) | 15586.7 | 18651.6 |
| $m\,p_2$ | 48378.5 | (15326.0) | 8004.3 | 4939.4 |

## Dubletsystem.  II. Nebenserie.

Grenzen:  $2\,p_1 = 47552.4$;  $2\,p_2 = 48378.5$.

| m | 2 | 3 | 4 |
|---|---|---|---|
| $\lambda$ | 4172.22 | 2719.76 | (2423.8) |
| $\nu$ | 23961.4 | 36757.4 | (41257.0) |
| $m\,s$ | 23591.0 | 10795.0 | (6295.0) |
| $\lambda$ | 4033.18 | 2659.94 | (2376.3) |
| $\nu$ | 24787.5 | 37584.0 | (42083.0) |
| $m\,s$ | 23591.0 | 10794.5 | (6295.0) |

[1] Popow, loc. cit. p. 175.
[2] Funken im Magnetfelde.

## I. Nebenserie.

Grenzen: $2p_1 = 47552.4$;  $2p_2 = 48378.5$.

| m | | ? | 4 |
|---|---|---|---|
| $p_1 d_2$ | $\lambda$ | 2944.29 | (2500.82) |
| | $\nu$ | 33954.4 | (39975.2) |
| | $m d_2$ | 13598.0 | (7577.2) |
| $p_1 d_1$ | $\lambda$ | 2943.77 | 2500.27 |
| | $\nu$ | 33959.9 | 39984.0 |
| | $m d_1$ | 13592.5 | 7568.4 |
| $p_2 d_2$ | $\lambda$ | 2874.35 | 2450.18 |
| | $\nu$ | 34780.6 | 40801.3 |
| | $m d_2$ | 13597.9 | 7577.2 |

# Indium.[1]

## Dubletsystem.   Hauptserie.

Grenze: $2s = 22294.94$.

| m | 2 | 3 | 4 | 5 | 6 | 7 | 8 |
|---|---|---|---|---|---|---|---|
| $\lambda_{\text{Luft Rowl}}$ | 4511.44 | (12857.0) | 6848.01 | 5709.97 | 5254.14 | 5017.7 | 4879.0 |
| $\nu$ | 22159.78 | (7776.0) | 14598.7 | 17508.5 | 19027.4 | 19924.0 | 20490.0 |
| $m p_1$ | 44454.72 | (14519.0) | 7696.2 | 4786.5 | 3267.5 | 2370.9 | 1805.0 |
| $\lambda$ | 4101.87 | (13359.0) | 6900.62 | 5728.49 | 5262.55 | 5023.2 | . . . . |
| $\nu$ | 24372.41 | (7483.5) | 14487.7 | 17401.85 | 18997.0 | 19902.2 | . . . . |
| $m p_2$ | 46667.35 | (14811.0) | 7807.2 | 4843.1 | 3297.9 | 2392.7 | . . . . |

## II. Nebenserie.

Grenzen: $2p_1 = 44454.72$;  $2p_2 = 46667.35$.

| m | 2 | 3 | 4 | 5 | 6 | 7 | 8 | 9 |
|---|---|---|---|---|---|---|---|---|
| $\lambda$ | 4511.44 | 2932.71 | 2601.84 | 2468.09 | 2399.33 | 2357.7 | . . . . | . . . . |
| $\nu$ | 22159.78 | 34088.51 | 38423.26 | 40505.34 | 41665.97 | 42401.63 | . . . . | . . . . |
| $m s$ | 22294.94 | 10366.21 | 6031.46 | 3949.38 | 2788.75 | 2051.09 | . . . . | . . . . |
| $\lambda$ | 4101.87 | 2753.97 | 2460.14 | 2340.30 | 2278.3 | 2241.6 | 2218.3 | 2200.00 |
| $\nu$ | 24372.41 | 36300.80 | 42636.20 | 42716.79 | 43879.28 | 44597.46 | 45065.95 | 45440.71 |
| $m s$ | 22294.94 | 10366.55 | 6031.15 | 3950.57 | 2788.07 | 2069.89 | 1601.40 | 1226.64 |
| $m s$ | 22294.94 | 10366.38 | 6031.30 | 3949.97 | 2788.41 | 2061.49 | 1601.40 | 1226.64 |

[1] H. Kayser und C. Runge, Ann. d. Phys. 1893, Bd. 48. p. 126.
F. Paschen und K. W. Meißner, Ann. d. Phys. 1914, Bd. 43, p. 1223.

## Indium. I. Nebenserie.

Grenzen: $2p_1 = 44454.72$; $2p_2 = 46667.35$.

| | m | 3 | 4 | 5 | 6 | 7 |
|---|---|---|---|---|---|---|
| | $\lambda$ | 3258.66 | 2714.50 | 2523.08 | 2430.8 | . . . . |
| $p_1 d_2$ | $\nu$ | 30678.89 | 36834.72 | 39622.48 | 41126.54 | . . . . |
| | $m d_2$ | 13775.83 | 7620.0 | 4832.24 | 3328.18 | . . . . |
| | $\lambda$ | 3256.17 | 2710.38 | 2521.45 | 2429.76 | 2379.74 |
| $p_1 d_1$ | $\nu$ | 30702.35 | 36884.58 | 39648.08 | 41144.14 | 42008.86 |
| | $m d_1$ | 13752.37 | 7570.14 | 4806.64 | 3310.58 | 2445.86 |
| | $\lambda$ | 3039.46 | 2560.25 | 2389.64 | 2306.8 | 2260.6 |
| $p_2 d_2$ | $\nu$ | 32891.27 | 39047.40 | 41835.05 | 43337.13 | 44222.74 |
| | $m d_2$ | 13776.08 | 7619.95 | 4832.30 | 3330.22 | 2444.61 |
| | $m d_2$ | 13775.95 | 7619.9 | 4832.27 | 3329.20 | 2444.61 |

| | m | 8 | 9 | 10 | 11 | 12 |
|---|---|---|---|---|---|---|
| | $\lambda$ | . . . . | . . . . | . . . . | . . . . | . . . . |
| $p_1 d_2$ | $\nu$ | . . . . | . . . . | . . . . | . . . . | . . . . |
| | $m d_2$ | . . . . | . . . . | . . . . | . . . . | . . . . |
| | $\lambda$ | 2230.9 | 2211.2 | 2197.5 | 2187.5 | 2180.0 |
| $p_1 d_1$ | $\nu$ | 44811.50 | 45210.61 | 45472.39 | 45700.29 | 45857.68 |
| | $m d_1$ | 1855.85 | 1456.74 | 1174.96 | 967.06 | 809.47 |
| | $\lambda$ | . . . . | . . . . | . . . . | . . . . | . . . . |
| $p_2 d_2$ | $\nu$ | . . . . | . . . . | . . . . | . . . . | . . . . |
| | $m d_2$ | . . . . | . . . . | . . . . | . . . . | . . . . |

## Kombinationen.

| | $\nu$ berechnet | $\nu$ beobachtet | $\lambda_{beob}$ |
|---|---|---|---|
| $2p_1 - 4p_1$ | 36758.52 | 36752.8 | 2720.10 |
| $2p_2 - 4p_1$ | 38971.15 | 38966.0 | 2565.59 |
| $2p_2 - 4p_3$ | 38860.15 | 38858.04 | 2572.71 |
| $2p_1 - 4f$ | . . . . | 37494.19 | 2666.33[1] |

[1] $4f = 6960.53$.

# Thallium.

Literatur:

H. Kayser und C. Runge, Ann. d. Phys. 1893, Bd. 48, p. 126.
F. Paschen, Ann. d. Phys. 1909, Bd. 29, p. 625. — 1910, Bd. 33, p. 717.

## Dubletsystem. Hauptserie.

Grenze; $2s = 22\,785.88$.

| m | 2 | 3 | 4 | 5 | 6 | 7 |
|---|---|---|---|---|---|---|
| $\lambda$ | 5 350.65 | 11 513.22 | 6 549.99 | 5 528.118 | 5 109.65 | 4 891.29 |
| $\nu$ | 18 684.25 | 8 683.33 | 15 263.05 | 18 084.39 | 19 565.45 | 20 438.90 |
| $mp_1$ | 41 470.10 | 14 102.55 | 7 522.83 | 4 701.49 | 3 220.43 | 2 347.98 |
| $\lambda$ | 3 775.87 | 13 013.8 | 6 713.92 | 5 584.195 | 5 137.01 | 4 906.5 |
| $\nu$ | 26 476.67 | 7 682.085 | 14 890.39 | 17 902.80 | 19 461.27 | 20 375.56 |
| $mp_2$ | 49 262.55 | 15 103.795 | 7 895.49 | 4 883.08 | 3 324.61 | 2 410.32 |
| m | 8 | 9 | 10 | 11 | 12 | |
| $\lambda$ | 4 760.8 | 4 678.3 | 4 617.4 | 4 574.8 | 4 548.1 | |
| $\nu$ | 20 999.1 | 21 369.4 | 21 651.3 | 21 852.9 | 21 981.2 | |
| $mp_1$ | 1 786.78 | 1 416.48 | 1 134.58 | 932.98 | 804.68 | |
| $\lambda$ | 4 768.7 | . . . . | . . . . | . . . . | . . . . | |
| $\nu$ | 20 964.3 | . . . . | . . . . | . . . . | . . . . | |
| $mp_2$ | 1 821.58 | . . . . | . . . . | . . . . | . . . . | |

## II. Nebenserie.

Grenzen: $2p_1 = 41\,470.10$;   $2p_2 = 49\,262.55$.

| | m | 2 | 3 | 4 | 5 | 6 | 7 | 8 |
|---|---|---|---|---|---|---|---|---|
| | $\lambda$ | 5 350.65 | 3 229.88 | 2 826.27 | 2 665.67 | 2 585.68 | 2 538.27 | 2 508.03 |
| $p_1$ s | $\nu$ | 18 684.22 | 30 952.18 | 35 372.19 | 37 503.19 | 38 663.33 | 39 385.43 | 39 860.33 |
| | ms | 22 785.88 | 10 517.92 | 6 097.91 | 3 966.91 | 2 806.77 | 2 084.67 | 1 609.77 |
| | $\lambda$ | 3 775.87 | 2 580.23 | 2 316.01 | 2 207.13 | 2 152.08 | 2 119.2 | 2 098.5 |
| $p_2$ s | $\nu$ | 26 476.67 | 38 744.97 | 43 164.85 | 45 293.96 | 46 452.43 | 47 173.15 | 47 638.33 |
| | ms | 22 785.88 | 10 517.58 | 6 097.70 | 3 968.59 | 2 810.12 | 2 089.40 | 1 624.22 |
| | ms | 22 785.88 | 10 517.75 | 6 097.81 | 3 967.75 | 2 808.45 | 2 087.04 | 1 617.0 |
| | m | 9 | 10 | 11 | 12 | 13 | 14 | |
| | $\lambda$ | 2 487.57 | 2 472.65 | 2 462.01 | 2 453.87 | 2 447.59 | 2 442.24 | |
| $p_1$ s | $\nu$ | 40 188.08 | 40 430.50 | 40 605.34 | 40 740.00 | 40 844.50 | 40 933.95 | |
| | ms | 1 282.02 | 1 039.60 | 864.76 | 730.10 | 625.60 | 536.15 | |
| | $\lambda$ | 2 083.2 | 2 072.4 | . . . . | . . . . | . . . . | . . . . | |
| $p_2$ s | $\nu$ | 47 988.10 | 48 238.34 | . . . . | . . . . | . . . . | . . . . | |
| | ms | 1 274.45 | 1 024.21 | . . . . | . . . . | . . . . | . . . . | |
| | ms | 1 278.24 | 1 031.95 | 864.76 | 730.10 | 625.60 | 536.15 | |

## Thallium. I. Nebenserie.

Grenzen: $2p_1 = 41\,470.10$; $2p_2 = 49\,262.55$.

| | m | 3 | 4 | 5 | 6 | 7 | 8 | 9 |
|---|---|---|---|---|---|---|---|---|
| | $\lambda$ | 3529.58 | 2921.63 | 2710.77 | 2609.86 | 2553.07 | . . . . | . . . . |
| $p_1\,d_2$ | $\nu$ | 28324.12 | 34217.75 | 36879.28 | 38305.22 | 39157.18 | . . . . | . . . . |
| | $m\,d_2$ | 13145.98 | 7252.35 | 4590.82 | 3164.88 | 2312.92 | . . . . | . . . . |
| | $\lambda$ | 3519.39 | 2918.43 | 2709.33 | 2609.08 | 2552.62 | 2517.50 | 2494.0 |
| $p_1\,d_1$ | $\nu$ | 28406.105 | 34255.26 | 36898.87 | 38316.67 | 39164.08 | 39710.3 | 40084.4 |
| | $m\,d_1$ | 13063.995 | 7214.84 | 4571.23 | 3153.43 | 2306.02 | 1759.8 | 1385.7 |
| | $\lambda$ | 2767.97 | 2379.66 | 2237.91 | 2168.68 | 2129.39 | 2105.1 | 2088.8 |
| $p_2\,d_2$ | $\nu$ | 36117.25 | 42010.28 | 44670.98 | 46096.97 | 46947.48 | 47498.0 | 47859.5 |
| | $m\,d_2$ | 13145.30 | 7252.27 | 4591.57 | 3165.58 | 2315.07 | 1773.55 | 1403.05 |
| | $m\,d_3$ | 13145.64 | 7252.31 | 4591.2 | 3165.23 | 2314.00 | 1773.55 | 1403.05 |

| | m | 10 | 11 | 12 | 13 | 14 | 15 |
|---|---|---|---|---|---|---|---|
| | $\lambda$ | . . . . | . . . . | . . . . | . . . . | . . . . | . . . . |
| $p_1\,d_2$ | $\nu$ | . . . . | . . . . | . . . . | . . . . | . . . . | . . . . |
| | $m\,d_2$ | . . . . | . . . . | . . . . | . . . . | . . . . | . . . . |
| | $\lambda$ | 2477.58 | 2465.54 | 2456.53 | 2449.57 | 2444.0 | 2439.58 |
| $p_1\,d_1$ | $\nu$ | 40350.1 | 40547.1 | 40696.3 | 40811.4 | 40904.4 | 40978.6 |
| | $m\,d_1$ | 1120.0 | 923.0 | 773.8 | 658.7 | 565.7 | 491.5 |
| | $\lambda$ | 2077.3 | 2069.2 | 2062.3 | 2057.3 | 2053.9 | . . . . |
| $p_2\,d_2$ | $\nu$ | 48124.5 | 48312.9 | 48474.5 | 48592.3 | 48672.7 | . . . . |
| | $m\,d_3$ | 1138.15 | 949.65 | 788.05 | 670.25 | 589.85 | . . . . |

## Bergmannserie.

Grenzen: $3d_2 = 13\,145.64$; $3d_1 = 13\,063.995$.

| | m | 4 | 5 | 6 | 7 |
|---|---|---|---|---|---|
| | $\lambda$ | 16123.0 | 11482.2 | . . . . | . . . . |
| $d_2\,f$ | $\nu$ | 6200.67 | 8706.78 | . . . . | . . . . |
| | $m\,f$ | 6944.97 | 4438.86 | . . . . | . . . . |
| | $\lambda$ | 16340.3 | 11594.5 | . . . . | 9171.1 |
| $d_1\,f$ | $\nu$ | 6118.19 | 8622.4 | . . . . | 10900.8 |
| | $m\,f$ | 6945.805 | 4441.595 | . . . . | 2244.84 |
| | $m\,f$ | 6945.39 | 4440.23 | . . . . | 2244.84 |

## Thallium.  Kombinationen.

| | $\nu$ | | $\lambda_{beob}$ |
|---|---|---|---|
| | ber. | beob. | |
| $3\,p_1 - 3\,s$ | 3584.80 | 3584.60 | 27889.6 |
| $3\,p_2 - 3\,s$ | 4586.045 | 4585.305 | 21803.0 |
| $3\,p_1 - 4\,s$ | 8004.74 | 8003.7 | 12491.8 |
| $3\,s - 4\,p_1$ | 2994.92 | 2993.82 | 33393.2 |
| $3\,s - 4\,p_2$ | 2622.26 | 2621.84 | 38131.0 |
| $4\,p_1 - 4\,s$ | 1425.03 | 1423.5 | 7.023 $\mu$ |
| $4\,p_2 - 4\,s$ | 1797.69 | 1798.6 | 5.559 |
| $2\,s - 3\,d_1$ | 9721.885 | 9713.36 | 10292.3 |
| $2\,s - 4\,d_1$ | 15571.04 | 15570.50 | 6420.66 |
| $2\,s - 5\,d_1$ | 18214.65 | 18213.28 | 5489.00 |
| $2\,s - 6\,d_1$ | 19632.45 | 19627.66 | 5093.46 |
| $3\,p_1 - 4\,d_2$ | 6850.22 | 6850.96 | 14592.6 |
| $3\,p_2 - 4\,d_2$ | 7851.485 | 7849.42 | 12736.4 |
| $3\,p_1 - 5\,d_2$ | 9511.35 | 9524.54 | 10496.4 |
| $3\,p_2 - 5\,d_2$ | 10512.595 | 10509.3 | 9512.8 |
| $3\,p_1 - 6\,d_2$ | 10937.32 | 10942.1 | 9136.5 |
| $3\,p_2 - 6\,d_2$ | 11938.565 | 11934.9 | 8376.5 |
| $3\,p_1 - 4\,d_1$ | 6887.71 | 6887.34 | 14515.4 |
| $3\,p_2 - 5\,d_1$ | 9531.32 | 9528.08 | 10492.5 |
| $3\,p_2 - 3\,d_2$ | 1958.155 | 1958.04 | 51057.9 |
| $2\,p_1 - 4\,f$ | 34524.71 | 34526.45 | 2895.52 |
| $2\,p_2 - 4\,f$ | 42317.16 | 42321.59 | 2362.16 |
| $2\,p_1 - 5\,f$ | 37029.87 | 37022.23 | 2700.3 |
| $2\,p_1 - 4\,p_1$ | 33947.27 | 33944.45 | 2945.15 |
| $2\,p_1 - 4\,p_2$ | 33574.61 | 33569.55 | 2978.05 |
| $2\,p_2 - 4\,p_2$ | 41367.21 | 41365.22 | 2416.78 |
| $4\,d_2 - 5\,f$ | 2812.08 | 2803 | 3.568 $\mu$ |
| $4\,d_1 - 5\,f$ | 2774.61 | 2781 | 3.595 |
| $4\,f - 5\,f'$ | 2558.39 | 2548.3 | 39231.0[1] |
| $5\,f' - 6\,f''$ | 1393.7 | 1404.7 | 7.117[2] |

[1] $5\,f' = 4397.1.$
[2] $6\,f'' = 2992.4?$

# Silizium.

## Triplet $2p_i - 3d_j$.[1]

Messungen der Wellenlängen von Rowland.
Angegeben: $\nu$, $\lambda_{vac}$ und die Intensität der Linien im Bogen.

|  | $3d_3$ |  | $3d_2$ |  | $3d_1$ |
|---|---|---|---|---|---|
| $2p_1$ | 1<br>2219.64<br>45052.35<br>146.84 | 16.74 | 2<br>2218.816<br>45069.09<br>146.86 | 28.16 | 4<br>2217.431<br>45097.25 |
| $2p_2$ | 2<br>2212.929<br>45199.19<br>75.69 | 16.76 | 3<br>2211.609<br>45215.95 |  |  |
| $2p_3$ | 2<br>2008.730<br>45274.88 |  |  |  |  |

## $3/2\,a$-Tripletgruppe $2p_i - mp_j'$.[2]

Angegeben $\nu$, $\lambda_{vac}$ und Intensität.

|  |  |  |  |  |
|---|---|---|---|---|
|  | 9<br>2524.9<br>39604.7<br>77.2 |  |  | $mp_3'$ |
| 10<br>2929.3<br>39536.0<br>194.8 | 8<br>2520.0<br>39681.9<br>195.0 | 145.9 | 7<br>2515.1<br>39759.1 ⟶ 77.2 | $mp_2'$ |
| 15<br>2513.0<br>39730.8 | 10<br>2507.7<br>39876.9 | 146.1 |  | $mp_1'$ |
| $2p_1$ | $2p_2$ |  | $2p_3$ |  |

[1] S. Popow, Ann. d. Phys. 1914, Bd. 45, p. 167.
[2] S. Popow s. oben und F. Paschen u. E. Back, Anm. d. Phys. 1913, Bd. 40, p. 963, Anm.

# Sauerstoff.

Literatur:

C. Runge und F. Paschen, Ann. d. Phys. 1897, Bd. 61, p. 664.
F. Paschen, Ann. d. Phys. 1908, Bd. 27, p. 537.
K. W. Meißner, Phys. Zeitschr. 1914, Nr. 13, p. 668.
K. W. Meißner, Ann. der Phys. 1916, Bd. 50, p. 713.

## Tripletsystem.  Hauptserie.

Grenze:  $1\,s = 36067.66$.

| m | 2 | 3 | |
|---|---|---|---|
| $\lambda$ | 7772.28 | 3947.480 | |
| $\nu$ | 12862.76 | 25325.59 | |
| $m\,p_1$ | 23204.90 | 10742.10 | $\lambda$ intn. (Meißner) |
| $\lambda$ | 7774.49 | 3947.661 | 7771.98 |
| $\nu$ | 12859.11 | 25324.43 | 4.19 |
| $m\,p_2$ | 23208.55 | 10743.26 | 5.42 |
| $\lambda$ | 7775.72 | 3947.759 | |
| $\nu$ | 12857.08 | 25323.79 | |
| $m\,p_3$ | 23210.58 | 10743.90 | |

## II. Nebenserie.

Grenzen:  $2\,p_1 = 23204.90$;   $2\,p_2 = 23208.55$;   $2\,p_3 = 23210.58$.

| m | 1 | 2 | 3 | 4 |
|---|---|---|---|---|
| $\lambda$ | 7772.28 | 11300.00 | 6456.278 | 5437.041 |
| $p_1\,s\,\nu$ | 12862.76 | 8847.28 | 15484.57 | 18387.34 |
| $m\,s$ | 36067.66 | 14357.62 | 7720.33 | 4817.56 |
| $\lambda$ | 7774.49 | 11294.00 | 6454.756 | 5435.986 |
| $p_2\,s\,\nu$ | 12859.11 | 8852.00 | 15488.25 | 18390.97 |
| $m\,s$ | 36067.66 | 14356.55 | 7720.30 | 4817.58 |
| $\lambda$ | 7775.72 | 11294.00 | 6453.900 | 5435.371 |
| $p_3\,s\,\nu$ | 12857.08 | 8852.00 | 15490.30 | 18392.99 |
| $m\,s$ | 36067.66 | 14358.58 | 7720.28 | 4817.59 |
| $m\,s$ | 36067.66 | 14357.58 | 7720.30 | 4817.58 |

| m | 5 | 6 | 7 | 8 |
|---|---|---|---|---|
| $\lambda$ | 5020.31 | 4803.18 | 4673.88 | 4590.07 |
| $p_1\,s\,\nu$ | 19913.63 | 20813.84 | 21389.62 | 21780.17 |
| $m\,s$ | 3291.27 | 2391.08 | 1815.28 | 1424.73 |
| $\lambda$ | 5019.52 | 4802.38 | 4672.93 | 4589.16 |
| $p_2\,s\,\nu$ | 19916.78 | 20817.30 | 21393.97 | 21784.49 |
| $m\,s$ | 3291.77 | 2391.25 | 1814.58 | 1424.04 |
| $\lambda$ | 5018.96 | 4801.98 | . . . . | . . . . |
| $p_3\,s\,\nu$ | 19918.99 | 20819.04 | . . . . | . . . . |
| $m\,s$ | 3291.59 | 2391.54 | . . . . | . . . . |
| $m\,s$ | 3291.54 | 2391.87 | 1814.93 | 1424.39 |

## Sauerstoff. I. Nebenserie.

Grenzen: $2 p_1 = 23204.90$; $2 p_2 = 23208.55$; $2 p_3 = 23210.58$.

| m | 3 | 4 | 5 | 6 |
|---|---|---|---|---|
| $\lambda$ | (9266.67) | 6158.415 | 5330.835 | 4968.94 |
| $p_1 d\,\nu$ | (10788.1) | 16233.52 | 18753.65 | 20119.50 |
| m d | (12416.8) | 6971.38 | 4451.25 | 3085.40 |
| $\lambda$ | 9264.28 | 6156.993 | 5329.774 | 4968.04 |
| $p_2 d\,\nu$ | 10791.32 | 16237.28 | 18757.39 | 20123.14 |
| m d | 12417.23 | 6971.27 | 4451.16 | 3085.41 |
| $\lambda$ | . . . . | 6156.198 | 5329.162 | 4967.58 |
| $p_3 d\,\nu$ | . . . . | 16239.38 | 18759.54 | 20125.01 |
| m d | . . . . | 6971.20 | 4451.04 | 3085.57 |
| m d | 12417.23 | 6971.28 | 4451.15 | 3085.46 |

| m | 7 | 8 | 9 | 10 |
|---|---|---|---|---|
| $\lambda$ | 4773.94 | 4655.54 | 4577.84 | 4523.70 |
| $p_1 d\,\nu$ | 20941.31 | 21473.88 | 21838.35 | 22099.71 |
| m d | 2263.59 | 1731.02 | 1366.55 | 1105.19 |
| $\lambda$ | 4773.07 | 4654.74 | 4576.97 | 4522.95 |
| $p_2 d\,\nu$ | 20945.12 | 21477.57 | 21842.50 | 22103.37 |
| m d | 2263.43 | 1730.98 | 1366.05 | 1105.18 |
| $\lambda$ | 4772.72 | 4654.41 | . . . . | . . . . |
| $p_3 d\,\nu$ | 20946.66 | 21479.09 | . . . . | . . . . |
| m d | 2263.92 | 1731.49 | . . . . | . . . . |
| m d | 2263.65 | 1731.16 | 1366.30 | 1105.19 |

## Dubletsystem. Hauptserie.

Grenze: $1 s = 33042.22$.

| m | 2 | 3 | 4 |
|---|---|---|---|
| $\lambda$ | 8446.73 [1]) | 4368.466 | 3692.586 |
| $\nu$ | 11835.83 | 22885.23 | 27073.96 |
| m p | 21206.39 | 10156.99 | 5968.26 |

[1]) Doppelt gemessen vgl. II. N.S.

## II. Nebenserie.

Grenze: $2 p = 21206.39$.

| m | 1 | 2 | 3 | 4 | 5 |
|---|---|---|---|---|---|
| $\lambda$ | 8446.73 | 13163.7 | 7254.32 | 6046.56 | 5555.16 |
| $\nu$ | 11835.83 | 7594.68 | 13781.15 | 16533.81 | 17996.36 |
| m s | 33042.22 | 13611.71 | 7425.24 | 4672.58 | 3210.03 |

| m | 6 | 7 | 8 | 9 |
|---|---|---|---|---|
| $\lambda$ | 5299.17 | 5146.23 | 5047.88 | 4979.73 |
| $\nu$ | 18865.72 | 19426.38 | 19804.89 | 20075.93 |
| m s | 2340.67 | 1780.01 | 1401.50 | 1130.46 |

Die Linien sind doppelte. (Zeeman-Typ nicht $D_1$ und $D_2$.)

|  | | $\Delta \nu$ | schwache Linie |
|---|---|---|---|
| Meissner | 8446.38 (7)  8446.78 (3) | 0.56 | bei großer Wellenl. |
| Runge u. Paschen 6046.34 (2)  6046.56 (7) | | 0.62 | |
| Paschen        7254        doppelt | | 0.55 | kleiner Wellenl. |
| Runge u. Paschen 5555        „ | | | |

Vgl. K. W. Meißner, l. c. Phys. Zeitschr., p. 670, Anm. 2.

## Sauerstoff.   I. Nebenserie.

Grenze: 21206.39.

| m | 3 | 4 | 5 | 6 |
|---|---|---|---|---|
| $\lambda$ | 11287.3 | 7002.48 | 5958.75 | 5512.92 |
| $\nu$ | 8857.22 | 14276.78 | 16777.48 | 18134.27 |
| m d | 12349.17 | 6929.61 | 4428.91 | 3072.12 |
| m | 7 | 8 | 9 | 10 |
| $\lambda$ | 5275.52 | 5130.70 | 5037.34 | 4973.05 |
| $\nu$ | 18951.28 | 19485.20 | 19846.31 | 20102.89 |
| m d | 2255.11 | 1721.19 | 1360.08 | 1103.50 |

Runge und Paschen geben l. c. die Linien 5512 und 5958 als doppelt an mit der schwachen Komponente auf seiten der kleineren Wellenlängen.

## Schwefel.

Literatur:

K. W. Meißner, Phys. Zeitschr. 1914, Nr. 13, p. 668.
C. Runge und F. Paschen, Ann. d. Phys. 1897, Bd. 61, p. 669.

## Tripletsystem.   II. Nebenserie.

Grenzen: $2 p_1 = 20084.76$;   $2 p_2 = 20102.66$;   $2 p_3 = 20113.92$.

| m | 1 | 2 | 3 | 4 | 5 | 6 | 7 |
|---|---|---|---|---|---|---|---|
| $\lambda$ | 9213.15[1]) | . . . | . . . | 6415.68 | 5890.08 | 5614.48 | 5449.99 |
| $p_1$ s $\nu$ | 10851.12 | . . . | . . . | 15582.57 | 16973.07 | 17806.23 | 18343.64 |
| m s | 30935.88 | . . . | . . . | 4502.19 | 3111.69 | 2278.53 | 1741.12 |
| $\lambda$ | 9228.52[1]) | . . . | . . . | 6408.32 | 5883.74 | 5608.87 | 5444.58 |
| $p_2$ s $\nu$ | 10833.04 | . . . | . . . | 15600.47 | 16991.36 | 17824.04 | 18361.87 |
| m s | 30935.70 | . . . | . . . | 4502.19 | 3111.30 | 2278.62 | 1740.79 |
| $\lambda$ | 9238.06[1]) | . . . | . . . | 6403.70 | 5879.79 | 5605.52 | . . . . |
| $p_3$ s $\nu$ | 10821.85 | . . . | . . . | 15611.73 | 17002.78 | 17834.70 | . . . . |
| m s | 30935.77 | . . . | . . . | 4502.19 | 3111.14 | 2279.22 | . . . . |

[1]) In Rowland-Einheiten umgerechnet aus 9212.80, 9228.17, 9237.71 intn. $\lambda$E. Meißner, p. 670.

## Schwefel. Hauptserie.

Grenze: $1\,s = 30935.78$.

| m | 2 | 3 |
|---|---|---|
| $\lambda$ | 9213.15 | 4694.36 |
| $\nu$ | 10851.12 | 21296.32 |
| $m\,p_1$ | 20084.66 | 9639.46 |
| $\lambda$ | 9228.52 | 4695.69 |
| $\nu$ | 10833.04 | 21290.27 |
| $m\,p_2$ | 20102.74 | 9645.51 |
| $\lambda$ | 9238.06 | 4696.49 |
| $\nu$ | 10821.85 | 21286.66 |
| $m\,p_3$ | 20113.93 | 9649.12 |

## I. Nebenserie.

Grenzen: $2\,p_1 = 20084.76$;  $2\,p_2 = 20102.66$;  $2\,p_3 = 20113.92$.

| m | | 5 | 6 | 7 | 8 | 9 | 10 |
|---|---|---|---|---|---|---|---|
| | $\lambda$ | 6757.40 | 6052.97 | 5706.44 | 5507.20 | 5381.19 | 5295.86 |
| $p_1\,d$ | $\nu$ | 14794.58 | 16516.32 | 17519.28 | 18153.09 | 18578.17 | 18877.50 |
| | $m\,d$ | 5290.18 | 3568.44 | 2565.48 | 1931.67 | 1506.59 | 1207.26 |
| | $\lambda$ | 6749.06 | 6046.23 | 5700.58 | 5501.78 | 5375.98 | 5290.89 |
| $p_2\,d$ | $\nu$ | 14812.87 | 16534.73 | 17537.29 | 18170.98 | 18596.18 | 18895.24 |
| | $m\,d$ | 5289.79 | 3567.93 | 2565.37 | 1931.68 | 1506.43 | 1207.42 |
| | $\lambda$ | 6743.92 | 6042.17 | 5697.02 | 5498.38 | 5372.82 | 5287.88 |
| $p_3\,d$ | $\nu$ | 14824.16 | 16545.85 | 17548.26 | 18182.22 | 18607.12 | 18906.00 |
| | $m\,d$ | 5289.76 | 3568.07 | 2565.66 | 1931.70 | 1506.80 | 1207.92 |
| | $m\,d$ | 5289.61 | 3568.15 | 2565.50 | 1931.68 | 1506.62 | 1207.53 |

# Selen.

Literatur:

C. Runge und F. Paschen, Ann. d. Phys. 1897, Bd. 61, p. 678.

## Tripletsystem.  II. Nebenserie.

Grenzen: 19267.09;  19370.75;  19415.57.

| m | 1 | 2 | 3 | 4 | 5 | 6 | 7 |
|---|---|---|---|---|---|---|---|
| $\lambda$ | (8980.0) | . . . . . | . . . . | 6746.65 | 6177.87 | 5878.88 | 5700.32 |
| $\nu$ | (11132.9) | . . . . . | . . . . | 14818.15 | 16182.41 | 17005.41 | 17538.09 |
| ms | (30400.0) | . . . . . | . . . . | 4448.94 | 3084.68 | 2261.68 | 1729.00 |
| $\lambda$ | . . . . | . . . . | . . . . | 6699.78 | 6138.51 | 5843.10 | 6566.95 |
| $\nu$ | . . . . | . . . . | . . . . | 14921.81 | 16286.17 | 17109.54 | 17641.37 |
| ms | . . . . | . . . . | . . . . | 4448.94 | 3048.68 | 2261.21 | 1729.38 |
| $\lambda$ | . . . . | . . . . | . . . . | 6679.72 | 6121.95 | 5827.90 | 5652.62 |
| $\lambda$ | . . . . | . . . . | . . . . | 14966.63 | 16330.22 | 17154.16 | 1786.09 |
| ms | . . . . | . . . . | . . . . | 4448.94 | 3085.35 | 2261.42 | 1729.48 |
| ms | (30400.0) | . . . . . | . . . . | 4448.94 | 3084.90 | 2261.43 | 1729.29 |

**Hauptserie** nur ein Glied bekannt.

$\lambda$  4731.02          4739.28          4742.52

1 s — 3 p$_1$ 21131.19   1 s — 3 p$_2$ 21094.42   1 s — 3 p$_3$ 21080.05.

## I. Nebenserie.

Grenzen: 2 p$_1$ = 19267.09;  2 p$_2$ = 19370.75;  2 p$_3$ = 19415.57.

| m | | 5 | 6 | 7 | 8 | 9 | 10 | 11 |
|---|---|---|---|---|---|---|---|---|
| | $\lambda$ | 7062.14 | 6325.4 | 5961.7 | 5752.31 | 5618.05 | 5528.64 | 5464.82 |
| p$_1$ d | $\nu$ | 14156.17 | 15804.98 | 16769.17 | 17379.58 | 17794.91 | 18082.69 | 18293.89 |
| | m d | 5110.92 | 3462.11 | 2497.92 | 1887.51 | 1472.18 | 1184.40 | 973.20 |
| | $\lambda$ | 7010.84 | 6284.19 | 5925.13 | 5718.28 | . . . . | 5497.06 | . . . . |
| p$_2$ d | $\nu$ | 15259.76 | 15908.62 | 16872.67 | 17483.10 | . . . . | 18186.57 | . . . . |
| | m d | 5110.99 | 3462.13 | 2498.08 | 1887.65 | . . . . | 1184.18 | . . . . |
| | $\lambda$ | 6990.96 | 6266.36 | 5909.49 | 5703.86 | . . . . | . . . . | . . . . |
| p$_3$ d | $\nu$ | 14300.31 | 15953.89 | 16917.33 | 17527.20 | . . . . | . . . . | . . . . |
| | m d | 5115.26 | 3461.68 | 2498.24 | 1888.37 | . . . . | . . . . | . . . . |
| | m d | 5112.39 | 3461.97 | 2498.08 | 1887.84 | 1472.18 | 1184.29 | 973.20 |

# Mangan.[1]

## Tripletsystem.  II. Nebenserie.

Grenzen:  $2 p_1 = 41\,222.15$;   $2 p_2 = 41\,395.93$;   $2 p_3 = 41\,525.07$.

| m | | 2 | 3 |
|---|---|---|---|
| | $\lambda$ | 4823.68 | 3178.59 |
| $p_1$ s | $\nu$ | 20725.39 | 31451.59 |
| | m s | 20496.76 | 9770.56 |
| | $\lambda$ | 4783.58 | 3161.14 |
| $p_2$ s | $\nu$ | 20899.12 | 31625.15 |
| | m s | 20496.81 | 9770.78 |
| | $\lambda$ | 4754.21 | 3148.29 |
| $p_3$ s | $\nu$ | 21028.32 | 31754.30 |
| | m s | 20496.75 | 9770.77 |
| | m s | 20496.77 | 9770.70 |

## I. Nebenserie.

Grenzen die gleichen.

| m | 3 | 4 | 5 |
|---|---|---|---|
| $\lambda$ | 3569.95 | 2940.49 | 2726.27 |
| $\nu$ | 28003.75 | 33398.22 | 36669.53 |
| m d | 13218.40 | 7823.93 | 4552.62 |
| $\lambda$ | 3548.16 | 2925.67 | 2713.47 |
| $\nu$ | 28175.76 | 34170.39 | 36842.45 |
| m d | 13220.17 | 7225.54 | 4553.48 |
| $\lambda$ | 3531.95 | 2914.72 | 2704.08 |
| $\nu$ | 28305.05 | 34298.72 | 36970.35 |
| m d | 13220.03 | 7226.35 | 4554.73 |
| m d | 13219.53 | 7225.27 | 4553.61 |

[1] H. Kayser und C. Runge, Wiedem. Ann. 1894, Bd. 52, p. 104.

## Zusammenstellung der s-Terme der Bogenspektra.

| | m | 1 | 2 | 3 | 4 | 5 | 6 | 7 | 8 | 9 | 10 |
|---|---|---|---|---|---|---|---|---|---|---|---|
| $\frac{N_\infty}{m^2}$ | | 109737.1 | 27434.28 | 12193.01 | 6858.57 | 4389.48 | 3048.25 | 2239.53 | 1714.65 | 1354.78 | 1097.37 |
| Gallium Rowl. | ms | | 23591.0 | 10794.5 | (6295) | | | | | | |
| Aluminium „ | ms | | 22932.57 | 10591.07 | 6137.10 | 4009.47 | 2828.55 | | | | |
| Thallium „ | ms | | 22785.88 | 10517.75 | 6097.81 | 3967.75 | 2808.45 | 2087.04 | 1617.0 | 1278.24 | 1031.95 |
| Indium „ | ms | | 22294.94 | 10366.38 | 6031.30 | 3949.97 | 2788.41 | 2061.49 | 1601.40 | 1226.64 | |
| Zink „ | ms | | 22090.20 | 10330.62 | 6017.16 | 3941.87 | 2779.09 | 2065.70 | | | |
| Quecksilber Intn. | ms | | 21830.80 | 10219.8 | 5964.8 | 3912.8 | 2765.11 | 2057.5 | 1590.3 | 1265.6 | 1030.7 |
| Cadmium Rowl. | ms | | 21050.39 | 9971.37 | 5853.15 | 3852.98 | 2728.29 | 2010.10 | 1557.70 | | |
| Mangan „ | ms | | 20496.77 | 9770.70 | | | | | | | |
| Magnesium „ | ms | | 20466.85 | 9792.12 | 5773.96 | 3810.91 | 2704.51 | 2019.03 | | | |
| Quecksilber Intn. | mS | 84181.2 | 20253.0 | 9776.6 | 5777.1 | 3815.7 | | | | | |
| Zink Rowl. | mS | 75758.6 | 19972.0 | 9723.4 | 5757.8 | 3808.0 | 2699.0 | | | | |
| Cadmium „ | mS | 72532.76 | 19224.3 | 9447.7 | 5630.0 | 3735.2 | 2664.3 | 1988.7 | | | |
| Kupfer „ | ms | 62305.86 | 19170.67 | 9459.01 | 5635.86 | 3746.87 | | | | | |
| Magnesium „ | mS | 61663.0 | 18161.0 | 9109.1 | 5487.5 | 3654.7 | | | | | |
| Silber „ | ms | 61093.48 | 18539.02 | 9208.35 | 5515.65 | 3675.75 | | | | | |
| Argon Intn. | ms | 60665.3 | (20204.39) | 9914.56 | 5863.22 | 3870.57 | | | | | |
| Calcium „ | ms | | 17765.16 | 8830.35 | 5323.84 | 3565.78 | 2556.31 | 1922.13 | 1498.60 | 1201.11 | 984.05 |
| Strontium Rowl. | ms | | 16886.91 | 8500.76 | 5164.13 | 3475.09 | 2501.21 | | | | |
| Calcium Intn. | mS | 49304.8 | 15988.2 | 7518.4 | 5028.0 | 3417.3 | 2469.4 | 1867.7 | 1461.5 | 1176.0 | |
| Barium „ | ms | | 15869.3 | 8124.3 | 4934.0 | 3366.5 | 2404.5 | | | | |
| Strontium Rowl. | mS | 45924.31 | | | | | | | | | |
| Lithium „ | ms | 43484.45 | 16280.53 | 8474.15 | 5186.87 | 3499.59 | 2535.35 | | | | |
| Barium Intn. | mS | 42029.4 | 16400.0 | | | | | | | | |
| Natrium Rowl. | ms | 41444.87 | 15705.47 | 8245.79 | 5073.93 | 3435.06 | 2482.08 | 1872.44 | 1456.56 | | |
| Neon Intn. | ms$_5$ | 39887.61 | (15332.17) | 8101.29 | 5004.81 | 3396.71 | 2456.08 | 1858.06 | 1454.14 | 1169.61 | 960.90 |
| „ „ | ms$_4$ | 39470.16 | (15141.50) | 8016.68 | 4962.10 | 3372.37 | 2439.97 | 1848.55 | 1447.59 | 1164.91 | 957.06 |
| „ (red) „ | ms$_3$ | 39891.61 | (15335.78) | 8103.93 | 5004.27 | 3397.38 | 2455.90 | 1858.13 | 1455.00 | 1170.25 | |
| „ (red) „ | ms$_2$ | 38822.08 | (15177.62) | 8054.31 | 4983.15 | 3386.77 | 2449.02 | 1853.80 | 1451.35 | 1167.52 | |
| Helium „ | ms | 38454.68 | 15073.92 | 8012.54 | 4963.67 | 3374.54 | 2442.37 | 1849.21 | 1448.63 | 1165.24 | 957.95 |
| Argon „ | ms′ | 37739.22 | (14969.17) | 7981.51 | 4950.19 | 3367.86 | 2437.69 | 1847.02 | 1446.43 | 1163.06 | 957.67 |
| Sauerstoff Tr. Rowl. | ms | 36067.66 | 14357.58 | 7720.30 | 4817.58 | 3291.54 | 2391.87 | 1814.93 | 1424.39 | | |
| Kalium „ | ms | 35005.88 | 13980.25 | 7556.66 | 4732.36 | 3241.62 | 2358.80 | 1795.15 | 1411.81 | 1142.05 | |
| Sauerstoff Dubl. „ | ms | 33042.22 | 13611.71 | 7425.24 | 4672.58 | 3210.03 | 2340.67 | 1780.01 | 1401.50 | 1130.46 | |
| Rubidium „ | ms | 33684.80 | 13553.39 | 7373.77 | 4638.64 | 3187.31 | 2324.63 | 1769.95 | | | |
| Helium Intn. | mS | 32033.30 | 13445.94 | 7370.50 | 4647.22 | 3195.83 | 2331.81 | 1775.97 | 1397.87 | 1128.64 | |
| Schwefel Rowl. | ms | 30935.80 | | | 4502.19 | 3111.38 | 2278.79 | 1740.96 | | | |
| Caesium „ | ms | 31406.70 | 12870.90 | 7090.67 | 4497.64 | 3107.93 | 2276.51 | 1740.24 | | | |
| Selen „ | ms | (30400) | | | 4448.94 | 3084.90 | 2261.43 | 1729.29 | | | |

## Tabelle der Differenzen ms — (m + 1) s der Bogenspektra.

| m | 1 | 2 | 3 | 4 | 5 | 6 | 7 | 8 | 9 | 10 |
|---|---|---|---|---|---|---|---|---|---|---|
| (Intn.) $N_\infty \left( \dfrac{1}{m^2} - \dfrac{1}{(m+1)^2} \right)$ | 82 302.82 | 15 241.27 | 5 334.44 | 2 469.09 | 1 341.23 | 808.72 | 524.88 | 359.87 | 257.41 | 190.45 |
| (Rowl.) Gallium  m s | | 12 796.5 | (4 499.5) | | | | | | | |
| „ Aluminium  m s | | 12 341.50 | 4 453.97 | 2 127.63 | 1 180.92 | | | | | |
| „ Thallium  m s | | 12 268.13 | 4 419.94 | 2 130.06 | 1 159.30 | 721.41 | 470.04 | 338.76 | 246.29 | |
| „ Indium  m s | | 11 928.56 | 4 335.08 | 2 081.33 | 1 161.56 | 726.92 | 460.09 | 374.76 | | |
| „ Zink  m s | | 11 759.58 | 4 313.46 | 2 075.29 | 1 162.78 | 713.39 | | | | |
| (Intn.) Quecksilber  m s | | 11 611.0 | 4 255.0 | 2 052.0 | 1 147.7 | 707.6 | 467.2 | 324.7 | 234.9 | |
| (Rowl.) Cadmium  m s | | 11 079.02 | 4 118.22 | 2 000.17 | 1 124.69 | 718.19 | 452.40 | | | |
| „ Mangan  m s | | 10 726.07 | | | | | | | | |
| „ Magnesium  m s | | 10 674.73 | 4 018.16 | 1 963.05 | 1 106.40 | 685.48 | | | | |
| (Intn.) Quecksilber  m S | 63 928.2 | 10 476.4 | 3 999.5 | 1 961.4 | | | | | | |
| (Rowl.) Zink  m S | 55 786.6 | 10 248.6 | 3 965.6 | 1 949.8 | 1 109.0 | | | | | |
| „ Cadmium  m S | 53 308.46 | 9 776.6 | 3 817.7 | 1 894.8 | 1 070.9 | 675.6 | | | | |
| „ Kupfer  m s | 43 135.19 | 9 711.66 | 3 823.15 | 1 888.99 | | | | | | |
| „ Magnesium  m S | 43 502.0 | 9 051.9 | 3 621.6 | 1 832.8 | | | | | | |
| „ Silber  m s | 42 554.46 | 9 330.67 | 3 692.70 | 1 839.90 | | | | | | |
| (Intn.) Argon  m s | 40 460.9 | 10 289.83 | 4 051.34 | 1 992.65 | | | | | | |
| „ Calcium  m s | | 8 934.81 | 3 506.51 | 1 758.06 | 1 009.47 | 634.18 | 423.53 | 297.49 | 217.06 | |
| (Rowl.) Strontium  m s | | 8 386.15 | 3 336.63 | 1 689.04 | 973.88 | | | | | |
| (Intn.) Calcium  m S | 33 316.6 | 8 469.8 | 2 490.4 | 1 610.7 | 947.9 | 601.7 | 406.2 | 285.5 | | |
| „ Barium  m s | | 7 745.0 | 3 190.3 | 1 567.5 | 962.0 | | | | | |
| (Rowl.) Lithium  m s | 27 203.92 | 7 806.38 | 3 287.28 | 1 687.28 | | | | | | |
| (Intn.) Barium  m S | 25 629.4 | | | | | | | | | |
| (Rowl.) Natrium  m s | 25 738.40 | 7 460.68 | 3 171.86 | 1 638.87 | 952.98 | 609.64 | 415.88 | | | |
| (Intn.) Neon  $m s_5$ | 24 555.44 | 7 230.88 | 3 096.48 | 1 608.10 | 940.63 | 598.02 | 403.92 | 284.53 | 208.71 | |
| „ „  $m s_4$ | 24 328.66 | 7 124.82 | 3 054.58 | 1 589.73 | 932.40 | 591.42 | 400.96 | 282.68 | 207.85 | |
| „ „  $m s_3$ | 24 555.83 | 7 231.85 | 3 099.66 | 1 606.89 | 941.48 | 597.77 | 403.13 | 284.75 | | |
| „ „  $m s_2$ | 23 644.46 | 7 123.31 | 3 071.16 | 1 596.38 | 937.75 | 595.22 | 402.45 | 283.83 | | |
| „ Helium  m s | 23 380.76 | 7 061.38 | 3 048.87 | 1 589.13 | 932.17 | 593.16 | 400.58 | 283.39 | 207.29 | |
| „ Argon  m s′ | 22 770.05 | 6 987.66 | 3 031.32 | 1 582.33 | 930.17 | 590.67 | 400.59 | 283.37 | 205.39 | |
| (Rowl.) Sauerstoff Tr.  m s | 21 710.08 | 6 637.28 | 2 902.72 | 1 526.04 | 899.67 | 576.94 | 390.54 | | | |
| „ Kalium  m s | 21 025.63 | 6 423.59 | 2 824.30 | 1 490.74 | 882.82 | 563.65 | 383.34 | 269.76 | | |
| „ Sauerstoff Dubl.  m s | 19 430.51 | 6 186.47 | 2 752.66 | 1 462.55 | 869.36 | 560.66 | 378.51 | 271.04 | | |
| „ Rubidium  m s | 20 131.41 | 6 179.62 | 2 735.13 | 1 451.33 | 862.68 | 554.68 | | | | |
| (Intn.) Helium  m S | 18 587.36 | 6 075.44 | 2 723.28 | 1 451.39 | 864.02 | 555.84 | 378.10 | 269.23 | | |
| (Rowl.) Schwefel  m s | | | | 1 390.81 | 832.59 | 537.83 | | | | |
| „ Caesium  m s | 18 535.80 | 5 780.23 | 2 593.03 | 1 389.71 | 831.42 | 536.27 | | | | |
| „ Selen  m s | | | | 1 364.04 | 823.47 | 532.14 | | | | |

## Tabelle der Terme mp der Bogenspektra.

| mp | | | 2 | 3 | 4 | 5 | 6 | 7 | 8 | 9 | 10 |
|---|---|---|---|---|---|---|---|---|---|---|---|
| Thallium | (Rowl.) | $mp_2$ | 49262.55 | 15103.795 | 7895.49 | 4883.08 | 3324.61 | 2410.32 | 1821.58 | . . . . | . . . . |
| Gallium | „ | $mp_2$ | 48378.5 | (15326.0) | 8004.3 | 4939.4 | | | | | |
| „ | „ | $mp_1$ | 47552.4 | (15218.0) | 7963.2 | 4918.5 | . . . . | . . . . | . . . . | . . . . | . . . . |
| Aluminium | „ | $mp_2$ | 48279.51 | 15331.00 | 8008.89 | 4945.96 | 3352.45 | | | | |
| „ | „ | $mp_1$ | 48167.44 | 15315.78 | 8002.94 | 4943.08 | 3350.53 | . . . . | . . . . | . . . . | . . . . |
| Indium | „ | $mp_2$ | 46667.35 | (14811.0) | 7807.4 | 4843.1 | 3297.9 | 2392.7 | . . . . | . . . . | . . . . |
| Quecksilber | (Intn.) | $mp_3$ | 46536.2 | 14664.5 | 7734.4 | 4805.8 | 3279.6 | 2381.3 | | | |
| „ | „ | $mp_2$ | 44768.9 | 14519.1 | 7714.6 | 4768.8 | 3264.7 | 2373.7 | 1802.3 | 1415.4 | 1142.0 |
| Indium | (Rowl.) | $mp_1$ | 44454.72 | (14519.0) | 7696.2 | 4786.5 | 3267.5 | 2370.9 | . . . . | . . . . | . . . . |
| Zink | „ | $mp_3$ | 43450.14 | 14515.21 | 7692.08 | 4785.60 | 3266.63 | 2372.40 | . . . . | . . . . | . . . . |
| „ | „ | $mp_2$ | 43260.36 | 14488.55 | 7682.24 | 4780.84 | 3264.05 | 2370.45 | . . . . | . . . . | . . . . |
| „ | „ | $mp_1$ | 42871.45 | 14432.29 | 7661.15 | 4770.55 | 3258.38 | 2366.72 | . . . . | . . . . | . . . . |
| Cadmium | „ | $mp_3$ | 42419.51 | 14143.603 | 7534.29 | 4705.33 | 3220.63 | 2327.83 | . . . . | . . . . | . . . . |
| Thallium | „ | $mp_1$ | 41470.10 | 14102.55 | 7522.83 | 4701.49 | 3220.43 | 2346.98 | 1786.78 | 1416.48 | 1134.58 |
| Cadmium | „ | $mp_2$ | 41877.65 | 14072.924 | 7508.48 | 4692.85 | 3213.73 | 2327.83 | . . . . | . . . . | . . . . |
| „ | „ | $mp_1$ | 40706.60 | 13898.84 | 7441.43 | 4659.77 | 3194.90 | 2327.83 | . . . . | . . . . | . . . . |
| Quecksilber | (Intn.) | $mp_1$ | 40138.3 | 12973.5 | 7357.8 | 4604.7 | 3158.4 | 2307.4 | 1759.3 | 1378.7 | 1120.1 |
| Magnesium | (Rowl.) | $mp_3$ | 39813.10 | 13816.45 | 7402.92 | 4646.05 | 3185.25 | . . . . | . . . . | . . . . | . . . . |
| „ | „ | $mp_2$ | 39793.21 | 13816.45 | 7402.92 | 4646.05 | 3185.25 | . . . . | . . . . | . . . . | . . . . |
| „ | „ | $mp_1$ | 39752.29 | 13812.74 | 7402.92 | 4644.74 | 3185.25 | . . . . | . . . . | . . . . | . . . . |
| Calcium | (Intn.) | $mp_3$ | 34146.78 | 12752.5 | 6789.6 | . . . . | . . . . | . . . . | . . . . | . . . . | . . . . |
| „ | „ | $mp_2$ | 34094.61 | 12750.2 | 6785.6 | . . . . | . . . . | . . . . | . . . . | . . . . | . . . . |
| „ | „ | $mp_1$ | 33988.70 | 12730.3 | 6777.8 | 4342.7 | . . . . | . . . . | . . . . | . . . . | . . . . |
| Kupfer | (Rowl.) | $mp_2$ | 31771.23 | (12959.84) | . . . . | . . . . | . . . . | . . . . | . . . . | . . . . | . . . . |
| Silber | „ | $mp_2$ | 31542.21 | (12798.62) | . . . . | . . . . | . . . . | . . . . | . . . . | . . . . | . . . . |
| Kupfer | „ | $mp_1$ | 31523.10 | (12924.50) | . . . . | . . . . | . . . . | . . . . | . . . . | . . . . | . . . . |
| Silber | „ | $mp_1$ | 30621.65 | (12595.14) | . . . . | . . . . | . . . . | . . . . | . . . . | . . . . | . . . . |
| Quecksilber | (Intn.) | $mP$ | 30112.5 | 12886.1 | 5368.2 | 4217.2 | 3026.9 | 2237.6 | 1717.2 | 1355.1 | 1097.3 |
| Barium | „ | $mp_3$ | 29763.6 | 11286.4 | 6186.9 | . . . . | . . . . | . . . . | . . . . | . . . . | . . . . |
| „ | „ | $mp_2$ | 29393.0 | 11214.2 | 6137.3 | | | | | | |
| Zink | (Rowl.) | $mP$ | 29014.95 | 12851.17 | 7154.25 | 4542.8 | 3135.6 | 2292.1 | 1749.4 | . . . . | . . . . |
| Helium | (Intn.) | $mp_1$ | 29223.87 | 12746.08 | 7093.58 | 4509.93 | 3117.79 | 2283.28 | 1743.92 | 1375.32 | 1112.37 |
| Cadmium | (Rowl.) | $mP$ | 28841.56 | 12627.5 | 7033.2 | 4475.4 | 3095.6 | 2269.3 | 1734.3 | 1366.5 | . . . . |

| m p | | | 2 | 3 | 4 | 5 | 6 | 7 | 8 | 9 | 10 |
|---|---|---|---|---|---|---|---|---|---|---|---|
| Lithium | (Rowl.) | $mp$ | 28581.36 | 12559.93 | 7016.99 | 4472.85 | 3094.45 | 2268.92 | 1735.15 | 1372.15 | 1113.45 |
| Barium | (Intn.) | $mp_1$ | 28514.8 | 11042.3 | 6057.2 | | | | | | |
| Wasserstoff | | $N_w/m^2$ | 27419.4 | 12186.4 | 6854.85 | 4387.1 | 3046.6 | 2238.3 | 1713.7 | 1354.05 | 1096.8 |
| Helium | " | $mP$ | 27175.85 | 12101.38 | 6818.05 | 4368.25 | 3034.83 | 2231.59 | 1709.44 | 1351.05 | 1094.59 |
| Neon | " | $mp_{10}$ | 25671.65 | 11411.49 | 6479.93 | 4181.29 | 2920.09 | 2156.4 | | | |
| " | " | $mp_9$ | 24272.41 | 11098.71 | 6370.29 | 4132.28 | 2896.54 | 2142.4 | 1647.2 | 1306.2 | |
| " | " | $mp_8$ | 24105.23 | 11030.29 | 6338.15 | 4114.71 | 2885.75 | 2137.8 | 1642.6 | | |
| " | " | $mp_7$ | 23807.85 | 10916.78 | 6289.81 | 4089.95 | 2871.44 | 2126.25 | 1638.0 | 1229.2 | 1057.5 |
| " | " | $mp_6$ | 23613.59 | 10891.04 | 6280.71 | 4085.59 | 2869.15 | 2126.25 | 1638.0 | 1299.2 | 1057.5 |
| " | " | $mp_5$ | 23940.74 | 11055.53 | 6357.30 | 4127.86 | 2890.5 | 2139.2 | 1647.4 | 1299.2 | 1057.5 |
| " | " | $mp_4$ | 23851.34 | 11001.22 | 6331.05 | 4112.55 | 2881.8 | 2136.4 | | | |
| " | " | $mp_3$ | 23012.01 | 10528.10 | 6062.15 | 3952.65 | 2780.61 | 2015.95 | 1602.1 | | |
| " | " | $mp_2$ | 23654.00 | 10984.69 | 6333.75 | 4113.98 | 2889.25 | | | | |
| " | " | $mp_1$ | 21688.72 | 10373.51 | 6072.45 | 3970.04 | 2745.95 | 1994.31 | 1477.9 | 1152.9 | 962.8 |
| Magnesium | (Rowl.) | $mP$ | 26612.7 | 12313.3 | 6962.3 | 4456.6 | 3090.9 | 2267.7 | 1734.0 | | |
| Natrium | (Intn.) | $mp_2$ | 24492.71 | 11181.93 | 6408.92 | 4152.88 | 2908.91 | 2150.73 | 1655.43 | | |
| " | " | $mp_1$ | 24475.57 | 11177.49 | 6405.49 | 4150.92 | 2907.52 | 2149.83 | 1654.13 | 1312.32 | 1065.86 |
| Strontium | (Rowl.) | $mP$ | 24226.65 | 11827.44 | 7019.10 | 4753.10 | 3463.50 | 2600.5 | 1991.3 | 1562.3 | 1243.2 |
| Barium | (Intn.) | $mP$ | 23969.2 | 9482.2 | 5039.5 | 3529.9 | 2721 | 2044 | 1606 | | |
| Sauerstoff | (Rowl.) | $mp_3$ | 23210.58 | 10743.90 | | | | | | | |
| " | " | $mp_2$ | 23208.55 | 10743.26 | | | | | | | |
| " | " | $mp_1$ | 23204.90 | 10742.10 | | | | | | | |
| Kalium | " | $mp_2$ | 22020.83 | 10306.79 | 6007.34 | 3937.05 | 2781.60 | | | | |
| " | " | $mp_1$ | 21962.93 | 10286.45 | 5998.93 | 3932.32 | 2779.21 | 2065.63 | 1596.60 | 1269.96 | 1034.22 |
| Sauerstoff Dubl. | " | $mp$ | 21206.39 | 10156.99 | 5968.26 | | | | | | |
| Rubidium | " | $mp_2$ | 21105.79 | 9970.58 | 5850.89 | 3851.60 | 2726.68 | | | | |
| " | " | $mp_1$ | 20868.08 | 9893.01 | 5815.91 | 3832.27 | 2716.23 | 2035.12 | | | |
| Caesium | " | $mp_2$ | 20228.30 | 9642.02 | 5699.10 | 3767.73 | | | | | |
| Schwefel | " | $mp_3$ | 20113.92 | 9649.12 | | | | | | | |
| " | " | $mp_2$ | 20102.74 | 9645.51 | | | | | | | |
| " | " | $mp_1$ | 20084.66 | 9639.46 | | | | | | | |
| Caesium | " | $mp_1$ | 19674.20 | 9460.95 | 5618.88 | 3724.89 | 2656.38 | 1989.31 | 1552.92 | 1240.15 | 992.23 |
| Selen | " | $mp_3$ | 19415.57 | | | | | | | | |
| " | " | $mp_2$ | 19370.75 | | | | | | | | |
| " | " | $mp_1$ | 19267.09 | | | | | | | | |

146

Tabelle der Differenzen mp — (m + 1) p der Bogenspektra.

| | | | 2 | 3 | 4 | 5 | 6 | 7 | 8 | 9 |
|---|---|---|---|---|---|---|---|---|---|---|
| Thallium | (Rowl.) | $mp_2$ | 34158.75 | 7208.31 | 3012.41 | 1558.47 | 914.29 | 588.74 | . | . |
| Gallium | „ | $mp_2$ | 33052.5 | 7321.7 | 3064.9 | . | . | . | . | . |
| „ | „ | $mp_1$ | 32334.4 | 7254.8 | 3044.7 | . | . | . | . | . |
| Aluminium | „ | $mp_2$ | 32948.51 | 7322.11 | 3062.93 | 1593.5 | . | . | . | . |
| „ | „ | $mp_1$ | 32851.66 | 7312.84 | 3059.86 | 1592.55 | . | . | . | . |
| Indium | „ | $mp_2$ | 31856.35 | 7003.6 | 2964.3 | 1545.2 | 905.2 | . | . | . |
| Quecksilber | (Intn.) | $mp_3$ | 31871.7 | 6930.1 | 2928.6 | 1526.2 | 898.3 | . | . | . |
| „ | „ | $mp_2$ | 30249.8 | 6804.5 | 2949.9 | 1504.0 | 891.0 | . | . | . |
| Indium | (Rowl.) | $mp_1$ | 29935.72 | 6822.8 | 2909.7 | 1519.0 | 896.6 | . | . | . |
| Zink | „ | $mp_3$ | 28934.93 | 6823.13 | 2906.48 | 1518.97 | 894.23 | . | . | . |
| „ | „ | $mp_2$ | 28771.81 | 6806.31 | 2901.40 | 1516.79 | 893.60 | . | . | . |
| „ | „ | $mp_1$ | 28439.16 | 6771.14 | 2890.60 | 1512.17 | 891.66 | . | . | . |
| Cadmium | „ | $mp_3$ | 28275.91 | 6609.31 | 2833.74 | 1484.70 | 892.80 | . | . | . |
| Thallium | „ | $mp_2$ | 27367.55 | 6564.44 | 2821.34 | 1481.06 | 873.45 | 560.20 | 370.30 | 281.90 |
| Cadmium | „ | $mp_2$ | 27804.73 | 6457.41 | 2815.63 | 1479.12 | 885.90 | . | . | . |
| „ | „ | $mp_1$ | 26807.76 | 6456.65 | 2781.66 | 1464.87 | 867.07 | . | . | . |
| Quecksilber | (Intn.) | $mp_1$ | 27164.8 | 5615.7 | 2753.1 | 1446.3 | 851.0 | 548.1 | 371.6 | 267.6 |
| Magnesium | (Rowl.) | $mp_3$ | 25996.65 | 6413.53 | 2756.87 | 1460.80 | . | . | . | . |
| „ | „ | $mp_2$ | 25976.76 | . | . | . | . | . | . | . |
| „ | „ | $mp_1$ | 25939.55 | 6409.82 | . | . | . | . | . | . |
| Calcium | „ | $mp_3$ | 21394.28 | 5962.90 | . | . | . | . | . | . |
| „ | „ | $mp_2$ | 21344.41 | 5964.60 | . | . | . | . | . | . |
| „ | „ | $mp_1$ | 21258.40 | 5952.5 | 2435.1 | . | . | . | . | . |
| Quecksilber | | $mP$ | 17226.4 | 7517.9 | 1151.0 | 1190.3 | 789.3 | 520.4 | 362.1 | 257.8 |
| Barium | (Intn.) | $mp_3$ | 18477.2 | 5099.52 | . | . | . | . | . | . |
| „ | „ | $mp_2$ | 18178.8 | 5076.9 | . | . | . | . | . | . |
| Zink | (Rowl.) | $mP$ | 16163.78 | 5696.92 | 2611.45 | 1407.2 | 843.5 | 542.7 | . | . |

| | | | 2 | 3 | 4 | 5 | 6 | 7 | 8 | 9 |
|---|---|---|---|---|---|---|---|---|---|---|
| Helium | (Intn.) | m p$_1$ | 16477.79 | 5652.50 | 2583.65 | 1392.14 | 834.51 | 539.36 | 368.60 | 262.95 |
| Cadmium | (Rowl.) | m P | 16214.06 | 5594.3 | 2557.8 | 1379.8 | 826.3 | 535.0 | 367.8 | . . . . |
| Lithium | " | m p | 16021.43 | 5542.94 | 2544.14 | 1378.40 | 825.53 | 533.77 | 363.00 | 258.70 |
| Barium | (Intn.) | m p$_1$ | 17472.5 | 4985.1 | . . . . | . . . . | . . . . | . . . . | . . . . | . . . . |
| Wasserstoff | | | 15233.0 | 5331.6 | 2467.7 | 1340.5 | 808.3 | 524.6 | 359.7 | 257.3 |
| Helium | " | m P | 15074.47 | 5283.33 | 2449.80 | 1333.42 | 803.24 | 522.15 | 358.39 | 256.46 |
| Neon | " | m p$_{10}$ | 14260.16 | 4931.56 | 2298.64 | 1261.20 | 763.69 | . . . . | . . . . | . . . . |
| " | " | m p$_9$ | 13173.70 | 4728.42 | 2238.01 | 1235.74 | 754.14 | 495.2 | 341.0 | . . . . |
| " | " | m p$_8$ | 13074.94 | 4692.14 | 2223.44 | 1228.96 | 748.0 | 495.2 | . . . . | . . . . |
| " | " | m p$_7$ | 12891.07 | 4626.97 | 2199.86 | 1218.51 | 745.19 | 488.3 | 338.8 | 241.7 |
| " | " | m p$_6$ | 12722.55 | 4610.33 | 2195.12 | 1216.44 | 742.90 | 488.3 | 338.8 | 241.7 |
| " | " | m p$_5$ | 12885.21 | 4698.23 | 2229.44 | 1237.4 | 751.3 | 491.8 | . . . . | . . . . |
| " | " | m p$_4$ | 12850.12 | 4670.17 | 2218.50 | 1230.8 | 745.4 | . . . . | . . . . | . . . . |
| " | " | m p$_3$ | 12483.91 | 4465.95 | 2109.50 | 1172.04 | 764.66 | 412.9 | . . . . | . . . . |
| " | " | m p$_2$ | 12669.31 | 4650.94 | 2219.77 | 1224.73 | . . . . | . . . . | . . . . | . . . . |
| " | " | m p$_1$ | 11315.21 | 4301.06 | 2102.41 | 1224.09 | 751.64 | 516.4 | 325.0 | 190.1 |
| Magnesium | (Rowl.) | m P | 14294.4 | 5356.0 | 2505.7 | 1365.7 | 823.2 | 533.7 | . . . . | . . . . |
| Natrium | (Intn.) | m p$_2$ | 13310.78 | 4773.01 | 2256.04 | 1243.97 | 758.18 | 495.30 | . . . . | . . . . |
| " | " | m p$_1$ | 13298.08 | 4772.00 | 2254.57 | 1243.40 | 757.69 | 495.70 | 341.81 | 246.46 |
| Calcium | " | m P | 13079.3 | 4947.2 | 2254.5 | 1491.8 | vgl. die Bemerkung im Texte | | | . . . . |
| Strontium | (Rowl.) | m P | 12399.21 | 4808.34 | 2266.00 | 1289.60 | 863.0 | 609.2 | 429.0 | 319.1 |
| Barium | (Intn.) | m P | 14487.0 | 4442.7 | 1509.6 | 809 | 677 | 438 | . . . . | . . . . |
| Sauerstoff | (Rowl.) | m p$_3$ | 12466.68 | . . . . | . . . . | . . . . | . . . . | . . . . | . . . . | . . . . |
| Kalium | " | m p$_2$ | 11714.04 | 4299.45 | 2070.29 | 1155.45 | . . . . | . . . . | . . . . | . . . . |
| " | " | m p$_1$ | 11676.48 | 4237.52 | 2066.61 | 1153.11 | 713.58 | 469.03 | 326.64 | 235.74 |
| Sauerstoff Dubl. | " | m p | 11049.40 | 4188.73 | . . . . | . . . . | . . . . | . . . . | . . . . | . . . . |
| Rubidium | " | m p$_2$ | 11135.21 | 4119.69 | 1999.29 | 1124.92 | 691.56 | . . . . | . . . . | . . . . |
| " | " | m p$_1$ | 10975.07 | 4077.10 | 1983.64 | 1116.04 | 681.11 | . . . . | . . . . | . . . . |
| Caesium | " | m p$_2$ | 10586.28 | 3942.92 | 1931.37 | . . . . | . . . . | . . . . | . . . . | . . . . |
| " | " | m p$_1$ | 10213.25 | 3842.07 | 1893.99 | 1068.51 | 667.07 | 436.39 | 312.77 | 247.92 |

## Tabelle der Terme md der Bogenspektra.

| m | | $N_w/m^2$ | 3 | 4 | 5 | -6 | 7 | 8 | 9 | 10 | 11 |
|---|---|---|---|---|---|---|---|---|---|---|---|
| Wasserstoff | | md | 12186.41 | 6854.85 | 4387.11 | 3046.60 | 2238.32 | 1713.71 | 1354.05 | 1096.78 | 906.43 |
| Lithium | Rowl. | md | 12202.50 | 6862.53 | 4389.25 | 3046.93 | 2239.44 | 1699.86 | 1345.46 | .... | ... |
| Helium | Intn. | mD | 12205.78 | 6864.29 | 4392.46 | 3049.98 | 2240.69 | 1715.27 | 1355.51 | 1097.92 | 907.38 |
| " | " | md | 12209.10 | 6866.17 | 4393.52 | 3050.63 | 2241.00 | 1715.58 | 1355.37 | 1097.69 | 907.25 |
| Neon | " | $ms_1'$ | 12274.42 | 6902.33 | 4414.08 | 3065.21 | 2249.04 | 1721.07 | 1359.28 | 1100.59 | 909.32 |
| " | " | $ms_1''$ | 12290.00 | 6913.00 | 4420.61 | 3067.79 | 2251.50 | 1722.80 | 1360.48 | 1101.48 | 909.62 |
| " | " | $ms_1'''$ | 12299.66 | 6913.96 | 4420.15 | 3067.42 | 2251.22 | 1722.61 | 1360.32 | 1101.30 | 909.50 |
| " | " | $ms_1''''$ | 12301.12 | 6914.77 | 4420.77 | 3069.75 | 2251.85 | 1722.65 | 1360.23 | 1101.23 | 909.40 |
| " | " | $md_1'$ | 12228.05 | 6880.79 | 4402.56 | 3056.20 | 2243.92 | 1718.22 | 1357.22 | 1099.19 | 908.17 |
| " | " | $md_1''$ | 12229.82 | 6881.85 | 4403.13 | 3056.56 | 2244.17 | 1718.37 | 1357.33 | 1099.25 | 908.49 |
| " | " | $md_2$ | 12292.85 | $6902.48_5$ | 4412.44 | 3061.51 | 2246.58 | 1720.35 | 1358.59 | 1100.15 | ... |
| " | " | $md_3$ | 12322.26 | 6917.92 | 4420.89 | 3066.46 | 2248.11 | 1722.66 | 1360.06 | 1101.55 | 909.37 |
| " | " | $md_4$ | 12337.32 | 6928.37 | 4427.15 | 3070.55 | 2253.70 | 1724.17 | 1361.43 | 1102.21 | 910.56 |
| " | " | $md_4'$ | 12339.15 | 6929.46 | 4427.77 | 3070.96 | 2254.01 | 1724.34 | 1361.57 | 1102.31 | 910.56 |
| " | " | $md_5$ | 12405.23 | 6954.13 | $4441.03_5$ | 3078.13 | $2257.52_5$ | 1727.57 | 1363.53 | 1103.98 | 911.54 |
| " | " | $md_6$ | $12419.87_5$ | 6961.80 | 4446.44 | 3081.24 | 2260.27 | $1729.07_5$ | $1364.54_5$ | 1104.86 | 912.03 |
| Natrium | Rowl. | md | 12274.43 | 6897.14 | 4411.57 | 3060.90 | 2250.48 | 1719.29 | .... | .... | ... |
| Sauerstoff Dubl. | " | md | 12349.17 | 6929.61 | 4428.91 | 3072.12 | 2255.11 | 1721.19 | 1360.08 | 1103.50 | ... |
| Silber | " | $md_2$ | 12350.83 | 6890.84 | 4393.9 | 3035.52 | .... | .... | .... | .... | ... |
| Kupfer | " | $md_2$ | 12371.90 | 6920.26 | 4418.03 | .... | .... | .... | .... | .... | ... |
| Sauerstoff Tr. | " | md | 12417.23 | 6971.28 | 4451.15 | 3085.46 | 2263.65 | 1731.16 | 1366.30 | 1105.19 | ... |
| Quecksilber | Intn. | $md_3$ | 12845.0 | 7096.5 | 4502.7 | 3110.2 | 2276.4 | .... | .... | .... | ... |
| " | | mD | 12848.0 | 7117.2 | 4520.7 | 3123.9 | 2288.1 | 1745.8 | 1376.1 | 1111.5 | ... |
| Cadmium | Rowl. | $md_3$ | 13048.48 | 7181.42 | 4546.32 | 3135.81 | .... | .... | .... | .... | ... |
| Zink | " | $md_3$ | 12993.59 | 7183.14 | 4550.99 | 3136.99 | 2287.84 | 1744.02 | .... | .... | ... |
| Thallium | " | $md_2$ | 13145.64 | 7252.31 | 4591.20 | 3165.23 | 2314.05 | 1773.55 | 1403.05 | 1138.15 | 949.65 |
| Cadmium | " | mD | 13314.7 | 7400.7 | 4699.6 | 3241.6 | .... | .... | .... | .... | ... |
| Magnesium | " | md | 13707.36 | 7472.49 | 4698.83 | 3224.58 | 2348.47 | 1787.26 | 1381.37 | .... | ... |
| Zink | " | mD | 13302.4 | 7422.5 | 4714 | 3249 | .... | .... | .... | .... | ... |
| Kalium | " | md | 13470.98 | (7610.22) | 4821.41 | 3310.99 | 2409.39 | 1831.39 | 1435.72 | .... | ... |
| Argon | Intn. | $md_1$ | 13648.92 | 7426.79 | 4669.63 | 3206.87 | 2338.34 | .... | .... | .... | ... |
| Gallium | Rowl. | $md_2$ | 13598.0 | (7577.2) | .... | .... | .... | .... | .... | .... | ... |
| Indium | " | $md_2$ | 13775.95 | 7619.9 | 4832.27 | 3329.20 | 2444.61 | 1855.85 | 1456.74 | 1174.96 | 967.06 |
| Rubidium | " | $md_2$ | 14329.77 | 7984.38 | 4998.55 | 3405.80 | 2464.38 | 1865.10 | 1459.39 | 1179.00 | ... |
| Selen | " | md | .... | .... | 5112.39 | 3461.97 | 2498.08 | 1887.84 | 1472.18 | 1184.29 | 973.20 |
| Schwefel | " | md | .... | .... | 5289.61 | 3568.15 | 2565.50 | 1931.68 | 1506.62 | 1207.53 | ... |
| Magnesium | " | mD | 15261.08 | 8530.4 | 5357.0 | 3642.05 | 2624.63 | 1975.25 | 1538.04 | 1230.31 | 1005.69 |
| Caesium | " | $md_2$ | 16906.90 | 8817.55 | 5359.40 | 3595.37 | 2578.38 | 1938.70 | 1511.00 | 1211.11 | 999.08 |
| Aluminium | " | $md_2$ | 15844.99 | 9351.23 | 6047.19 | 4113.80 | 2936.26 | 2186.58 | 1684.23 | 1334.90 | 1092.56 |
| Strontium | " | $md_3$ | 27765.91 | 10918.58 | 6239.26 | 4060.26 | 2857.75 | 2117.45 | .... | .... | ... |
| Calcium | Intn. | $md_3$ | 28969.1 | 11556.4 | 6561.4 | 4255.5 | 3002.4 | 2268.2 | 1848.9 | 1551.2 | 1272.7 |
| Barium | " | $md_3$ | 32995.6 | 11333.9 | 6320.1 | 4067.5 | 2888.7 | 2137.1 | .... | .... | ... |
| Calcium | " | mD | 27455.3 | 12006.3 | 6385.5 | 4314.7 | 2994.7 | .... | .... | .... | ... |

## Tabelle der Differenzen md − (m + 1) d der Bogenspektra.



| m | | | 3 | 4 | 5 | 6 | 7 | 8 | 9 | 10 |
|---|---|---|---|---|---|---|---|---|---|---|
| Wasserstoff | | | 5 331.56 | 2467.74 | 1340.51 | 808.28 | 524.61 | 359.66 | 257.27 | 190.35 |
| Lithium | (Rowl.) | md | 5 339.97 | 2473.28 | 1342.32 | 807.49 | 539.58 | 354.40 | · · · · | · · · · |
| Helium | (Intn.) | mD | 5 341.49 | 2471.83 | 1342.48 | 809.29 | 525.42 | 359.76 | 257.59 | 190.54 |
| „ | „ | md | 5 342.93 | 2472.65 | 1342.89 | 809.63 | 525.42 | 360.21 | 257.68 | 190.44 |
| Neon | „ | $ms_1'$ | 5 372.09 | 2488.25 | 1348.87 | 816.17 | 527.97 | 361.79 | 258.69 | 191.27 |
| „ | „ | $ms_1''$ | 5 377.00 | 2492.39 | 1352.82 | 816.29 | 528.70 | 362.32 | 259.00 | 191.86 |
| „ | „ | $ms_1'''$ | 5 385.70 | 2493.81 | 1352.73 | 816.20 | 528.61 | 362.29 | 259.02 | 191.80 |
| „ | „ | $ms_1''''$ | 5 386.35 | 2494.00 | 1351.02 | 817.90 | 529.20 | 362.42 | 259.00 | 191.83 |
| „ | „ | $md_1'$ | 5 347.26 | 2478.23 | 1346.36 | 812.28 | 525.70 | 361.00 | 258.03 | 191.02 |
| „ | „ | $md_1''$ | 5 347.97 | 2478.72 | 1346.57 | 812.39 | 525.80 | 361.04 | 258.08 | 190.76 |
| „ | „ | $md_2$ | 5 390.37 | 2490.04 | 1350.93 | 814.93 | 526.23 | 361.76 | 258.44 | · · · · |
| „ | „ | $md_3$ | 5 404.34 | 2497.03 | 1354.43 | 818.35 | 525.45 | 362.60 | 258.51 | 192.18 |
| „ | „ | $md_4$ | 5 408.95 | 2501.22 | 1356.60 | 816.85 | 529.53 | 362.74 | 259.22 | 191.65 |
| „ | „ | $md_4'$ | 5 409.69 | 2502.69 | 1356.81 | 816.95 | 529.67 | 362.77 | 259.26 | 191.75 |
| „ | „ | $md_5$ | 5 451.10 | 2513.10 | 1362.90 | 820.61 | 529.95 | 364.04 | 259.55 | 192.44 |
| „ | „ | $md_6$ | 5 458.07 | 2515.36 | 1365.20 | 820.97 | 531.20 | 364.53 | 259.68 | 192.83 |
| Natrium | (Rowl.) | md | 5 377.29 | 2485.57 | 1350.67 | 810.42 | 531.19 | · · · · | · · · · | · · · · |
| Sauerstoff Dubl. | „ | md | 5 419.56 | 2500.70 | 1356.79 | 817.01 | 533.92 | 361.11 | 256.58 | · · · · |
| Silber | „ | $md_2$ | 5 459.99 | 2496.94 | 1358.4 | | | | | |
| Kupfer | „ | $md_2$ | 5 451.64 | 2502.23 | · · · · | · · · · | | | | |
| Sauerstoff Tr. | „ | md | 5 445.95 | 2520.10 | 1365.69 | 821.81 | 532.49 | 364.86 | 261.11 | · · · · |
| Quecksilber | (Intn.) | $md_1$ | 5 698.2 | 2573.0 | 1382.4 | 826.7 | 535.1 | 368.1 | 261.2 | · · · · |
| „ | „ | $md_2$ | 5 711.8 | 2582.2 | 1386.5 | 831.4 | 533.7 | | | |
| „ | „ | $md_3$ | 5 748.5 | 2593.8 | 1392.5 | 830.8 | | | | |
| „ | „ | mD | 5 730.8 | 2596.5 | 1396.8 | 835.8 | 542.3 | 369.7 | 264.6 | · · · · |
| Cadmium | (Rowl.) | $md_3$ | 5 867.06 | 2635.10 | 1410.51 | · · · · | · · · · | · · · · | · · · · | · · · · |
| Thallium | „ | $md_2$ | 5 893.33 | 2661.11 | 1425.97 | 851.18 | 540.50 | 370.50 | 264.90 | 188.50 |
| Cadmium | „ | mD | 5 914.1 | 2701.1 | 1458.0 | | | | | |
| Magnesium | „ | md | 6 234.87 | 2773.66 | 1474.25 | 876.11 | 561.21 | 405.89 | · · · · | · · · · |
| Zink | „ | mD | 5 879.9 | 2708.5 | 1465 | · · · · | · · · · | · · · · | · · · · | · · · · |
| Kalium | „ | md | 5 860.76 | 2788.81 | 1510.42 | 901.60 | 578.00 | 395.67 | · · · · | · · · · |
| Argon | (Intn.) | md | 6 222.13 | 2757.16 | 1462.76 | 868.53 | | · · · · | · · · · | · · · · |
| Indium | (Rowl.) | $md_2$ | 6 156.05 | 2787.63 | 1503.07 | 884.59 | 588.76 | 399.11 | 281.78 | 207.90 |
| Rubidium | „ | $md_2$ | 6 345.39 | 2985.83 | 1592.75 | 941.42 | 599.28 | 405.71 | 280.39 | · · · · |
| Selen | „ | md | · · · · | · · · · | 1650.42 | 963.89 | 610.24 | 415.66 | 287.89 | 211.09 |
| Schwefel | „ | md | · · · · | · · · · | 1721.46 | 1002.65 | 633.82 | 425.06 | 299.09 | · · · · |
| Magnesium | „ | mD | 6 730.68 | 3173.4 | 1715.0 | 1017.42 | 649.38 | 437.21 | 307.73 | 224.62 |
| Caesium | „ | $md_2$ | 8 089.35 | 3458.15 | 1764.03 | 1016.99 | 639.68 | 427.70 | 299.89 | 212.03 |
| Aluminium | „ | $md_2$ | 6 493.76 | 3304.04 | 1933.39 | 1177.54 | 749.68 | 502.35 | 349.33 | 242.34 |
| Strontium | „ | $md_3$ | 16 847.33 | 4679.32 | 2179.00 | 1202.51 | 740.30 | · · · · | · · · · | · · · · |
| Calcium | (Intn.) | $md_3$ | 17 412.7 | 4995.0 | 2305.9 | 1253.1 | 734.2 | 419.3 | 297.7 | 278.3 |
| Barium | „ | $md_3$ | 21 661.7 | 5013.8 | 2252.6 | 1178.8 | 751.6 | · · · · | · · · · | · · · · |
| Calcium | „ | mD | 15 449.0 | 5620.8 | 2070.8 | 1320.0 | · · · · | · · · · | · · · · | · · · · |

Werte $109\,737.1/(m + a)^2$ und der Differenzen.

| m | 1 | 2 | 3 | 4 | 5 | 6 | 7 | 8 | 9 | 10 | 11 | 12 | 13 |
|---|---|---|---|---|---|---|---|---|---|---|---|---|---|
| a | | | | | | | | | | | | | |
| +0.00 | 109737.1 | 27434.28 | 12193.01 | 6858.57 | 4389.48 | 3048.25 | 2239.53 | 1714.65 | 1354.78 | 1097.37 | 906.92 | 762.06 | 649.33 |
| Δ | 82302.82 | 15241.27 | 5334.44 | 2469.09 | 1341.23 | 808.72 | 524.88 | 539.87 | 257.41 | 190.45 | 144.86 | 112.73 | |
| +0.05 | 99534.8 | 26112.34 | 11796.52 | 6690.27 | 4302.99 | 2998.08 | 2207.88 | 1693.41 | 1339.85 | 1086.48 | 898.73 | 755.75 | 644.37 |
| Δ | 73422.5 | 14315.82 | 5106.25 | 2387.28 | 1304.91 | 790.20 | 514.47 | 353.56 | 253.37 | 187.75 | 142.98 | 111.38 | |
| +0.10 | 90691.8 | 24883.7 | 11419.05 | 6528.08 | 4219.04 | 2949.13 | 2176.89 | 1672.57 | 1325.17 | 1075.75 | 890.65 | 749.52 | 639.46 |
| Δ | 65808.1 | 13464.6 | 4891.0 | 2309.0 | 1269.91 | 772.24 | 504.32 | 347.40 | 249.42 | 185.10 | 141.13 | 110.06 | |
| +0.15 | 82977.04 | 23739.77 | 11059.42 | 6371.73 | 4137.51 | 2901.37 | 2146.55 | 1652.11 | 1310.72 | 1065.18 | 882.68 | 743.36 | 634.60 |
| Δ | 59237.27 | 12680.35 | 4687.69 | 2234.22 | 1236.14 | 754.82 | 494.44 | 341.39 | 245.54 | 182.50 | 139.32 | 108.76 | |
| +0.20 | 76206.33 | 22672.95 | 10716.51 | 6222.36 | 4058.33 | 2854.76 | 2116.84 | 1632.02 | 1296.52 | 1054.76 | 874.82 | 737.28 | 629.80 |
| Δ | 53533.38 | 11956.44 | 4494.15 | 2164.03 | 1203.57 | 737.92 | 484.82 | 335.50 | 241.76 | 179.94 | 137.54 | 107.48 | |
| +0.25 | 70231.75 | 21676.47 | 10389.31 | 6075.41 | 3981.39 | 2809.27 | 2087.75 | 1612.30 | 1282.54 | 1044.49 | 867.06 | 731.28 | 625.06 |
| Δ | 48555.28 | 11287.16 | 4313.90 | 2094.02 | 1172.12 | 721.52 | 475.45 | 329.76 | 238.05 | 177.43 | 135.78 | 106.22 | |
| +0.30 | 64933.18 | 20744.26 | 10076.87 | 5934.94 | 3906.63 | 2764.86 | 2059.24 | 1592.93 | 1268.78 | 1034.38 | 859.40 | 725.34 | 620.37 |
| Δ | 44188.92 | 10667.39 | 4141.93 | 2026.31 | 1141.77 | 705.62 | 466.31 | 324.15 | 234.40 | 174.98 | 135.06 | 104.97 | |
| +0.35 | 60212.39 | 19870.91 | 9778.31 | 5799.29 | 3833.95 | 2721.48 | 2031.32 | 1573.91 | 1255.25 | 1024.41 | 851.85 | 719.48 | 615.73 |
| Δ | 40341.48 | 10092.60 | 3979.02 | 1965.34 | 1112.47 | 690.16 | 457.41 | 318.66 | 230.84 | 172.56 | 132.37 | 103.75 | |
| +0.40 | 55988.33 | 19051.58 | 9492.83 | 5668.24 | 3763.27 | 2679.13 | 2003.96 | 1555.23 | 1241.93 | 1014.58 | 844.39 | 713.69 | 611.14 |
| Δ | 36936.75 | 9558.75 | 3824.59 | 1904.97 | 1084.14 | 675.17 | 448.73 | 313.30 | 227.35 | 170.19 | 130.70 | 102.55 | |
| +0.45 | 52193.63 | 18281.90 | 9219.67 | 5541.58 | 3694.54 | 2637.75 | 1977.16 | 1536.88 | 1228.82 | 1004.90 | 837.03 | 707.97 | 606.61 |
| Δ | 33911.73 | 9062.23 | 3678.09 | 1847.04 | 1056.79 | 660.59 | 440.28 | 308.06 | 224.74 | 167.87 | 129.06 | 101.36 | |
| +0.50 | 48772.03 | 17557.94 | 8958.13 | 5419.12 | 3627.67 | 2597.33 | 1950.88 | 1518.85 | 1215.92 | 995.35 | 829.77 | 702.32 | 602.12 |
| Δ | 31214.09 | 8599.81 | 3539.01 | 1791.45 | 1030.34 | 646.45 | 432.03 | 302.93 | 220.57 | 165.58 | 127.45 | 100.20 | |

| m | 1 | 2 | 3 | 4 | 5 | 6 | 7 | 8 | 9 | 10 | 11 | 12 | 13 |
|---|---|---|---|---|---|---|---|---|---|---|---|---|---|
| a | | | | | | | | | | | | | |
| +0.55 | 45 676.21 | 16 876.14 | 8707.56 | 5300.67 | 3562.60 | 2557.83 | 1925.13 | 1501.14 | 1203.22 | 985.94 | 822.60 | 696.73 | 597.69 |
| Δ | 28 800.07 | 8168.58 | 3406.89 | 1738.07 | 1004.77 | 635.70 | 423.99 | 297.92 | 217.28 | 163.34 | 125.82 | 99.04 | |
| +0.60 | 42 866.05 | 16 233.30 | 8467.37 | 5186.06 | 3499.27 | 2519.22 | 1899.88 | 1483.74 | 1190.72 | 976.66 | 815.54 | 691.21 | 593.30 |
| Δ | 26 632.75 | 7765.93 | 3281.31 | 1686.79 | 980.05 | 619.34 | 416.14 | 293.02 | 214.06 | 161.12 | 124.33 | 97.91 | |
| +0.65 | 40 307.41 | 15 626.50 | 8236.97 | 5075.13 | 3437.61 | 2481.48 | 1875.13 | 1466.63 | 1178.42 | 967.51 | 808.54 | 685.76 | 588.96 |
| Δ | 24 680.91 | 7389.53 | 3161.84 | 1637.52 | 956.13 | 606.35 | 408.50 | 208.41 | 210.91 | 158.97 | 122.78 | 96.80 | |
| +0.70 | 37 971.32 | 15 053.10 | 8015.86 | 4967.73 | 3377.56 | 2444.58 | 1850.85 | 1449.82 | 1166.30 | 958.49 | 801.64 | 680.37 | 584.67 |
| Δ | 22 918.22 | 7037.24 | 3048.13 | 1590.17 | 932.98 | 593.73 | 401.03 | 283.52 | 207.81 | 156.85 | 121.27 | 95.70 | |
| +0.75 | 35 832.53 | 14 510.69 | 7803.53 | 4863.69 | 3319.08 | 2408.50 | 1827.05 | 1433.30 | 1154.37 | 949.59 | 794.84 | 675.05 | 580.43 |
| Δ | 21 321.84 | 6707.16 | 2939.84 | 1544.61 | 910.58 | 581.45 | 393.75 | 278.93 | 204.78 | 154.75 | 119.79 | 94.62 | |
| +0.80 | 33 869.48 | 13 997.08 | 7599.52 | 4762.90 | 3262.10 | 2373.21 | 1803.70 | 1417.06 | 1142.62 | 940.82 | 788.12 | 669.78 | 576.23 |
| Δ | 19 872.40 | 6397.56 | 2836.63 | 1500.80 | 888.89 | 569.51 | 386.64 | 274.44 | 201.80 | 152.70 | 118.34 | 93.52 | |
| +0.85 | 32 063.44 | 13 510.26 | 7403.42 | 4665.20 | 3206.58 | 2338.69 | 1780.80 | 1401.09 | 1131.05 | 932.17 | 781.48 | 664.58 | 572.08 |
| Δ | 18 553.18 | 6106.84 | 2738.22 | 1458.62 | 867.89 | 557.89 | 379.71 | 270.04 | 198.88 | 150.69 | 116.90 | 92.50 | |
| +0.90 | 30 398.09 | 13 048.41 | 7214.80 | 4570.47 | 3152.46 | 2304.92 | 1758.33 | 1385.39 | 1119.63 | 923.63 | 774.93 | 659.44 | 567.97 |
| Δ | 17 349.68 | 5833.61 | 2644.33 | 1418.01 | 847.54 | 546.59 | 372.94 | 265.76 | 196.00 | 148.70 | 115.49 | 91.47 | |
| +0.95 | 28 859.20 | 12 609.84 | 7033.30 | 4478.61 | 3099.70 | 2271.87 | 1736.28 | 1369.96 | 1108.43 | 915.22 | 768.45 | 654.36 | 563.90 |
| Δ | 16 249.36 | 5576.54 | 2554.69 | 1378.91 | 827.83 | 535.59 | 366.32 | 261.53 | 193.21 | 146.77 | 114.09 | 90.46 | |
| +1.00 | 27 434.28 | 12 193.01 | 6858.57 | 4389.48 | 3048.25 | 2239.53 | 1714.65 | 1354.78 | 1097.37 | 906.92 | 762.06 | 649.33 | 559.88 |
| Δ | 15 241.27 | 5344.44 | 2469.09 | 1341.23 | 808.72 | 524.88 | 359.87 | 257.41 | 190.45 | 144.86 | 112.73 | 89.45 | |
| m + a = | 0.95 | 0.90 | 0.85 | 0.80 | 0.75 | 0.70 | 0.65 | 0.60 | 0.50 | | | | |
| | 121 592.4 | 135 477.9 | 151 885.3 | 171 464.2 | 195 088.2 | 223 953.4 | 259 732.8 | 304 825.9 | 438 948.4 | | | | |

## Tabelle der Terme mf der Bogenspektra.

| m f | | 4 | 5 | 6 | 7 | 8 |
|---|---|---|---|---|---|---|
| Strontium (Rowl.) | mF | 6397.8 | 4417.0 | 3097.4 | 2283.0 | . . . . |
| Lithium " | mf | 6855.49 | (4381.44) | . . . . | . . . . | . . . . |
| Wasserstoff | | 6054.85 | 4387.11 | 3946.60 | 2238.32 | 1713.71 |
| Helium " | mF | 6856.40 | 4389.37 | . . . . | . . . . | . . . . |
| " " | mf | 6857.31 | 4388.13 | . . . . | . . . . | . . . . |
| Natrium " | mf | 6858.62 | 4388.62 | 3039.73 | . . . . | . . . . |
| Kalium " | mf | 6879.22 | 4404.85 | 3057.61 | 2245.39 | 1715.98 |
| Kupfer " | mf | 6879.35 | (4399.24) | (3058.78) | . . . . | . . . . |
| Silber " | mf | 6891.10 | (4385.48) | . . . . | . . . . | . . . . |
| Rubidium " | mf | 6893.12 | 4413.66 | 3063.93 | 2248.43 | . . . . |
| Zink " | mf | 6927.46 | (4438.6) | . . . . | . . . . | . . . . |
| Caesium " | mf$_1$ | 6934.8 | 4435.29 | 3077.04 | 2258.54 | 1727.77 |
| Quecksilber (Intn.) | mf$_1$ | 6937.2 | 4432.8 | . . . . | . . . . | . . . . |
| Thallium (Rowl.) | mf | 6945.39 | 4440.23 | . . . . | 2244.84 | . . . . |
| Cadmium " | mf | 6953.17 | 4441.19 | . . . . | . . . . | . . . . |
| Calcium " | mF | 6961.3 | 4500.0 | 3122.6 | 2289.7 | 1749.8 |
| Aluminium " | mf | 6962.80 | 4451.90 | 3088.70 | . . . . | . . . . |
| Magnesium " | mf | 6987.43 | 4461.63 | . . . . | . . . . | . . . . |
| Calcium (Intn.) | mf | 7133.7 | 4541.5 | 3139.6 | 2298.1 | 1754.1 |
| Strontium (Rowl.) | mf | 7172.87 | 4560.87 | 3148.79 | 2302.48 | 1754.56 |
| Barium (Intn.) | mf$_1$ | 7398.6 | 4505.3 | 3204.2 | 2346.3 | 1785.2 |
| " " | mf$_2$ | 7412.8 | 4610.4 | 3210.1 | 2348.7 | 1788.0 |
| " " | mf$_3$ | 7426.8 | 4634.6 | 3213.8 | 2351.0 | 1790.5 |
| " " | mF | 13475.2 | 6136.7 | 4236.4 | . . . . | . . . . |

## Bemerkung zur Tabelle der Zeemantypen (S. 154).

1. Die Zahlen in Spalte III geben die Lage jeder Zeemankomponente in Bruchteilen der Rungeschen Zahl a an, gemessen von der Lage der Linie ohne Magnetfeld aus (Nullage). Die in ( ) = Klammern gesetzten Zahlen bedeuten Lichtschwingung | zu den magnetischen Kraftlinien, die nicht eingeklammerten Zahlen Schwingung ⊥ zu den magnetischen Kraftlinien.

2. Die mit * bezeichneten Termkombinationen der Spalte II sind die sog. verbotenen Linien, die nur im Magnetfeld erscheinen.

3. Die relativen Intensitäten der Zeemankomponenten jeder Termkombination sind durch die den Zahlen der Spalte III jeweils unten rechts beigesetzten kleinen Ziffern bezeichnet. Die Intensitätsangaben beruhen lediglich auf Schätzung und lassen die Intensitätsstörungen durch Nahewirkungseffekt bei kleinen Termdifferenzen außer Betracht. Die größte in jedem Typus (d. i. jeder Horizontalreihe der Spalte III) vorkommende Intensität ist mit 10, die kleinste mit 1 bezeichnet. Die Intensitätsangaben für verschiedene Termkombinationen (also in verschiedenen Horizontalreihen der Spalte III) sind mithin nicht miteinander vergleichbar, vielmehr ist nur der Intensitätsverlauf innerhalb der Typen in der Tabelle dargestellt. Bei exakter Photometrierung und Berücksichtigung des Schwärzungsgesetzes müßte die Summe der Intensitäten der ‖ schwingenden Komponenten gleich der Summe der Intensitäten der ⊥ schwingenden gefunden werden. In der Tabelle, deren Angaben nur auf Schätzung nach Augenschein beruht, ist hierauf keine Rücksicht genommen.

# Die experimentell festgelegten Zeemantypen der Serienlinien.

Gesammelt von E. Back.

| I. Art des Grundgebildes | II. Termkombination | III. Laufende Nummer der Zeemankomponente | | | | | | | | | |
|---|---|---|---|---|---|---|---|---|---|---|---|
| | | $0$ | $\pm 1$ | $\pm 2$ | $\pm 3$ | $\pm 4$ | $\pm 5$ | $\pm 6$ | $\pm 7$ | $\pm 8$ | $\pm 9$ |
| Einfache Linien | $\left.\begin{array}{l}PS\\PD\end{array}\right\}$ | $(0)_{10}$ | $1_{5}$ | | | | | | | | |
| Triplets | $p_1 s$ | $(0)_{10}$ | $\left(\tfrac{1}{2}\right)_{8}$ | $\tfrac{2}{2}{}_{10}$ | $\tfrac{3}{2}{}_{8}$ | $\tfrac{4}{2}{}_{2}$ | | | | | |
| | $p_2 s$ | | $\left(\tfrac{2}{2}\right)_{10}$ | $\tfrac{3}{2}{}_{6}$ | $\tfrac{4}{2}{}_{6}$ | | | | | | |
| | $p_3 s$ | $(0)_{10}$ | $\tfrac{4}{2}{}_{5}$ | | | | | | | | |
| | $p_1 d_1$ | $(0)_{10}$ | $\left(\tfrac{1}{6}\right)_{10}$ | $\left(\tfrac{2}{6}\right)_{10}$ | $\tfrac{6}{6}{}_{9}$ | $\tfrac{7}{6}{}_{8}$ | $\tfrac{8}{6}{}_{6}$ | $\tfrac{9}{6}{}_{4}$ | $\tfrac{10}{6}{}_{1}$ | | |
| | $p_1 d_2$ | | $\left(\tfrac{2}{6}\right)_{5}$ | $\left(\tfrac{4}{6}\right)_{10}$ | $\tfrac{5}{6}{}_{8}$ | $\tfrac{7}{6}{}_{8}$ | $\tfrac{9}{6}{}_{8}$ | $\tfrac{11}{6}{}_{2}$ | | | |
| | $p_1 d_3$ | $(0)_{6}$ | $\tfrac{3}{6}{}_{1}$ | $\left(\tfrac{6}{6}\right)_{6}$ | $\tfrac{9}{6}{}_{4}$ | $\tfrac{15}{6}{}_{10}$ | | | | | |
| | $*p_2 d_1$ | $(0)_{10}$ | $\left(\tfrac{1}{6}\right)_{9}$ | $\tfrac{7}{6}{}_{8}$ | $\tfrac{8}{6}{}_{7}$ | $\tfrac{9}{6}{}_{5}$ | | | | | |
| | $p_2 d_2$ | $(0)_{10}$ | $\left(\tfrac{2}{6}\right)_{8}$ | $\tfrac{5}{6}{}_{10}$ | $\tfrac{7}{6}{}_{5}$ | $\tfrac{9}{6}{}_{1}$ | | | | | |
| | $p_2 p_3$ | | $\tfrac{3}{6}{}_{6}$ | $\left(\tfrac{6}{6}\right)_{10}$ | $\tfrac{9}{6}{}_{6}$ | | | | | | |
| | $*p_3 d_1$ | $(0)_{10}$ | $\tfrac{8}{6}{}_{5}$ | | | | | | | | |
| | $*p_3 p_2$ | $(0)_{10}$ | $\tfrac{7}{6}{}_{5}$ | | | | | | | | |
| | $p_3 d_3$ | $(0)_{10}$ | $\tfrac{3}{6}{}_{8}$ | | | | | | | | |
| Dublets | $p_1 s$ | | $\left(\tfrac{1}{3}\right)_{10}$ | $\tfrac{3}{3}{}_{10}$ | $\tfrac{5}{3}{}_{6}$ | | | | | | |
| | $p_2 s$ | | $\left(\tfrac{2}{3}\right)_{9}$ | $\tfrac{4}{3}{}_{10}$ | | | | | | | |
| | $p_1 d_1$ | | $\left(\tfrac{1}{15}\right)_{10}$ | $\left(\tfrac{3}{15}\right)_{10}$ | $\tfrac{15}{15}{}_{10}$ | $\tfrac{17}{15}{}_{8}$ | $\tfrac{19}{15}{}_{6}$ | $\tfrac{21}{15}{}_{1}$ | | | |
| | $p_1 d_2$ | | $\left(\tfrac{4}{15}\right)_{1}$ | $\tfrac{8}{15}{}_{4}$ | $\left(\tfrac{12}{15}\right)_{10}$ | $\tfrac{16}{15}{}_{5}$ | $\tfrac{24}{15}{}_{4}$ | | | | |
| | $*p_2 d_1$ | | $\left(\tfrac{4}{15}\right)_{10}$ | $\tfrac{14}{15}{}_{2}$ | $\tfrac{22}{15}{}_{5}$ | | | | | | |
| | $p_2 d_2$ | | $\left(\tfrac{1}{15}\right)_{6}$ | $\tfrac{11}{15}{}_{9}$ | $\tfrac{13}{15}{}_{10}$ | | | | | | |